新しい発生生物学

生命の神秘が集約された「発生」の驚異

木下 圭
浅島 誠 著

ブルーバックス

装幀：芦澤泰偉事務所
カバー写真：BRUCE COLEMAN／PPS通信社
目次・章扉デザイン：中山康子
本文図版：さくら工芸社
編集協力：難波美帆

はじめに

生物の「発生」とは、卵や種子から成体になるまで、そして年をとって死ぬまでの過程のことをいいます。これは要するに「生き物の一生すべて」のことですから、もちろんとてつもなく複雑な現象です。

発生について、みなさんがよく知っているのはニワトリの卵でしょう。スーパーで買えるものは、だいたい無精卵なので何も起こっていないと思います。卵の外側は固い殻で覆われ、中身を保護しています。内側の白身の部分は水分や栄養を補っています。そして、黄身。これが卵の本体です。つるっとした黄色い球で、つぶすとどろどろした黄色い液体が出てきます。それだけです。ところが、有精卵、つまり受精をしている卵であれば、黄身の一部に白い小さな点や赤い血管が見えることがあります。このように、卵の中にさまざまな「構造」をつくり出すことが「発生の始まり」です。卵が受精をしているかいないかという差はまさに1か0かです。しなければまもなく卵は死んでしまいますが、していれば生物体の始まりである「胚」となります。そして一羽のニワトリになって何年も生き、次の世代の卵をつくって子孫を残すこともできます。

ニワトリに限らず、すべての多細胞動物の卵は、はじめ、たったひとつの細胞です。ところが、受精をすると分裂を繰り返して細胞の数を増やし、増えた細胞は移動し、集まって骨、筋肉、皮膚、内臓をつくっていきます。そしてやがてバランスのとれたひとつの個体になるのです。もちろんヒトも同じです。このプロセスでは数多くの複雑な現象が起こっていて、なかでも細胞同士の相互作用は重要な役割を担っています。細胞は巧妙な社会をつくり上げながら、時間的、空間的に誤りなくお互いに刺激しあって関係を保っています。

「発生生物学」という研究分野の目標は、有精卵（胚）の中にどのようにして複雑な構造ができていくかを調べることにあります。この二十数年、生命科学は分子生物学という新しい技術を手に入れ、著しい発展がもたらされました。発生生物学はまさにその恩恵を受けています。

かつては、発生現象を調べるとき、基本的に「細胞を見る」という以外に方法がありませんでした。これはこれでとても重要なことなのですが、起こった現象をあくまでも見た人の主観によって意味づけしていくので、評価の基準がはっきりしなかったのです。けれども、今日では、さまざまな生命現象について数量的なデータをとることができるようになり、客観的で、誰もが納得せざるをえない結果が得られるようになりました。そしてたくさんの人がデータを公開し、共有することができるようになった結果、現在のように新聞に頻繁に「ヒトゲノム計画」「クローン」「再生医療」といった言葉が登場するようになったのです。

発生は非常に複雑な現象で、わかっていないことがまだまだたくさんありますが、発生生物学の研究は、近年めざましい進歩を遂げつつあります。なかでも、以前にはとても調べることのできなかった、どの分子がどの分子にどう作用して何が起こるか、という具体的な仕組みについておもしろいことが次々に明らかになってきています。

この本では、はじめに動物の細胞のこと、卵のこと、遺伝子のことをお話しします。そしてそのあと、発生過程で細胞のかかわりがどのようにして動物の形をつくり上げていくかという「発生現象のメカニズム」について述べ、さらに、細胞同士でつくっている「細胞社会」の秩序が個体の維持にいかに重要であるかについてお話ししていこうと思います。

その中には、近年明らかになってきた新しいことがらが、たくさん入っています。新しい話をしようと思うと、中心となるのはどうしても遺伝子のことになってしまいます。面倒な説明もいくつかありますが、できるだけわかりやすく、具体的にお話ししていこうと思います。

そして話の内容に応じて、いろいろな種類の動物が現れます。みなさんはそれぞれの姿形がまったく違っているように感じているかもしれません。けれども、地球上のほとんどすべての多細胞動物の形づくりは、共通の原則に沿って行われています。これは大事なことですからぜひ覚えておいてください。

みなさんがいだいている疑問を、本を読みながら少しずつ解決して、「生き物の発生はおもしろい」、と思っていただければ幸いです。

二〇〇三年五月

木下 圭・浅島 誠

目次

第2章

第3章

第4章

第6章

第7章

ガンと老化

第8章 再生医学の可能性

第　章

動物の体と形づくり

1－1　体の基本構造

三つの体軸

発生のお話を始める前に、動物の体の基本的な構造について確認をしておかなくてはなりません。簡単にですが、大きなことから小さなことまで。

もっとも大きな単位で体のつくりを見ると、まずはっきりと「向き」があります。これを「**体軸**」といいます（次ページ図1－1）。丸いボールには何の方向性もありませんが、これを円錐形に変えれば、上下が区別できる形になりますね。さらにこの円錐を縦半分に割ると、平たい側

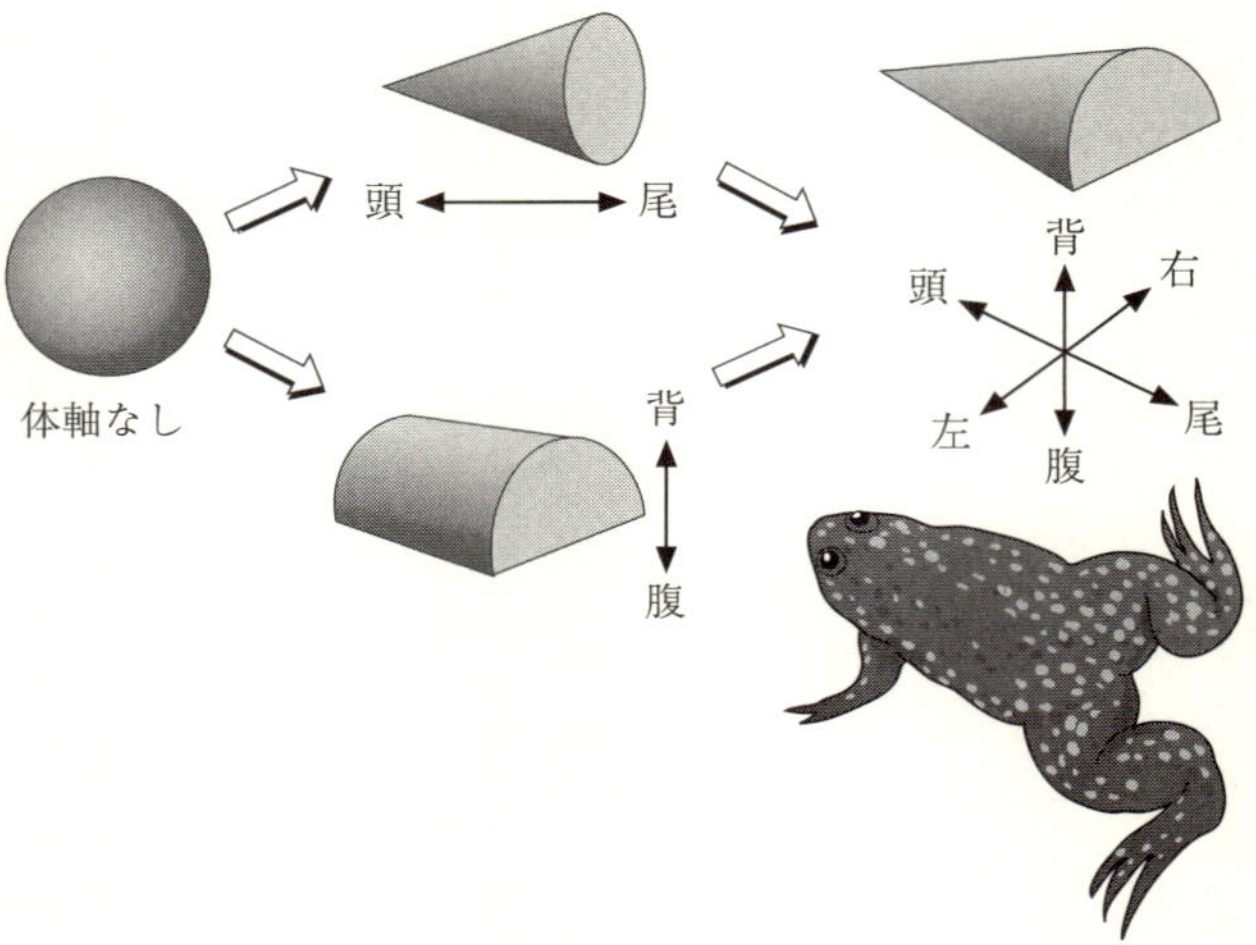
体軸なし
頭
尾
背
腹
背
右
頭
尾
左
腹

図1－1　3つの体軸

（お腹(なか)）と膨らんだ側（背）の区別ができます。すると必然的に左右も決まってしまいます。この時点で上下、背腹(はいふく)、左右という三つの軸が決まったのです。

ではヒトや鳥、魚のような脊椎動物の体を考えてみましょう。いずれもいま挙げた三種類の体軸を持っています。上下の軸にあたるのは**頭尾軸（前後軸）**で、頭、胸、腰を結んでいます。たまたまヒトには尻尾がありませんが、多くの動物は腰の後に尾があるのでこういう名前になります。この軸の上のどこにどういう器官が付属しているかは生物の種類によって決まっています。ふつうに考えて、AさんとBさんでこの配置が違うということは、まずありません。誰でも頭の下に胸、その下に腰があります。そして目や鼻は必ず頭に、腕と脚は必ず胸と腰にそれぞれ二本ずつ付属しています。

次は背中側とお腹側を結ぶ**背腹軸**です。頭尾軸に沿って上から、鼻のある側とない側、肩甲骨のない側とある側、おへそのある側とない側、の区別ができます。そしてお腹のあたりを輪切りにして内部を見ると、必ず腹側に胃や腸管が、背側に生殖器官や腎臓があります。これらの位置関係も、誰でも同じです。

そして最後が**左右軸**で、単純に右手と左手の関係です。外から見たところヒトはほとんど左右対称の形態をしていますが、体の内部のひとつしかない器官はほとんど右か左かにかたよっています。だいたいの人の心臓は胸の左側にありますし、長い腸管は同じ向きに折り畳まれてお腹に収まっています。つまり器官を配置する左右の関係もきちんと決まっているということです。

この三つの体軸構造は脊椎動物に限ったものではありません。昆虫でもミミズでも、左右対称に見える動物は、すべて頭と尾、背と腹があります。また二枚貝のようなよくわからない格好のものでも、それなりに上下、左右、前後で器官の配置が決まっています。

ではウニやヒトデなどのような**放射相称**（回転対称）に見えるものはどうなのかと思いませんか？　もちろんしっかりと独自の体軸が決まっています。このような生き物は、外から見ると円錐と同じように軸がひとつしかないことになるのですが、実は内臓が方向性をもって配置されています。そして幼生のころは左右相称の形態をしていたのです。

さて、ここで考えてみてほしいことがあります。どのような多細胞動物も最初は受精卵というたった一個のボールでした。このボールに三つの体軸がつくられていくのです。どうすればできるのでしょうか？　答えは第2章以降で詳しく説明します。

器官と組織と細胞と

では、さしあたり体の構造についての話を続けましょう。体軸が決まったら、その次の段階に入ります。

これまでにお話ししたように、体の各部分には目鼻や内臓のようにさまざまな部品がきちんとはめこまれています。このような部品は**器官**と呼ばれます（図1－2）。一つひとつの器官は異なった機能を持っており、すべてがバランスよく正常に働くことで個体の生命が維持されています。

それぞれの器官をもう少し細かく見ていくと、同じ種類の細胞同士が集まって一定の塊をつくっています。このように小さな部品は**組織**と呼ばれます。器官が体内の決まった位置に決まった大きさで存在しているのと同じように、ひとつの器官の中には必ず特定の組織が特定の位置関係で配置されています。これに間違いがあると器官が正常に働くことができません。

そして、生物体をつくる一番小さな単位は**細胞**です。組織に入っている細胞は、条件を整えれ

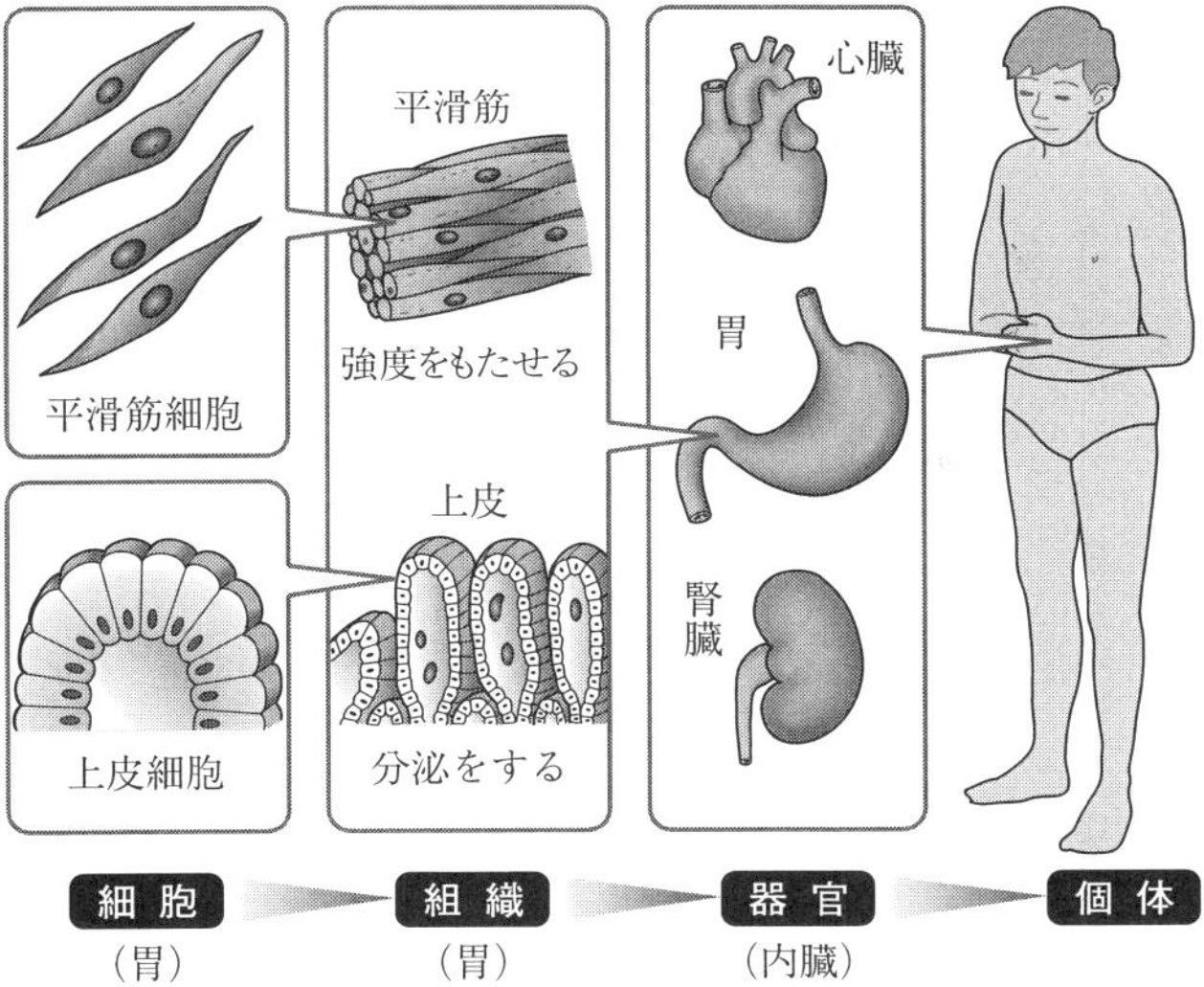
平滑筋細胞
上皮細胞
平滑筋
強度をもたせる
上皮
分泌をする
心臓
胃
腎臓
細胞
（胃）
組織
（胃）
器官
（内臓）
個体

図1－2　多細胞動物をつくる細胞、組織、器官

ば一つひとつバラバラにしても増えて生きていくことができますが、細胞を半分に切ってしまうともう死んでしまいます。ですから、半分に切ると生きていけない単位を細胞と呼ぶ、と考えればいいでしょう。

生物体には非常にたくさんの種類の細胞があり、大きさも形も異なっています。それぞれがなすべき役割をきちんとこなし、必要なときに増減することで、その組織、器官、生物そのものを維持しています。

核と遺伝子

というわけで細胞は生物体のもっとも小さな単位なのですが、実際にはその中にさらに細かい構造があります。これらを細胞内小器官といいます。これには核、ミトコンドリア、小胞体、ゴルジ体、リボソームなどが含まれ、植物なら葉緑体も持っています。

いずれの小器官も細胞が生きていくために必要な装置ですが、核はちょっと特別です。実はこの中には、「全身をつくるための情報」が詰めこまれています。それはなにかというと、「**遺伝子**」のセットです。

生物が形や働きの上で示すさまざまな性質を「**形質**」といいます。簡単にいえばその生物体の特徴すべてのことです。そして、そのうちで親から子へ確実に遺伝する形質を「**遺伝形質**」といいます。遺伝子という言葉は、もともとこのような遺伝形質を代々伝える「なにか」を漠然と指していました。遺伝子の概念が唱えられ始めたのは一九世紀の終わり頃ですが、現在はその実体が、**DNA**（デオキシリボ核酸）という化学物質であることがわかっています。

DNAは長いひも状の分子で、細胞の中でタンパク質と結合して、**染色質**（クロマチン）という形か、**染色体**という形をとっています（図1－3）。染色質はワタアメのように糸がふわふわした状態で、通常の核の中に広がっています。そして染色体は細胞が分裂するときに現れるもので、染色質がぎっしりとコイルして棒状になったものです。染色体は顕微鏡で簡単に観察することができ、数や形からその生物の特性を調べることができます。

遺伝子の本体はDNA、と言いましたが、「遺伝子」というのは、ひも状のDNA分子のあち

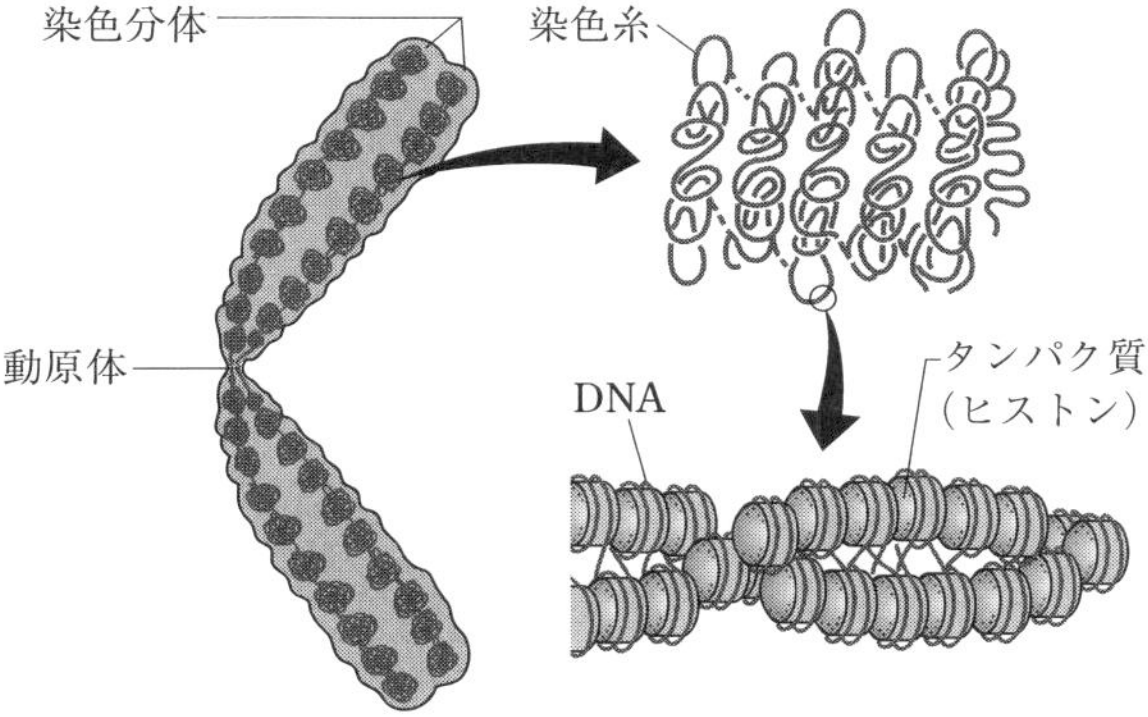
染色分体
染色糸
動原体
DNA
タンパク質
(ヒストン)

分裂中期の染色体（模式図）

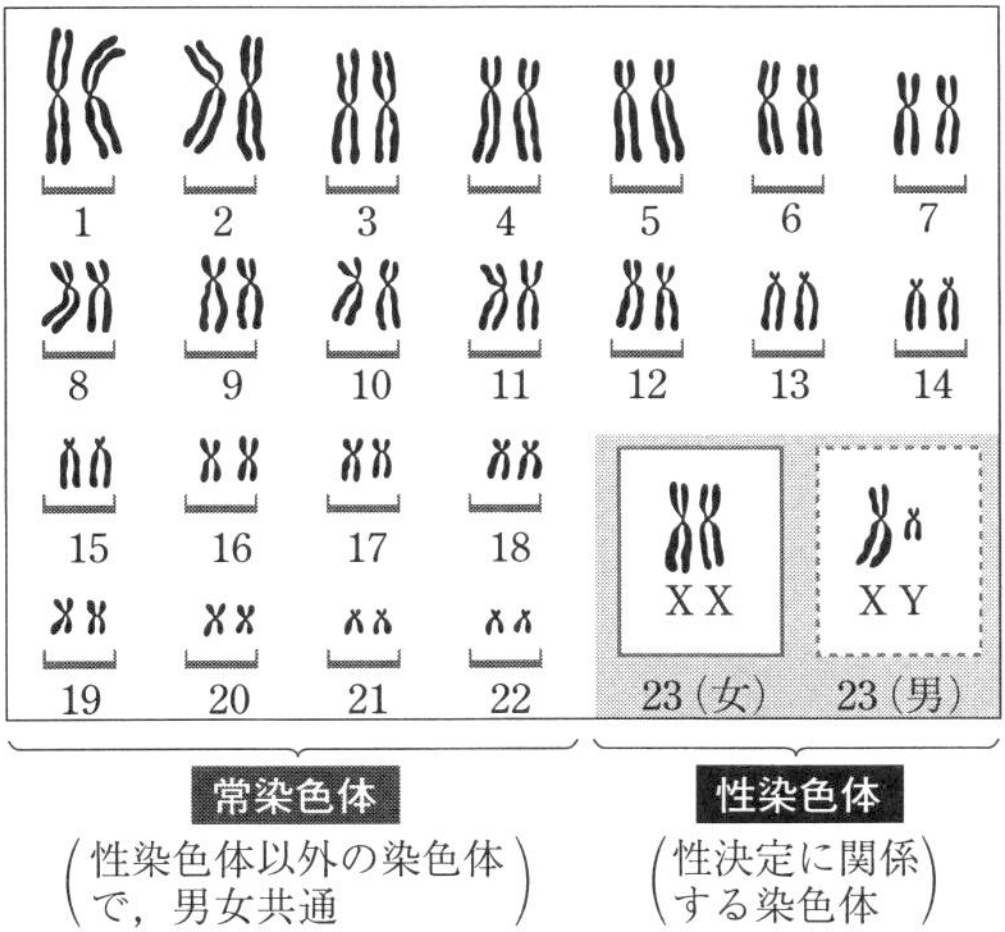
1
2
3
4
5
6
7
8
9
10
11
12
13
14
15
16
17
18
19
20
21
22
XX
XY
23（女）
23（男）
常染色体
（性染色体以外の染色体で，男女共通）
性染色体
（性決定に関係する染色体）

ヒトの染色体の核型分析

ヒトの体細胞の染色体は２本ずつ対になった染色体が23対，すなわち$2n$＝46本ある

図１－３　染色体

こちに点在している、情報として意味を持つ部分のことです。ヒトでは、現在、どの染色体のどの位置にどんな遺伝子があるかということがたくさんわかってきました。

ＤＮＡは**ヌクレオチド**という単位が直鎖状に並んだ、**ポリヌクレオチド**（ポリ＝たくさん）と呼ばれる巨大分子からなり、通常二本の鎖が一組になって一分子を構成しています（図１－４）。そしてヌクレオチドは「**塩基**」と呼ばれる物質に糖とリン酸が結合してできています。ヌクレオチドは四種類あるのですが、それは含まれる塩基が四種類（アデニン、グアニン、シトシン、チミン）あるためです。ＤＮＡの中でヌクレオチドがどう並んでいるかということを便宜的に「塩基配列」という言葉で表します。生物の遺伝形質の情報は、この塩基配列の形で一種の暗号（遺伝暗号）として細胞に収められています。

重要なことを言っておきましょう。ＤＮＡは二本鎖なのですが、二本の鎖がぴったりくっつくには理由があります。それは四種類の塩基がお互い引き合う相手がきちんと決まっているからです。一方の鎖の塩基がアデニンなら反対側は必ずチミン、そして一方の鎖がグアニンなら反対側は必ずシトシンになります。このように、必ず引き合う相手が決まっているという関係は「**相補的**」と表現されます。これは、互いに補い合う、という意味です。

細胞が分裂するとき、ＤＮＡは誤りなく二倍に「複製」されて染色体の形をとり、新しくできたふたつの細胞（**娘細胞**）にきちんと分配されていきます。このためひとつの個体では、原則と

DNAの構成成分の化学構造

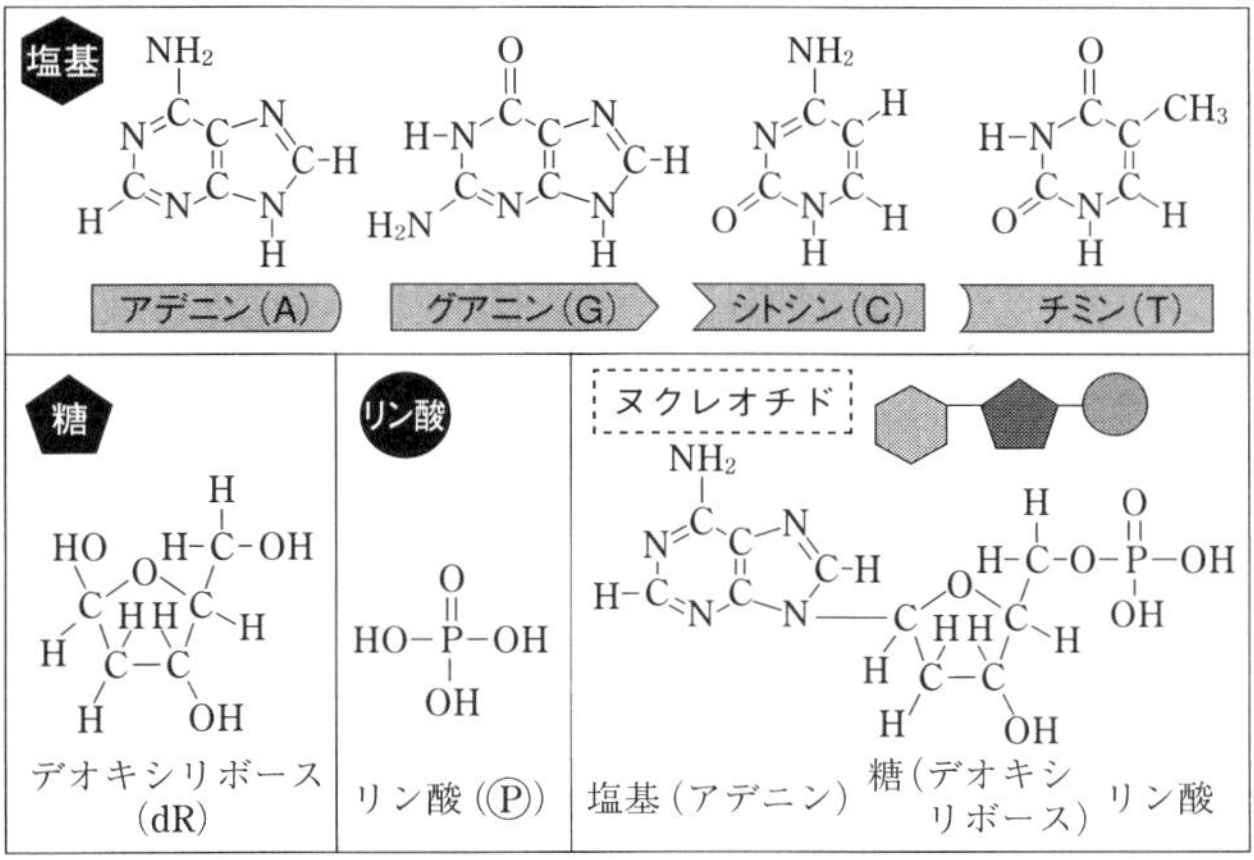
塩基
アデニン（A）
グアニン（G）
シトシン（C）
チミン（T）
糖
デオキシリボース（dR）
リン酸
リン酸（Ⓟ）
ヌクレオチド
塩基（アデニン）
糖（デオキシリボース）
リン酸

ワトソン・クリックによるDNAモデル（模式図）

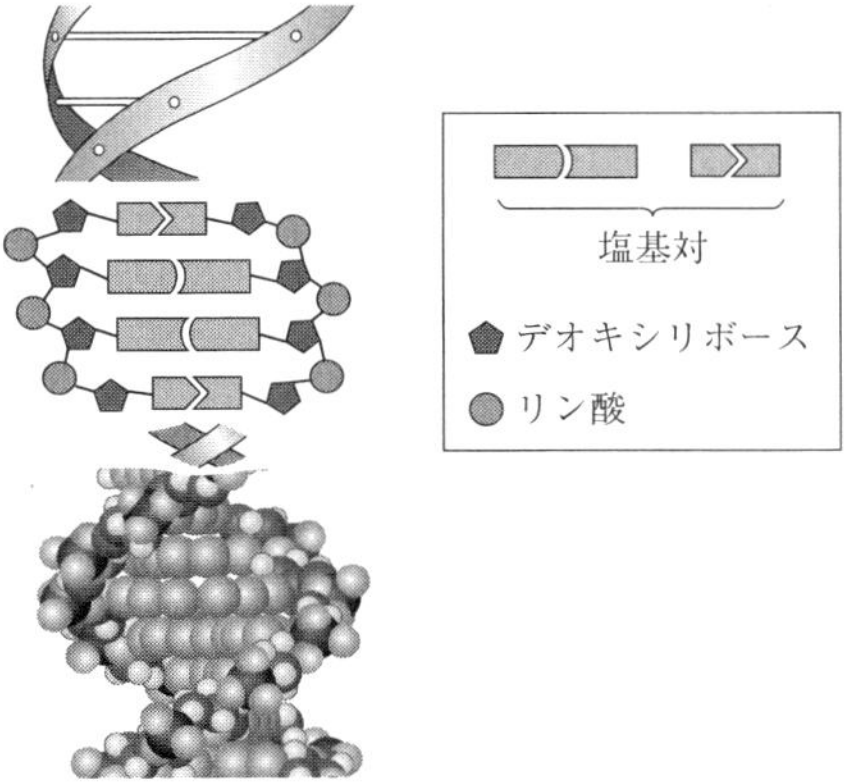
塩基対
デオキシリボース
リン酸

図１－４　ＤＮＡ

してすべての細胞の核に同じ量、同じ塩基配列のDNAが含まれています。そしてDNAは卵や精子の細胞にもやはり分配されるため、親から子へと同じ塩基配列が伝えられます。

核の中にはとてもたくさんの形質の情報が入っています。ヒトなら目の色、ある種の体質、そもそも二本脚で歩けること、「親に似ていること」などの情報はすべて入っています。ところが、一個の遺伝子の命令はきわめて単純で、「あるタンパク質をつくらせる」ことです。どのようなタンパク質をいつ、どこで、どれだけつくるかによって生物のあらゆる遺伝形質が決まっているのです。

さて、タンパク質ってなんでしょう。遺伝子といったいどういう関係なのかを説明します。

タンパク質について

タンパク質とは、簡単にいうとヒトの体から骨と脂肪と水分を除いた残りのもののほとんどすべてです。ですから莫大な種類がありますが、いずれも細胞の中でつくられ、細胞の構造を維持し、細胞の働きを担っています。

細胞の形は、「**構造タンパク質**」という骨組みをつくるタンパク質が決めています。筋肉には**アクチン**と**ミオシン**という筋繊維を構成するタンパク質が豊富に含まれていますし、皮膚には垢(あか)や髪の毛をつくる**ケラチン**が、眼のレンズには**クリスタリン**という透明なタンパク質が含まれています。構造タンパク質は、細胞や組織に機械的な強度をもたせており、体の中に大量に存在します。

それ以外に、「**機能タンパク質**」と呼ばれるタイプのタンパク質もたくさん存在します。この場合の「たくさん」は、量が多いという意味ではなく、種類が多いという意味です。機能タンパク質は、細胞の内外でいろいろな働きをして、それが細胞の機能を決めています。

機能タンパク質のひとつのグループは「**酵素**」です。洗剤のCMなどで聞いたことがあるでしょう。一般に化学反応を円滑に進めさせる働きをもつ物質は「**触媒**」と呼ばれます。酵素は体の中で触媒の働きをするタンパク質なので、「生体触媒」と言い表されます。酵素の種類は非常に多く、食べ物を分解する消化酵素、脂肪を合成する酵素などがあります。

もうひとつの機能タンパク質のグループは、細胞間で情報を伝える働きをもつ「**分泌タンパク質**」です。これは細胞から分泌されて他の細胞へと受け渡され、受容した側の細胞は性質が変化します。このように何かに作用して特定の変化を引き起こす物質は、だいたい「○○因子」と呼ばれます。

情報を担う分泌タンパク質のうち、**ホルモン**は血流にのって全身をまわり、血圧や血糖値などの生理作用を調節する働きをしています（タンパク質ではないホルモンもいろいろあります）。そしてその他に「**細胞増殖因子**（細胞成長因子）」と呼ばれるものもあり、これはホルモンのように遠くまで運ばれるのではなく、近くの細胞に働きかけて作用します。この細胞増殖因子は近年とても注目されるようになってきました。発生過程での細胞増殖因子の役割は、この本の中心テーマのひとつです。

遺伝子からタンパク質ができるまで

以上のようなタンパク質の情報をもつ遺伝子は、一般に数千塩基の長さをもっています。ヒトには遺伝子が数万種類ありますが、すべて塩基配列が違っています。また細菌やウィルス以外の生物では、DNAのすべての部分が遺伝子として機能するわけではないことがわかっています。

実際にDNAの情報を読みとってタンパク質がつくられる工程を「遺伝子の発現」といいます。ここで、タンパク質合成のプロセスについて簡単に説明しましょう（図1－5）。

たとえば、筋肉にはアクチンというタンパク質が含まれています。アクチンの遺伝子というときは、長いDNA鎖のごく一部にある、特定の塩基配列を示しています。この配列を指して、アクチン遺伝子を「コードする領域」という呼び方をします。

アクチンタンパク質がつくられるときは、まずアクチン遺伝子の一部に**RNA**（リボ核酸）を合成する酵素（RNAポリメラーゼ）が結合し、鋳型となるDNAの情報を**mRNA**（伝令RNA）という物質に写し取ります。これを「**転写**」といいます。

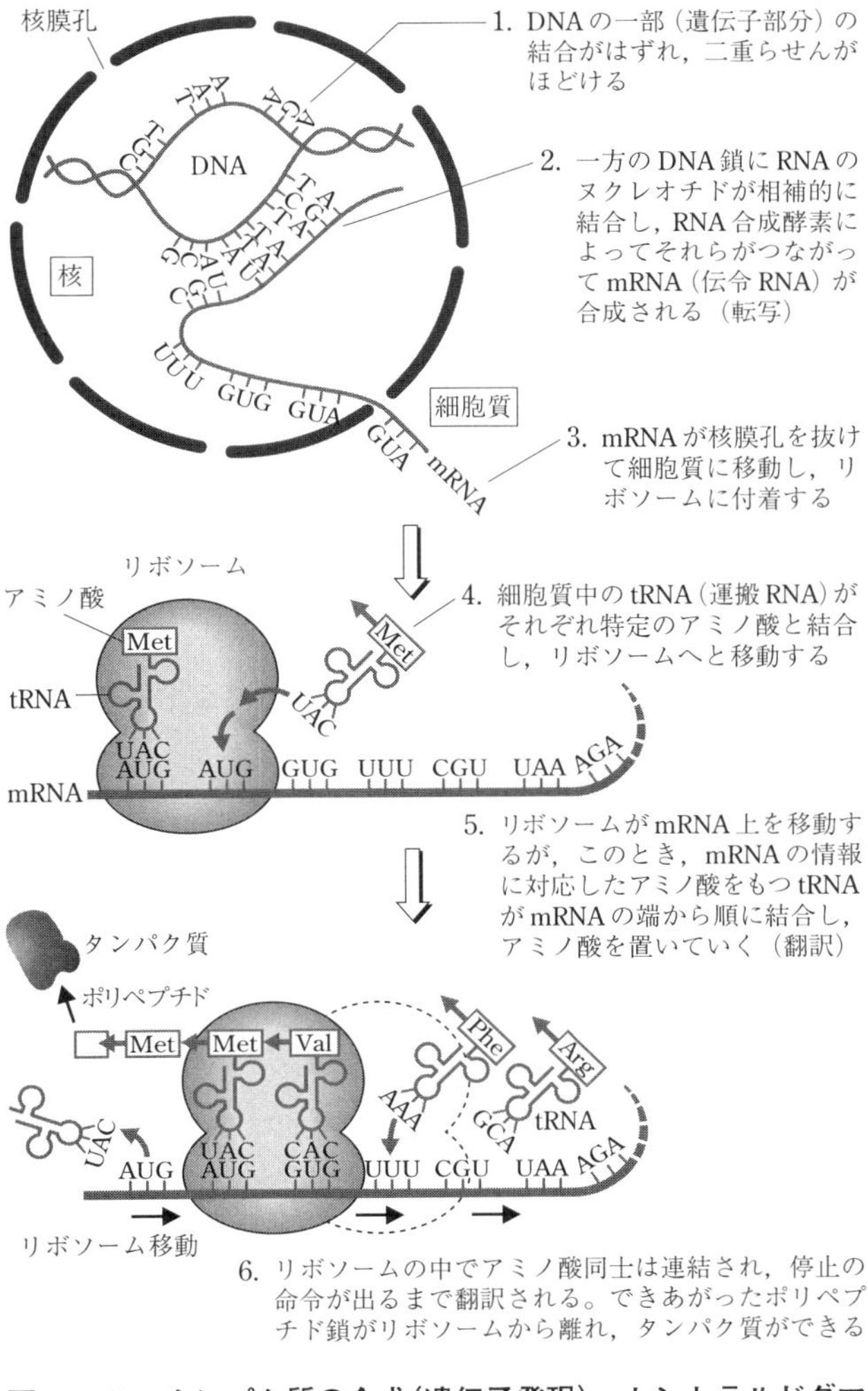
核膜孔
1. DNAの一部（遺伝子部分）の結合がはずれ，二重らせんがほどける
DNA
2. 一方のDNA鎖にRNAのヌクレオチドが相補的に結合し，RNA合成酵素によってそれらがつながってmRNA（伝令RNA）が合成される（転写）
核
UUU GUG GUA GUA
細胞質
mRNA
3. mRNAが核膜孔を抜けて細胞質に移動し，リボソームに付着する
リボソーム
アミノ酸
Met
tRNA
UAC
AUG
4. 細胞質中のtRNA（運搬RNA）がそれぞれ特定のアミノ酸と結合し，リボソームへと移動する
AUG GUG UUU CGU UAA AGA
5. リボソームがmRNA上を移動するが，このとき，mRNAの情報に対応したアミノ酸をもつtRNAがmRNAの端から順に結合し，アミノ酸を置いていく（翻訳）
タンパク質
ポリペプチド
Met Met Val Phe Arg
AAA GCA tRNA
UAC CAC
AUG AUG GUG UUU CGU UAA AGA
リボソーム移動
6. リボソームの中でアミノ酸同士は連結され，停止の命令が出るまで翻訳される。できあがったポリペプチド鎖がリボソームから離れ，タンパク質ができる

図１－５　タンパク質の合成（遺伝子発現）・セントラルドグマ

その後、mRNAは核から細胞質へと移動し、リボソームという細胞小器官の中で情報はアミノ酸の鎖に写し替えられます。これを「**翻訳**」といいます。こうしてつくられたアミノ酸の鎖は**ポリペプチド**と呼ばれますが、さらにこれがいくつか結合される、短く削られるなどの加工を受けると、成熟したタンパク質となります。ここまできてやっとアクチンとして機能するようになるのです。

この「DNA↓（転写）↓mRNA↓（翻訳）↓タンパク質」というプロセスは地球上のあらゆる生物の遺伝子に共通している重要な原則で、「**セントラルドグマ**（中心命題）」と呼ばれます。この反応が逆向きに起こることは通常ありません。

ここで、のちのち混乱が起こらないように表現の説明をしておきます。「**遺伝子発現**」というときは、基本的にmRNAとタンパク質が合成されることを指しています。両者をまとめて「遺伝子産物」と呼ぶこともあります。そして「遺伝子が働く」というときは、転写も翻訳も終わり、できあがったタンパク質が何らかの仕事をすることを指します。

遺伝子とDNA、タンパク質の関係をどうかしっかり理解しておいてください。

1－2　発生のはじめに起こること

受精する前に（その1──減数分裂）

個体の発生は受精のときから始まります。受精は、卵と精子というまったく異なるふたつの細胞（**配偶子**）が合体してしまう特別な現象です。細胞が合体するというだけならば、筋肉などでも「多核体」というたくさんの核が含まれる細胞ができます。けれども受精では、細胞質だけでなく核も融合してしまうのです。ちょっと気をつけてください。核が融合するということは、核の中のDNA量がそれ以前の二倍になるのです。ふつうの細胞では、こんなことはまず起こりません。

ひとつの配偶子がもつ染色体もしくは遺伝子の全体を指して「**ゲノム**」という言葉を使います。ふつうひとつの個体は、核の遺伝情報としてゲノムを二セット（染色体を2n本）もっている二倍体です。なぜ2n本なのかといいますと、ここには母方からの情報nと父方からの情報nの両方が含まれているからです。ヒトの場合、nは父方も母方も23で、体細胞には$2n=46$すなわち46本の染色体が入っています。ふつうの体細胞分裂のときは分裂前にDNAの量が倍になり、染色質がコイル状に固まって染色体となり、ふたつの娘細胞にまったく均等に分配されていきます。

さあ、いま、なにげなく「母方からの情報n」という言い方をしてしまいました。これはちょっとひっかかります。体細胞が2nなのにどうして配偶子はnになったのでしょうか。

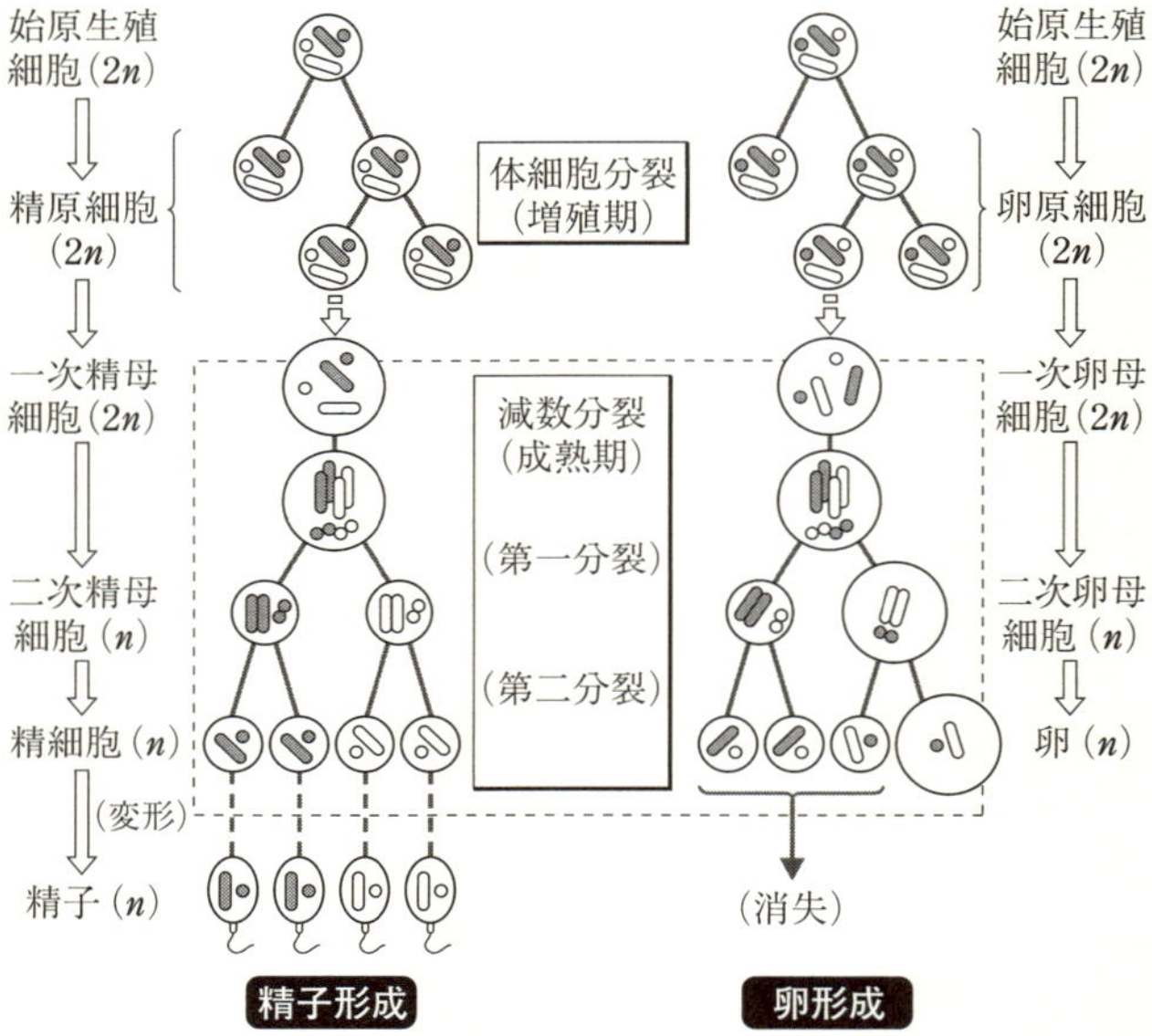
始原生殖細胞（2n）
精原細胞（2n）
一次精母細胞（2n）
二次精母細胞（n）
精細胞（n）
（変形）
精子（n）
体細胞分裂（増殖期）
減数分裂（成熟期）
（第一分裂）
（第二分裂）
始原生殖細胞（2n）
卵原細胞（2n）
一次卵母細胞（2n）
二次卵母細胞（n）
卵（n）
（消失）
精子形成
卵形成

図１－６　配偶子形成

　さきほども言いましたが、受精後の細胞は染色体数が配偶子の倍になります。もしも卵も精子も染色体数が親の体細胞と同じだとすると、両者が融合したあとの受精卵（子ども）の染色体数は親の二倍（４n）になってしまいます。そして孫で四倍（８n）、曾孫は八倍（16n）と、代を重ねるごとに染色体が増えてしまうことになります。これではまったく違う生き物になってしまいます。

　そこで、このようなことにならないように、配偶子ができるときは、あらかじめ遺伝情報が半分（n）に減らされるのです。この特殊な分裂は**減数分裂**と呼ばれています。体細胞分裂では分裂の前にＤＮＡを倍に増やすプロセスがあると言いましたが、減数分裂は二回続けて分裂が起こり、一回は倍加をしないのです。このため配偶子の染色体はn個に半減し、受精して$2n$に戻ります。これなら何代でも$2n$の生き物でいられます。減数分裂なくして有性生殖は成り立ちません。

卵と精子は最終的な仕上げで形が大きく変わりますが、基本的なでき方は共通しています（図1－6）。つくられるのは卵巣か精巣の中で、卵原細胞か精原細胞がスタートです。これらの細胞はいずれもふつうの細胞と同じ$2n$で、はじめは通常の分裂を繰り返して数を増やします。ところが配偶子形成が開始されると、それぞれ一次、二次の卵母細胞と精母細胞になります。そして減数分裂が終了すると、染色体数もＤＮＡ量も体細胞の半分の配偶子となるのです。

受精する前に（その2—卵形成）

もちろん受精は精子と卵の両方が必要なのですが、この本の中でより重要なのは卵です。卵のほうは、細胞質にいろいろなものを含んでいて発生のプロセスで重要な役割を担っているからです。一方、精子は父方の遺伝情報をもってやってくるだけです。もっているものは核、ミトコンドリア、鞭毛などほんのわずかで、そのかわり非常に活発に運動することができます。そして数にして卵の何億倍もつくられるために結果的に受精の確率を高めています。

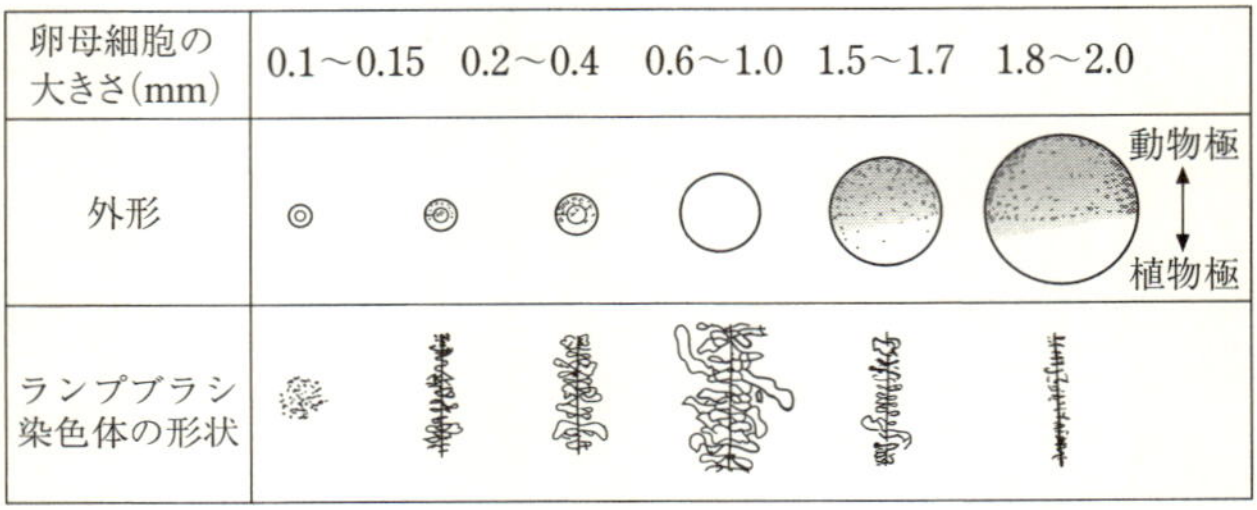

卵母細胞の大きさ(mm)
0.1～0.15
0.2～0.4
0.6～1.0
1.5～1.7
1.8～2.0
外形
動物極
植物極
ランプブラシ染色体の形状

図1－7　卵形成

卵母細胞のできはじめは小さなふつうの細胞です。けれども卵形成の過程で成熟して、受精できるようになるまでに長い時間をかけていろいろな準備をしています（図1－7）。内部には雌の体のあちこちからさまざまな物質が運び込まれ、蓄えられています。これにはすぐ栄養となる卵黄タンパク質や脂質以外に、多くの情報タンパク質やRNAが含まれます。このような物質は、母親が卵の中にため込むものなので「母性○○」と呼ばれ、受精後に胚の中で新しくつくられる物質（「ゲノム○○」と呼ばれる）とは区別されます。

このうち母性mRNAは、卵形成のはじめから転写が始まり、卵母細胞の直径が一ミリメートルくらいになったときにもっとも多くの種類がつくられます。この時期、染色体は「**ランプブラシ染色体**」と呼ばれる特殊な形をとっています（図1－8）。mRNAの合成が起こっている部分の染色体がほどけ、DNAとRNAでできたたくさんのループが飛び出しているため、ブラシのような形になっているのです。母性因子は、のちのちの体づくりの

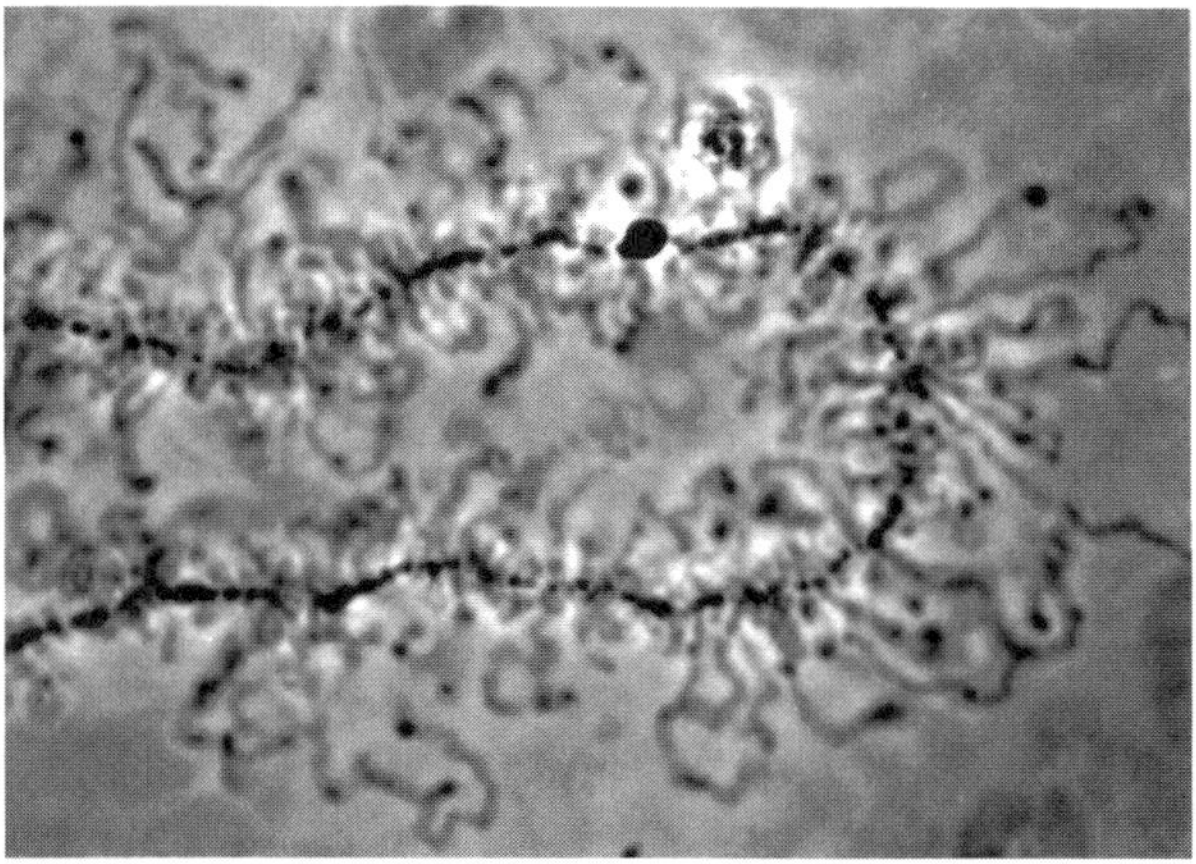

転写が活性な部分のDNAがループ状に飛び出している
（太く見えるのは，RNAやタンパク質が含まれているため）

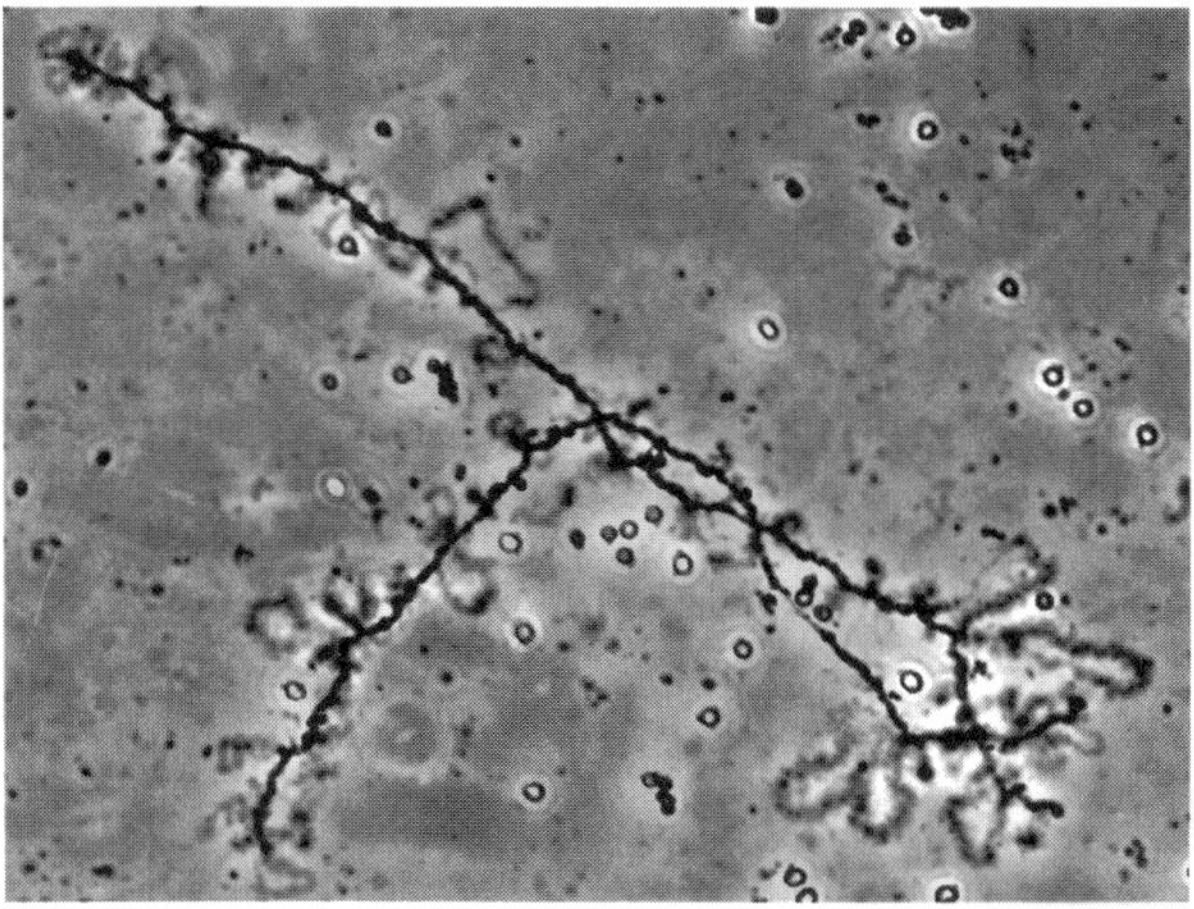

相同染色体の両方から同じようにループが出ている

図１－８　ランプブラシ染色体　（木下原図）

プロセスを速やかに進めるためにあらかじめ蓄えられているのでしょう。動物の形づくりは卵形成の時点からすでに始まっているということができます。

そしてやがて成熟した卵ができあがります。これは直径がふつうの体細胞の数十倍〜数千倍もある巨大な細胞です。これと精子が融合されることが受精であり、「**受精卵**」になったときから、卵はもうただの細胞ではない、一個の生命体として「**胚**」と呼ばれます。「個体」はここから始まります。

卵割から体軸の決定まで

はじめたった一個の細胞でできていた卵は、受精ののち、分裂して数を増やしていきます。卵での細胞分裂を特別に「**卵割**」、分裂した細胞を「**割球**」と呼びますが、卵割の様式は動物の種類によって異なっています。卵割がふつうの細胞分裂と大きく違うところは、分裂の時間間隔が非常に短いことです。

なかにはほとんど分裂しない細胞もありますが、ふつうの細胞は細胞周期と呼ばれるサイクルで分裂しています。細胞周期は分裂期、第一間期、DNA合成期、第二間期からなっています。染色体が現れるのは分裂期です。卵割が極めて速く行われるのは、受精後しばらくのあいだは間期が省略されているためです。つまり、細胞は分裂した直後に次のDNA合成を開始し、分裂を始めるのです。このため卵の中では、のんびりといろいろな物質を合成するための時間がありません。卵形成の時期に卵母細胞の中にあらかじめいろいろなタンパク質やＲＮＡが蓄えられているのは、その準備であると考えることができます。

もうひとつ卵割が通常の分裂と大きく違うのは、分裂した細胞が元の大きさに戻らずに次の分裂が始まるところです。そのためある時期まで、胚全体の体積は何度分裂しても増えません。最初の卵の中に細胞膜で細かい仕切りをつくっていくだけです。

卵割が進行すると、割球の数はどんどん増えていきます。そしてある時期から、胚の内部に**胞胚腔**（卵割腔）という空洞ができてきます（次ページ図１－９）。胚の形態は動物の種類によってさまざまですがこれは共通に起こる現象で、この時期の胚は**胞胚**と呼ばれます。

この大きな胞胚腔は、非常に重要な役割を果たします。それまでは胚の中で細胞同士がぎしぎしと接していたのに、このときから隙間ができたのです。つまり、細胞が移動できる空間が生まれたということです。これは、これから起こるダイナミックな細胞の運動（形態形成運動）のためにぜひとも必要なことです。

胞胚にまで達した胚は、やがて卵割の頻度が低下して**原腸胚**という段階に入ります。この時期の胚に起こる現象は劇的です。割球が運動性をもち始めてのそのそと動きだし、一定の位置から胞胚腔の中に侵入して**原口**という穴をつくるのです。これによっていままで一層のボール状だっ

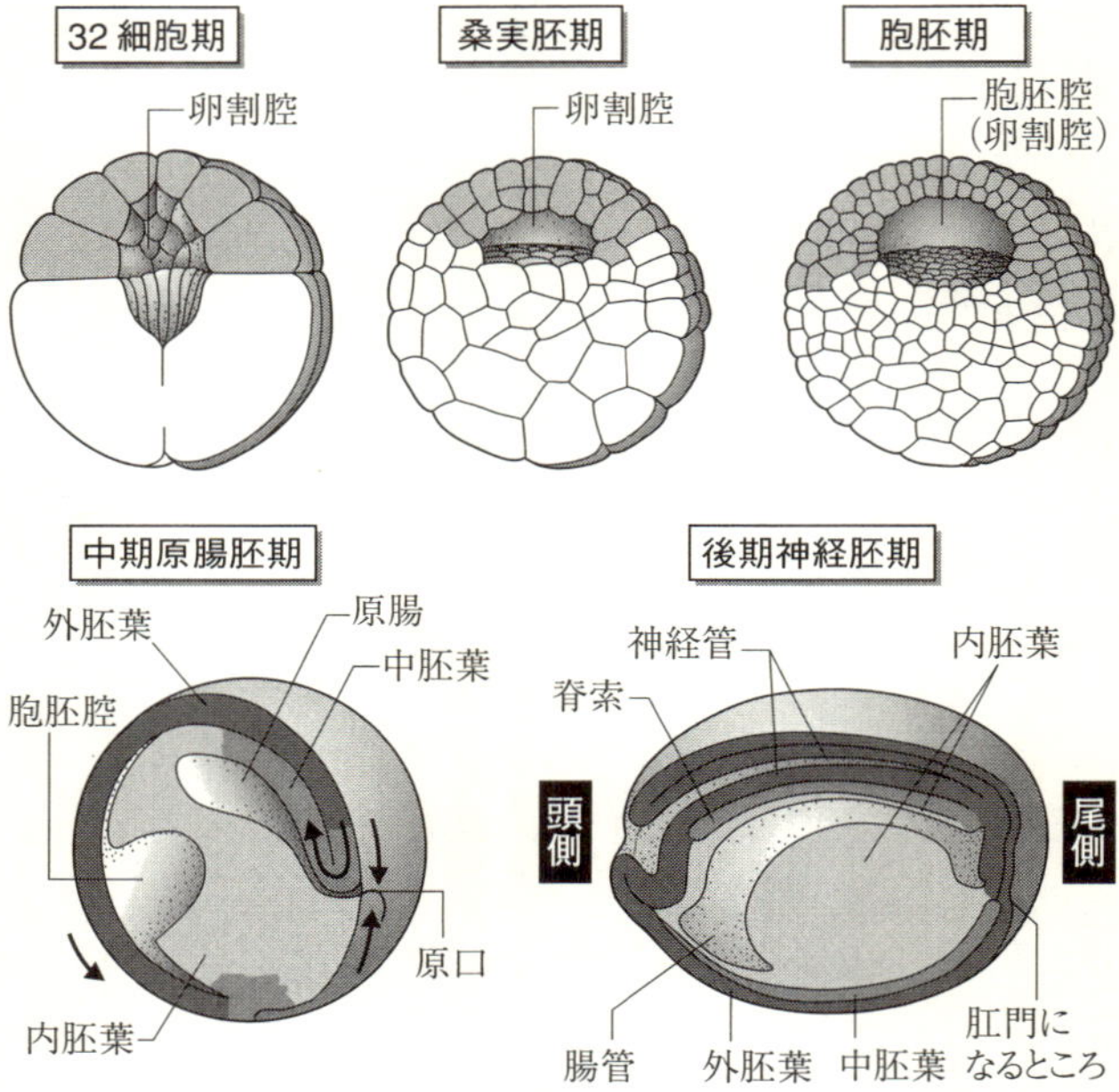
32細胞期
卵割腔
桑実胚期
卵割腔
胞胚期
胞胚腔
(卵割腔)
中期原腸胚期
外胚葉
原腸
中胚葉
胞胚腔
原口
内胚葉
後期神経胚期
神経管
内胚葉
脊索
頭側
尾側
腸管
外胚葉
中胚葉
肛門に
なるところ

図1－9　カエル胚の発生段階（抜粋）

た胚が、空気を抜いて押しつぶした格好に変わります。

するとどうなるかというと、いままでは放射相称に近かった胚が非対称になり、穴のある側とそうでない側の違いができます。つまり体軸がはっきりと外形に現れてくるのです。さらにこの移動によって、いままでは空間的に離れていた細胞同士が突然接することになり、細胞間の新しい関係ができます。この細胞移動の現象を**原腸陥入**といい、内部に**原腸**という筒状の構造ができます。

原腸はやがて反対側の細胞層

にまで達し、そこにもうひとつの穴が開きます。消化器官が口から肛門まで開通したと考えてください。

ふたつの穴は将来どちらかが口に、どちらかが肛門になります。これは動物の種類によって違い、ウニ、ナマコなどの棘皮(きょくひ)動物や脊椎動物は、原口が肛門となるので**後口動物**と呼ばれます。そして、貝やイカなどの軟体動物、エビや昆虫などの節足動物では原口が将来の口になるため**先口動物**と呼ばれます。この違いは、体制と神経系の配置などに大きな違いをもたらします。いずれにしてもこのプロセスの結果、三つの体軸が決定されることになります。

胚葉の形成

原腸陥入によって細胞の位置関係が変わると言いましたが、この結果、もうひとつ重要なことが胚に起こります。それは将来の器官形成のもとになる三つの特徴的な細胞群が区別できるようになることです。これを**胚葉**といいます。

両生類を例に説明しましょう。両生類の卵は卵黄を多く含んでおり、それが内部でかたよっているために最初から上下の区別ができます。軽くて黒いほうが**動物極**、重くて白いほうが**植物極**と呼ばれます（32ページ図１－７）。植物極側には卵黄がたくさん含まれているため、卵割のとき割球が大きく、胞胚腔も動物半球にかたよってできます。そして原口は赤道面のやや植物極側に開いて、細胞が胞胚腔の中に入り込みます。このとき移動するのは主に動物半球の細胞です。これによって次第に大きな原腸が内部に形成され、もともと植物半球にあった細胞群が動物半球の細胞群に取り囲まれるようになります。

この大規模な細胞の運動の結果、胚には表面を取り囲む外側の細胞層、動物半球から入り込んで外層を裏打ちする中間の層、植物半球由来の内側の層ができます。これらの三層を順に**外胚葉**、**中胚葉**、**内胚葉**と呼びます。三種の細胞群は将来異なった組織をつくるようになります。外胚葉からは表皮と神経が、中胚葉からは脊索、筋肉、血球、心臓、腎臓などが、そして内胚葉からは消化管の上皮や膵臓、肝臓などができます（図1-10）。

さて、ここで、すべての動物が最初は受精卵というたった一個の細胞だったことを思い出してください。最初の数回の卵割のあいだは、割球の数が増えても一つひとつは等価です。つまり同じ核と同じ細胞質をもつ細胞が増えていくだけです。ところが、成体の体の中には筋肉や神経などのさまざまな器官があります。ということは筋肉を構成する細胞、神経を構成する細胞、といったものが別々につくられたことになります。

このように性質の異なる細胞ができてくることを細胞の「**分化**」と呼びます。細胞がただただ分裂して増えていくだけで、違った形態と機能をもつということはありえません。どういう仕掛けが働いているのでしょう。次章ではこの「細胞分化のメカニズム」のお話をしましょう。

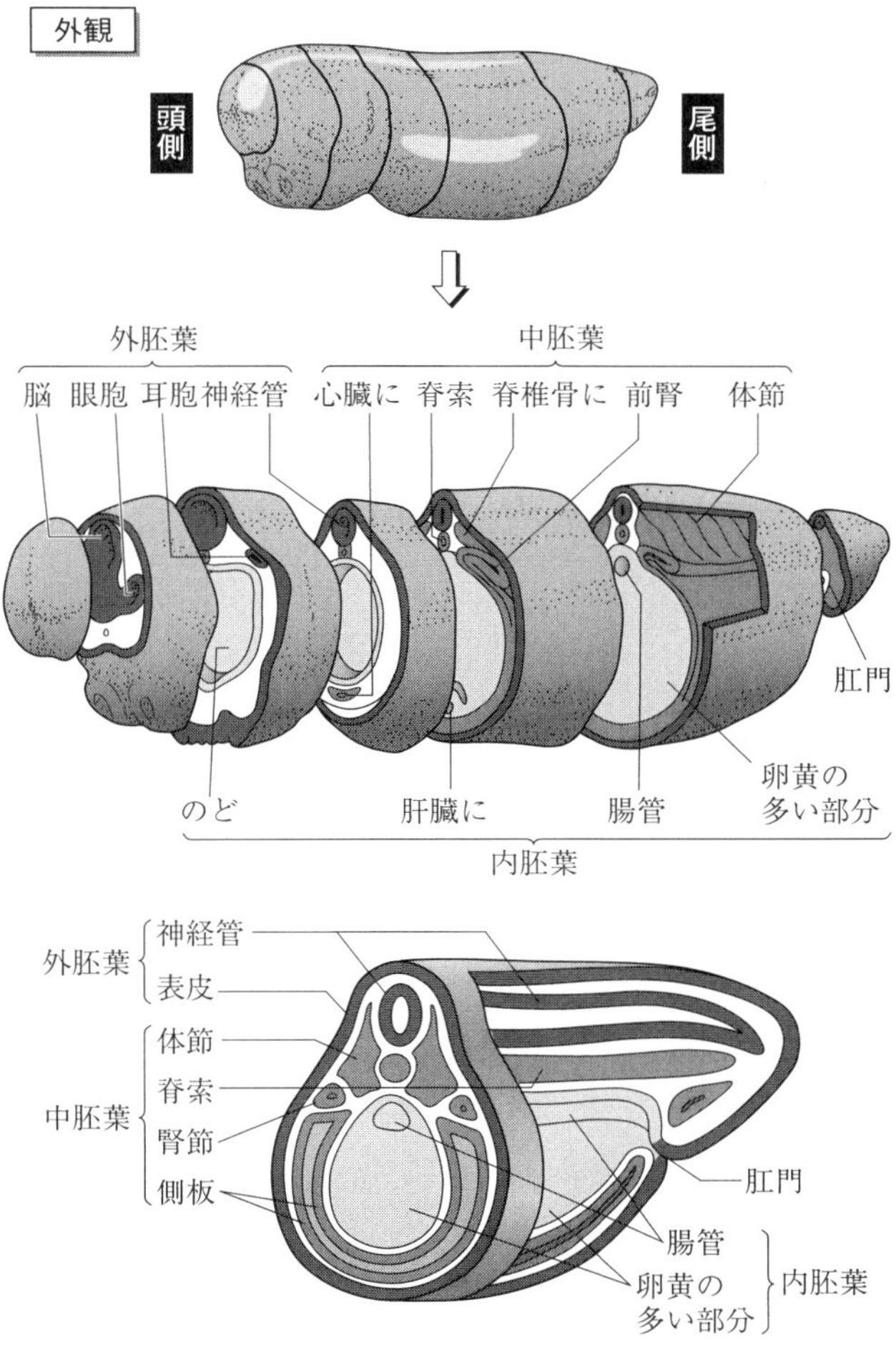
外観
頭側
尾側
外胚葉
中胚葉
脳
眼胞
耳胞
神経管
心臓に
脊索
脊椎骨に
前腎
体節
肛門
のど
肝臓に
腸管
卵黄の
多い部分
内胚葉
外胚葉
神経管
表皮
中胚葉
体節
脊索
腎節
側板
肛門
腸管
卵黄の
多い部分
内胚葉

図１－10　胚葉の分化

質問！

問い…簡単に「動物の卵」といいますが、ほ乳類は子宮の中で育つんだし、カエルとニワトリだって卵の形も卵割も全然違います。だいたい虫や貝には背骨もできない。そんなにみんなまとめていいんですか？

答え…いいのです。卵割の名前や様式は動物の種類によって違いますが、卵割→原腸形成→三つの胚葉形成というプロセスが起こることは原則的に共通です。不思議といえば不思議ですが。で、その共通性について、もっと驚くことがそのうち出てきますのでどうかお楽しみに。

第2章 細胞分化のメカニズム

２－１　細胞分化は遺伝子発現

細胞分化とは

ここまでにお話ししたように、多細胞の動物は一個の受精卵から発生をはじめ、複雑なプロセスを経て体の形をつくっていきます。まず体軸が決まり、それから順次各部に筋肉や内臓などのさまざまな組織や器官がつくられます。

気をつけてほしいのは、組織を構成している細胞がそれぞれ固有の形と働きをもっていることです。たとえば神経の細胞は長い突起をもって電気的な信号を送っていますが、皮膚の細胞は体の表面を覆って内側を守っています。また赤血球は、血管の中を浮遊して全身に酸素を送り届ける働きをしています。

このような細胞の特徴は、卵から成体になるまでの複雑なプロセスによって決定されるものです。とりあえず、はじめ同質だった細胞が特殊化し、異なった構造や機能をもつようになることを「分化」するといいます。そして細胞がまだ分化していない状態を「**未分化**」といいます。

細胞の分化を考えるときには、最低限ふたつの現象が問題になります。ひとつめは、分化するとどうなるのか、という「分化の結果」についてです。細胞が分化すると、形態や性質に特徴が現れます。そして細胞がつくり出す物質もそれぞれに違ってくるはずです。次に考えるのは、「分化の原因」についてです。なにが引き金になり、細胞にどう作用して分化が起こったのか、という「メカニズム」の問題です。実は、このふたつはいずれも遺伝子の発現で説明されることなのです。

細胞分化で何が起こる

分化した細胞は、まずその働きが違います。そして形が違います（図2－1）。組織全体なら、筋肉、腸、心臓、皮、肝臓などなど、色も弾力も（味も）違います。顕微鏡で見れば、細胞の色と形がまたそれぞれ違います。では、もっと細かいレベル、細胞の内側はどうなのでしょうか。

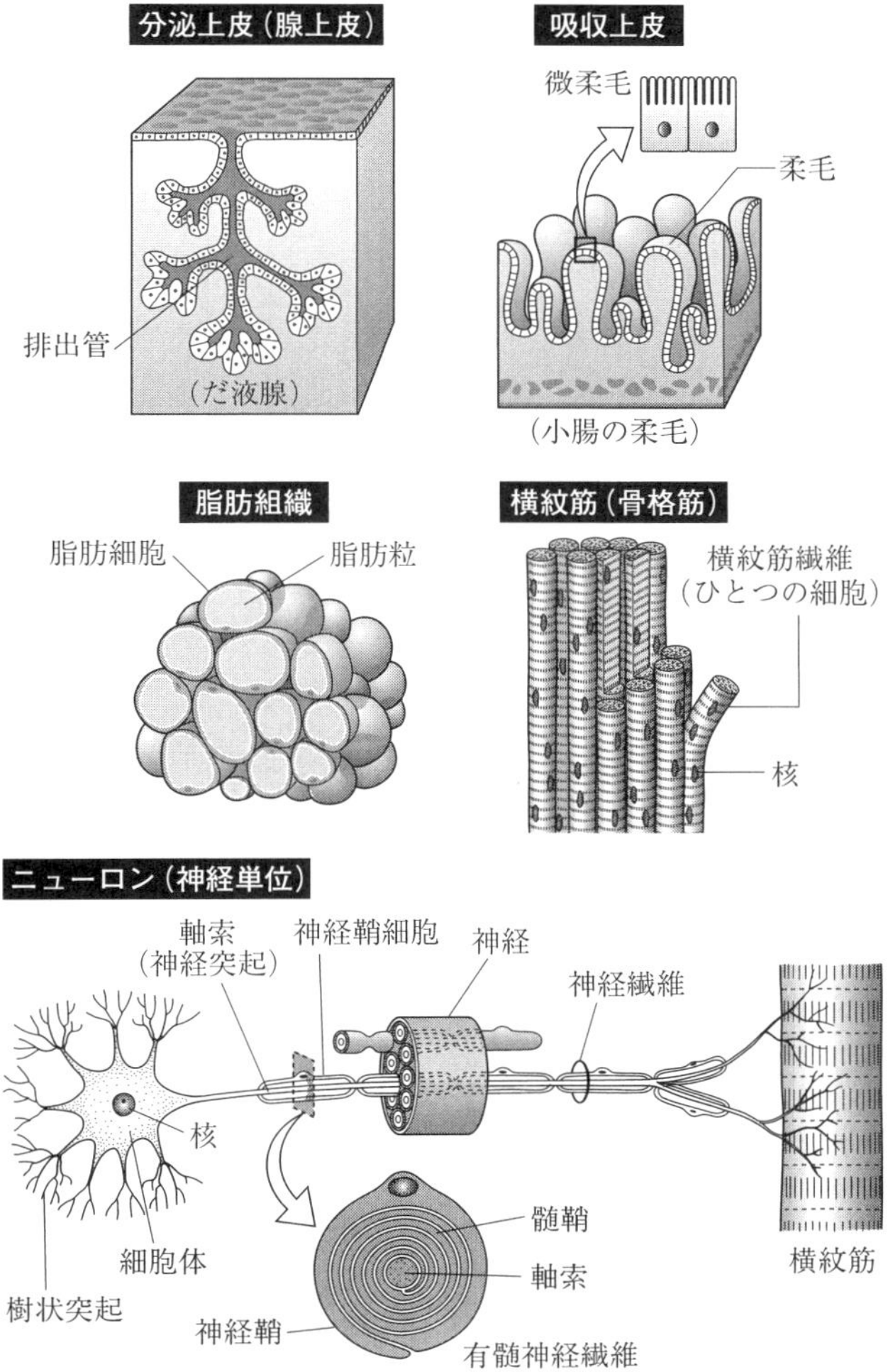
分泌上皮（腺上皮）
排出管
（だ液腺）
吸収上皮
微柔毛
柔毛
（小腸の柔毛）
脂肪組織
脂肪細胞
脂肪粒
横紋筋（骨格筋）
横紋筋繊維
（ひとつの細胞）
核
ニューロン（神経単位）
軸索
（神経突起）
神経鞘細胞
神経
神経繊維
核
細胞体
樹状突起
髄鞘
軸索
神経鞘
有髄神経繊維
横紋筋

図2－1　いろいろな組織

そう、当然ですが、内側に含まれている「もの」が違うから細胞の形が違うのです。それは何でしょう。

答えは、細胞の中にあるタンパク質です。タンパク質のなかにはどの細胞にも必ず含まれているものもありますが、分化した細胞には、その細胞にしかない特徴的なタンパク質が相当量入っています。髪の毛ならケラチン、筋肉ならアクチンとミオシン、目のレンズならクリスタリンということですね。これは重要なことで、たとえばレンズの中に肉の塊ができたりしたら何も見えません。そこで、「分化の結果」は「特定のタンパク質ができること」、言葉をかえれば特定の遺伝子の発現と考えることができます。

筋アクチンにしろ、さまざまな酵素にしろ、それをつくっている細胞を特定できる場合、細胞分化の目印になります。このようなタンパク質は分化の「**マーカー**」と呼ばれます。

ここでもういちど考えてほしいことがあります。たったいま、細胞が分化するときは異なったタンパク質ができると言いました。セントラルドグマ（27ページ図1－5）によれば、遺伝子からタンパク質がつくられるまでに、タンパク質の情報をもっている三つの状態がある、ということを思い出してください。

①鋳型のＤＮＡ

②転写されたｍＲＮＡ

③翻訳されたタンパク質

ということは、分化はこの三つの状態のどこかで変化が起こって始まっていることになります。みなさんに質問します。細胞分化は、セントラルドグマのどの段階の変化から始まっているのでしょうか？

何度か「すべての細胞は同じ遺伝子をもつ」と書きましたが、これをいったん忘れて考えてください。

①だとすると、「分化に伴ってＤＮＡが細胞ごとに変わっていく」ことになります。たとえば筋肉の細胞は、筋タンパク質の遺伝子を残しているが、毛やレンズのような使わない遺伝子を捨ててしまっているという意味です。

②だとすると、「分化してもＤＮＡは変わらず、転写されるｍＲＮＡが細胞ごとに違う」と考えるということになります。

③の場合だと、「分化してもＤＮＡは変わらず、また転写されるｍＲＮＡも同じで、翻訳されるかどうかが違う」と考えるということです。

この質問の答えは例外がいくつもあって単純ではないのですが、ごく一般的に言うと細胞が分化する際には、「②転写されたｍＲＮＡがそれぞれ違う」のです。この解答にどうやってたどりついたのか説明しましょう。

まず、なぜ「③翻訳されたタンパク質だけが違う」ではないのでしょうか。これでもいいように感じますが、使うかどうかわからない全身用のmRNAを、あらかじめすべて転写して受精卵に蓄えているというのは無駄な気がします。そこで、人工的につくったmRNAを細胞の中に注入してしまう実験が行われました。すると、そのmRNAからは、すぐに翻訳が起こってしまったのです。つまり細胞は「mRNAがあると翻訳しないでいられない」ようです。

ということで、③ははずれ。

では次に、なぜ「①そもそもDNAが違う」ではないのでしょう。何をいまさら、と思われるかもしれませんが、なかなか実証は難しかったのです。この点について確かな証拠を提供したのが、いまなにかと話題の「**クローン生物**」でした。クローンという言葉は、通常「遺伝子の配列がまったく同じであるものの集団」のことをいいます。言葉の使い方はいくつかあって、「分子のレベル」「細胞のレベル」「個体のレベル」に分かれますが、ここでいうクローン生物とは、「個体のレベル」、すなわち、まったく同じ遺伝子（ゲノム）をもつ個体同士という意味です。

ここではお馴染みの体細胞クローン羊「ドリー」を例に説明しましょう（図2－2）。この羊には三匹の母親がいます。一匹は核（ゲノムDNA）を提供したメス（A）、一匹は卵細胞を提供したメス（B）、そして最後の一匹は出産したメス（C）です。

まずメスBの卵細胞から核を取り除き、メスAの乳腺の細胞の核（特別な処理をしてある）を

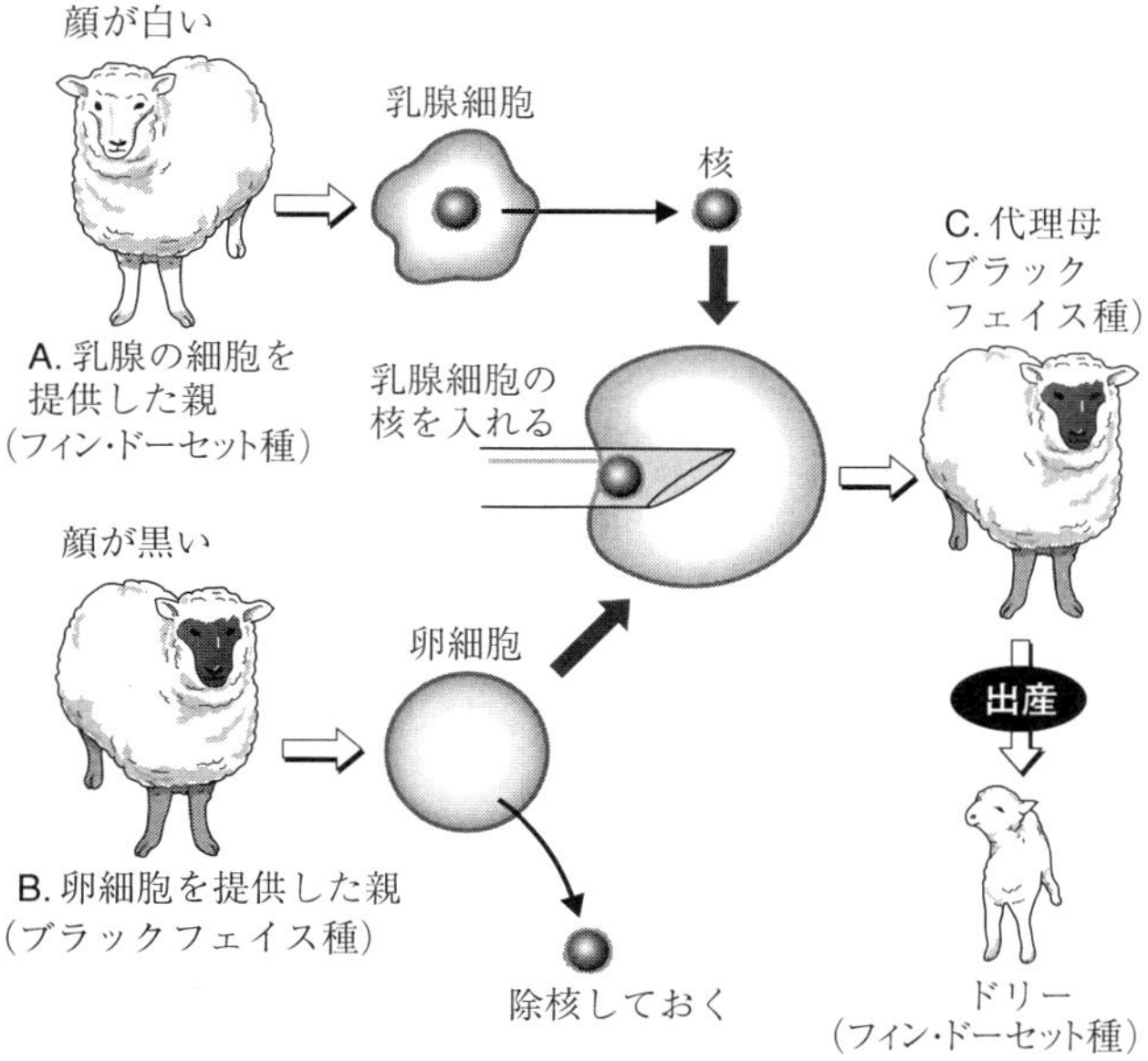
顔が白い
乳腺細胞
核
C. 代理母
（ブラック
フェイス種）
A. 乳腺の細胞を
提供した親
（フィン・ドーセット種）
乳腺細胞の
核を入れる
顔が黒い
卵細胞
出産
B. 卵細胞を提供した親
（ブラックフェイス種）
除核しておく
ドリー
（フィン・ドーセット種）

図2－2　クローン羊のつくり方

移植します。そしてこれを上手に発生させ、メスCのお腹に着床させて生まれたのがドリーです。ドリーは早死にはしたものの、とりあえず正常で、きちんと成長しました。そして遺伝子を調べると核をくれたメスAとまったく同じ、クローンでした。

この結果が示すことは、とても重要です。核を取り出した細胞はすでに乳腺（ミルクをつくる器官）に分化していました。にもかかわらず、その核には正常な羊まるまる一匹分の情報が不足なしに入っていた。つまり、乳腺の細胞に分化しても、ミルクの遺伝子だけを

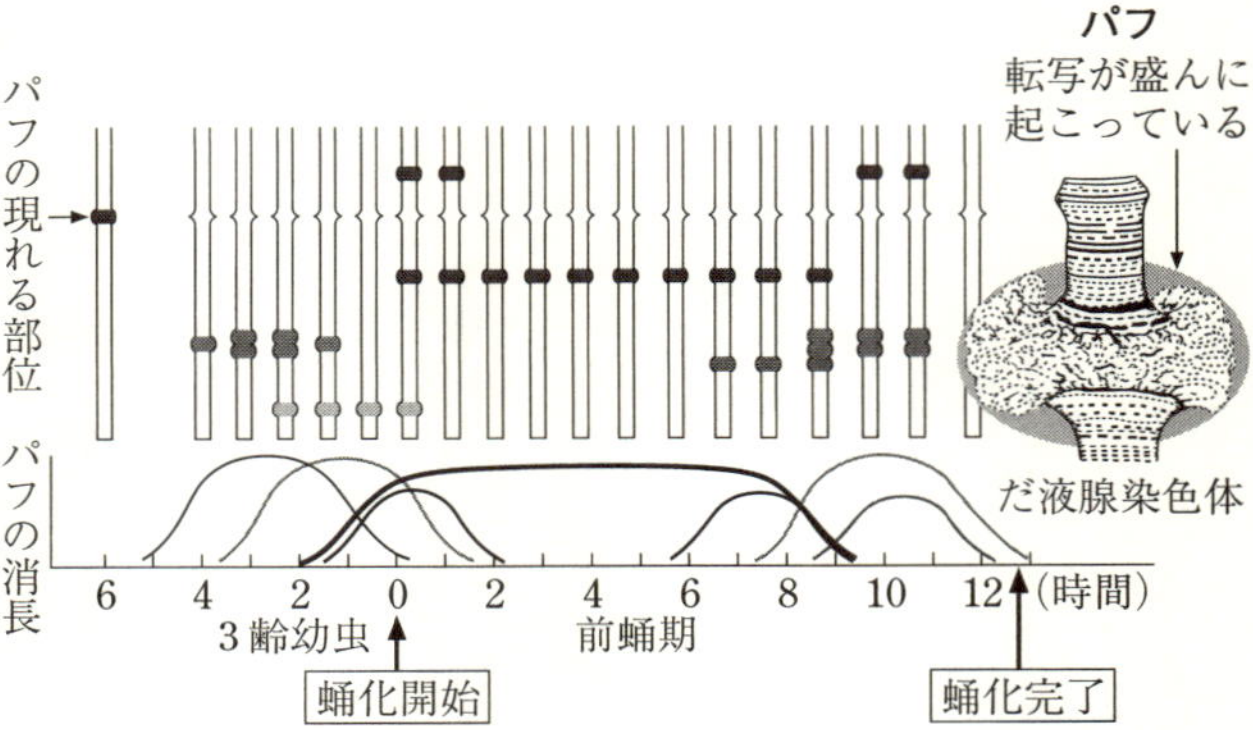
パフ
転写が盛んに起こっている
パフの現れる部位
パフの消長
だ液腺染色体
6 4 2 0 2 4 6 8 10 12 (時間)
3齢幼虫
前蛹期
蛹化開始
蛹化完了

図２－３　ショウジョウバエの発生過程におけるパフの位置の変化

残して他のＤＮＡがなくなるということはなかったのです。

というわけで、①もはずれ。

そうすると必然的に「②転写されるｍＲＮＡが細胞ごとに違う」ということになります。これを証明する例をあげましょう。

ハエや蚊には、だ液腺という器官があり、その細胞の核には「細胞は分裂しないのに増えてしまった染色体（だ液腺染色体）」が入っています（図２－３）。この染色体を染めて観察すると、ところどころに染色の薄い、「パフ」という部分が見られます。このパフは染色体の中にあるＤＮＡの巻き方がゆるんでふわふわになった状態で、中では盛んにＲＮＡ合成が行われています。

ハエの発生段階（ウジからサナギになり羽化するまで）を追いながらこのパフの位置を調べた結

果、幼虫の歳に応じて違う位置にパフができることがわかりました。これは、発生の段階が変わると違うRNAを合成しなくてはならないということを示しています。つまり、将来にそなえて細胞内にあらかじめ全RNAをストックするのではなく、細胞分化が起きるときには、そのつど必要なmRNAを新しく転写してつくっていることが明らかです。

最初に言ったように、分化した細胞の働きは最終的に翻訳されたタンパク質で決まってきます。けれども以上のように、細胞分化を調節しているのは転写のオン・オフです。ですから細胞に特異的な「**分化マーカー**」としては、タンパク質だけでなくmRNAを使うこともできます。

遺伝子発現を引き起こすもの

では細胞が分化するとき、どうやって特定の遺伝子の発現が起こるのでしょうか。転写のオン・オフで調節を受けると言いましたが、この調節は実際にどのような仕掛けで起きるのでしょう。これが次の「分化の原因」です。実はこれこそが発生生物学の研究の中心となる問題なのです。いまだにすべてのことがわかっているわけではありませんが、基本的な仕組みについては徐々に明らかになってきています。

わかりやすい例からお話ししましょう。多くの場合、細胞分化は細胞外からの数々の刺激によって引き起こされます。この刺激になるものには、第1章で述べた、ホルモンや細胞増殖因子、細胞外物質や細胞接着分子などがあります。ホルモンと細胞増殖因子はいずれも合成した細胞から外に分泌され、標的となる細胞に作用するタンパク質です（繰り返しですが、ホルモンは血流に乗って全身に行き渡り、細胞増殖因子は近隣の細胞に作用します）。これを受容した細胞は、あらためて細胞分化をうながされ、これまでとは違った性質をもつようになります。

では、このような外側から来る刺激は、具体的にどのようにして特定の標的細胞に受け取られ、いかなる反応を引き起こすのでしょうか。

まず、いずれの物質も、作用するには、標的となる細胞の細胞膜上にその**レセプター**（受容体）が存在しなければなりません（図2－4）。これは鍵と鍵穴の関係のように、その物質にだけ（特異的に）結合することのできるタンパク質です。レセプターは細胞膜の中に埋まっているのですが、細胞の内側に入った部分には、化学反応をうながす酵素として働く部分があります。

レセプターに対して、結合する側の因子（ホルモンや細胞増殖因子）は**リガンド**と総称されます。リガンドが結合すると、レセプターは特定の酵素反応を標的細胞の中で行います。そしてこれが引き金となってさまざまな化学反応が連鎖的に引き起こされます。このような、リガンドとレセプターの結合から起こる一連の現象を「**シグナル伝達**」と呼びます。その最後に、特異的な遺伝子の発現、つまり、ＤＮＡのある部分が転写され、ＲＮＡがつくられ翻訳されるという作業が始まります。そして細胞分化が起こります。シグナル伝達が正常に起こらなくては、ホルモン

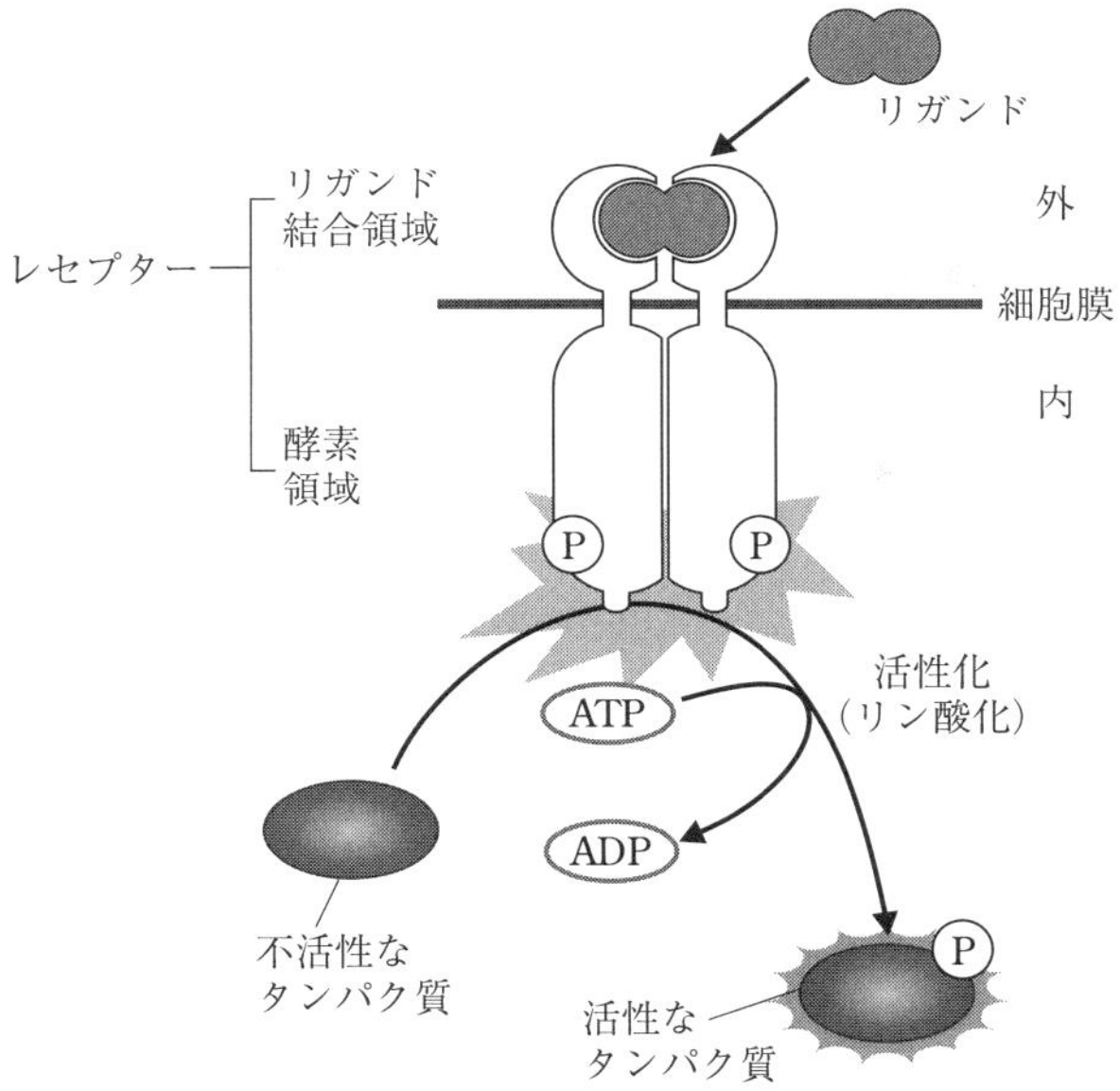
リガンド
レセプター
リガンド
結合領域
酵素
領域
外
細胞膜
内
P
P
ATP
ADP
活性化
(リン酸化)
不活性な
タンパク質
活性な
タンパク質
P

図2－4　レセプター（受容体）の働き

も増殖因子もその機能を発揮できません。

シグナル伝達の始まりから最後の遺伝子発現までのプロセスはとても複雑で、詳細は必ずしもよくわかっていません。

けれども大まかに転写のスイッチが入るときの流れを説明します。ふつうの遺伝子には、転写開始点の上流に「プロモーター（うながすものという意味）」という転写を調節する領域があります（次ページ図2－5）。実際にRNAを合成するのはRNAポリメラーゼですが、これがきちんとDNAに結合し、機能を開始するため

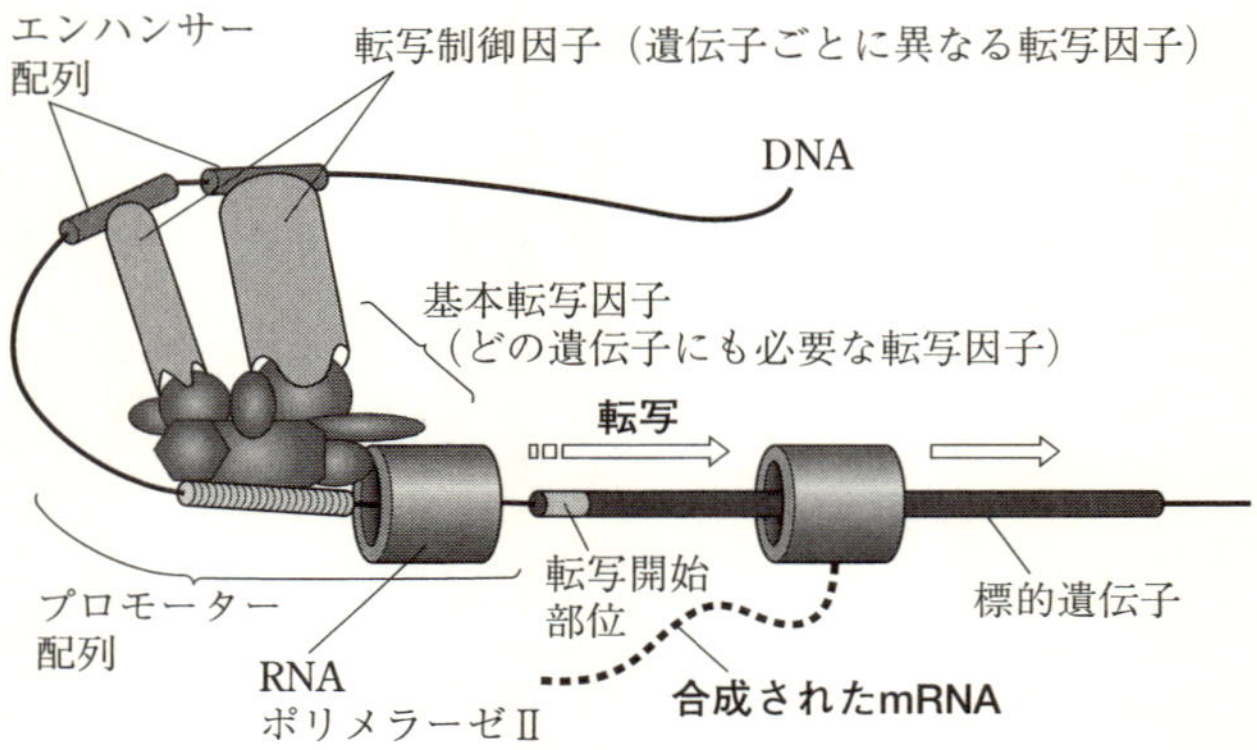

エンハンサー
配列
転写制御因子（遺伝子ごとに異なる転写因子）
DNA
基本転写因子
（どの遺伝子にも必要な転写因子）
転写
プロモーター
配列
RNA
ポリメラーゼII
転写開始
部位
合成されたmRNA
標的遺伝子

図2－5　遺伝子発現の制御

には、プロモーター領域にいくつかの「転写因子」が結合することが必要です。そして発生過程でそれぞれの組織に特有な（組織特異的な）遺伝子が発現する際には、「**エンハンサー**（活性化するものという意味）」という領域にそれ専用の「転写制御因子」が結合します。遺伝子によってエンハンサーは遺伝子の上流にも、下流にも、はるか遠い位置にあることもあります。細胞分化の鍵を握っているのは、転写調節領域の配列と転写制御因子との関係なのです。

質問！

問い…細胞分化したときにDNAは変わらないって言いましたね？　絶対に全然変わらないんですか？

答え…例外的に変わる場合があります。たとえば免疫系の細胞ができるときは、ありとあらゆる抗原に対応するために何万もの抗体をつくらなければなりません。そのために細胞が分化する過程で遺伝子の組み直しが起きます。そして、成熟した細胞は遺伝子の一部が減っています。ですからこのような細胞からクローン動物をつくろうとすると、少なくとも免疫系は全然ダメ、なはずです。

この現象は本当におもしろいのですが、詳しくは免疫の本を参照してください。この本ではふつうの細胞のことを考えましょう。

２－２　遺伝子を調べる方法

遺伝子の増やし方

さて、ここで実際にどうやって遺伝子を研究しているのか簡単に説明しましょう。

遺伝子を調べる目的は非常にたくさんあります。それに応じて戦略を練らなくてはなりません。もしいま、探している遺伝子がすでに他の動物などである程度わかっているなら、比較的簡単にそれを自分で拾い出すことができます。けれども、まったく新しく誰も知らない遺伝子を取り出したいときはたいへんです。せっかく取り出してもそれがどんな働きをするのかまで割り出さなくては意味がありません。どういう細胞から、どうやって取り出すか、機能をどうやって調べる

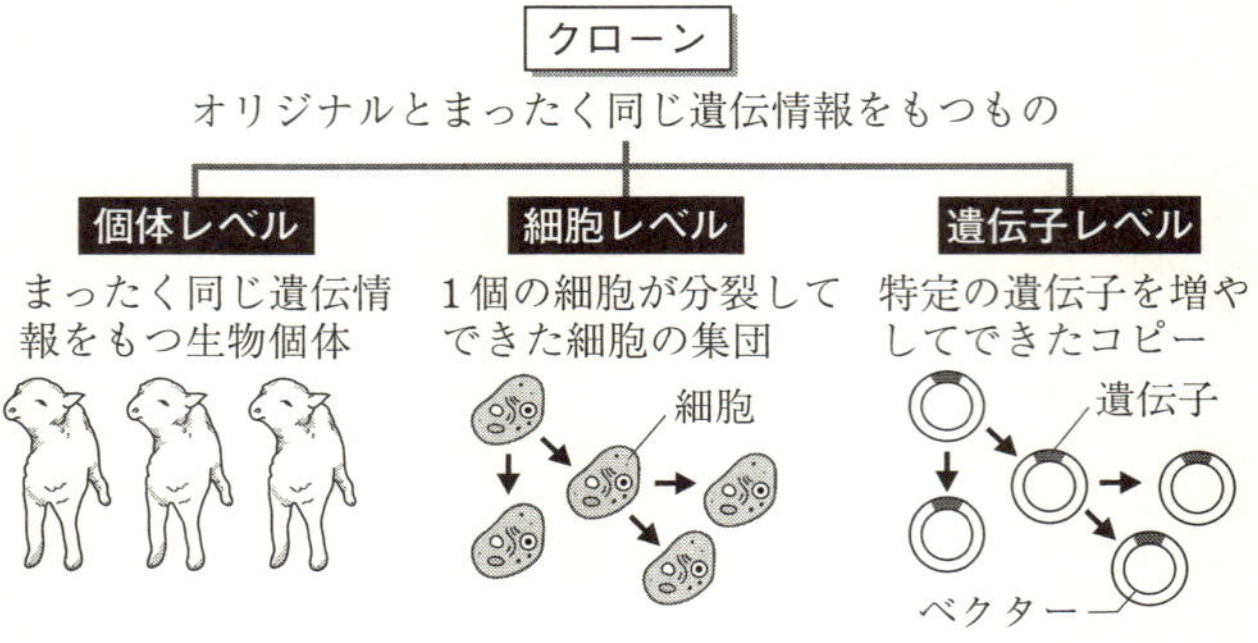

クローン
オリジナルとまったく同じ遺伝情報をもつもの
個体レベル
まったく同じ遺伝情報をもつ生物個体
細胞レベル
1個の細胞が分裂してできた細胞の集団
細胞
遺伝子レベル
特定の遺伝子を増やしてできたコピー
遺伝子
ベクター

図2－6　クローンとは

か、そのための方法も開発しなくてはなりません。

遺伝子を調べるためには、目的の遺伝子を大量に手に入れる必要があります。そのために現在一般的に行われているのは、「**遺伝子組み換え**」といわれる方法です。なにがどう組み換えなのかというと、「ウィルスなどの遺伝子に目的の生物の遺伝子の一部を入れる」ので組み換えといわれます。たとえばヒトの膨大な長さのDNAの中から特定の塩基配列を取り出し、大量に増やすことができます。

遺伝子組み換えにおいて、特定のDNA断片をたくさん増やしていく操作を**クローニング**（クローン化）といいます。クローンという言葉は、46ページで述べたように均一なDNAの集団を意味しますが、もともとの意味は「小枝の集まり」でした。今は個体や細胞、遺伝子の断片のことも指します（図2－6）。クローニングは、その遺伝子の塩基配列や、産物（RNAかタンパク質）の働きを調べるためにどうしても必要です。

遺伝子のクローニングは**制限酵素**と**ベクター**がなくては始まりません（次ページ図２－７）。制限酵素は、ＤＮＡの特定の塩基配列を識別して切断する酵素です。これで長いＤＮＡを切ると、末端が同じ塩基配列になった短い断片をつくることができます。

そしてベクターは自律的に増殖することができる小型のＤＮＡ分子です。これは無害なウィルスなどの小型のＤＮＡを加工したもので、細菌や酵母に感染させて中で増殖させることができます。このベクターを制限酵素で切ると、さきほどのＤＮＡの断片をこの中に入れ込んでつなぐことができ、細菌に感染させれば断片を含んだベクターがたくさん増やされます。ベクターのなかには、組み込まれた遺伝子のＲＮＡやタンパク質を合成できるように加工されたものもあります。このような「**発現ベクター**」は、その遺伝子の働きを調べるのに、非常に便利です。

また、遺伝子断片を増やす方法には、近年広く行われるようになった**ＰＣＲ法**（ポリメラーゼ連鎖反応法）があります。詳細は省きますが、この方法は非常に簡便で効率がいいものです。最近よく聞く「ＤＮＡ鑑定」などはこの技術を使っています。

では、ここで、カエルの遺伝子を調べるときに具体的に行われることを説明しましょう。材料はアフリカツメガエルの胚で、目的は「原腸胚の原腸形成にかかわっている、正体不明のタンパク質の遺伝子を見つけること」とします。

まずはじめに、そのタンパク質のｍＲＮＡを捕まえなくてはなりません。タンパク質が原腸胚

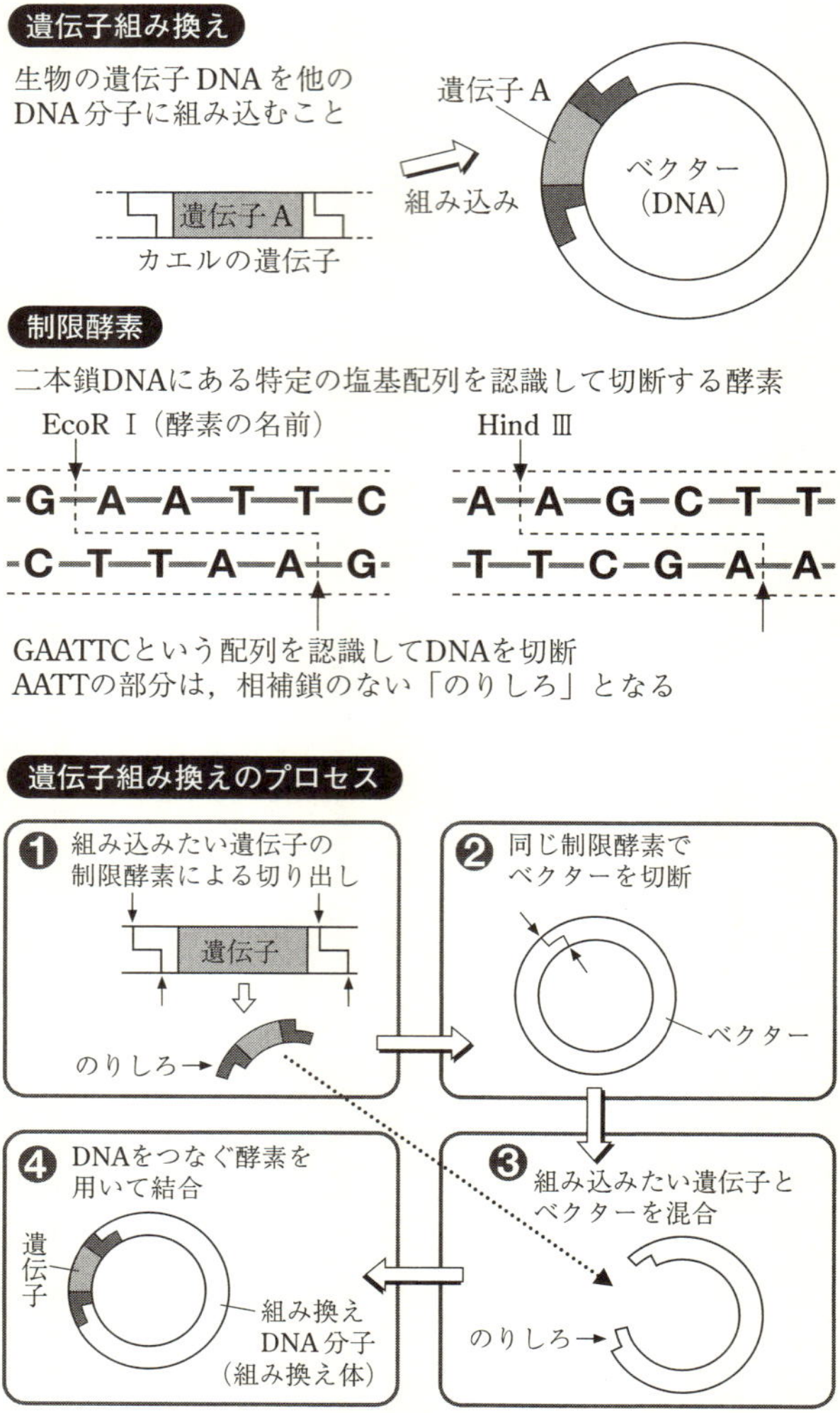
遺伝子組み換え
生物の遺伝子DNAを他の
DNA分子に組み込むこと
遺伝子A
組み込み
ベクター
(DNA)
遺伝子A
カエルの遺伝子
制限酵素
二本鎖DNAにある特定の塩基配列を認識して切断する酵素
EcoR Ⅰ（酵素の名前）
Hind Ⅲ
G A A T T C
C T T A A G
A A G C T T
T T C G A A
GAATTCという配列を認識してDNAを切断
AATTの部分は，相補鎖のない「のりしろ」となる
遺伝子組み換えのプロセス
❶ 組み込みたい遺伝子の
制限酵素による切り出し
遺伝子
のりしろ
❷ 同じ制限酵素で
ベクターを切断
ベクター
❸ 組み込みたい遺伝子と
ベクターを混合
のりしろ
❹ DNAをつなぐ酵素を
用いて結合
遺伝子
組み換え
DNA分子
（組み換え体）

図２－７　遺伝子組み換えの方法

にあるのなら、そのもとになるＲＮＡはもっと早い時期に卵にあるはずなので、胞胚に含まれるｍＲＮＡをすべて取り出します。次に、そのｍＲＮＡから二本鎖ＤＮＡ断片をつくります。このためには「逆転写酵素」という特別な酵素でＤＮＡを合成させます。これはウィルスから見つかった酵素で、ｍＲＮＡを鋳型にしてＤＮＡを合成するというセントラルドグマの「逆向き」を行うことのできるものです。

そしてさらにこのＲＮＡ―ＤＮＡ二本鎖からＤＮＡ二本鎖をつくりますが、この二本鎖ＤＮＡのことを、**cＤＮＡ**（相補的ＤＮＡ）と呼びます。このなかにはいろいろな断片がありますが、とりあえずすべてベクターに組み込みます。この状態で、いま試験管の中には原腸胚のｃＤＮＡをほぼすべて含んだベクターが何百、何千種類も入っています。これをｃＤＮＡライブラリといいます。図書館のように情報をため込んでいるということです。

さて、ｃＤＮＡライブラリができました。この中には、きっととても重要な、おもしろい遺伝子が入っているに違いありません。でもいまはまだいろいろなものがごちゃごちゃに混ざった状態です。必要なものをどうやって選び出せばいいのでしょうか。

ＤＮＡクローンの選び方は目的に応じていろいろありますが、基本となるのは**ハイブリダイゼーション**という方法です。ＤＮＡは、一度一本鎖にばらしてゆっくりと反応させると、それと相補的な塩基配列をもつＤＮＡやＲＮＡと再びくっつくことができます。これは雑種の二本鎖核酸

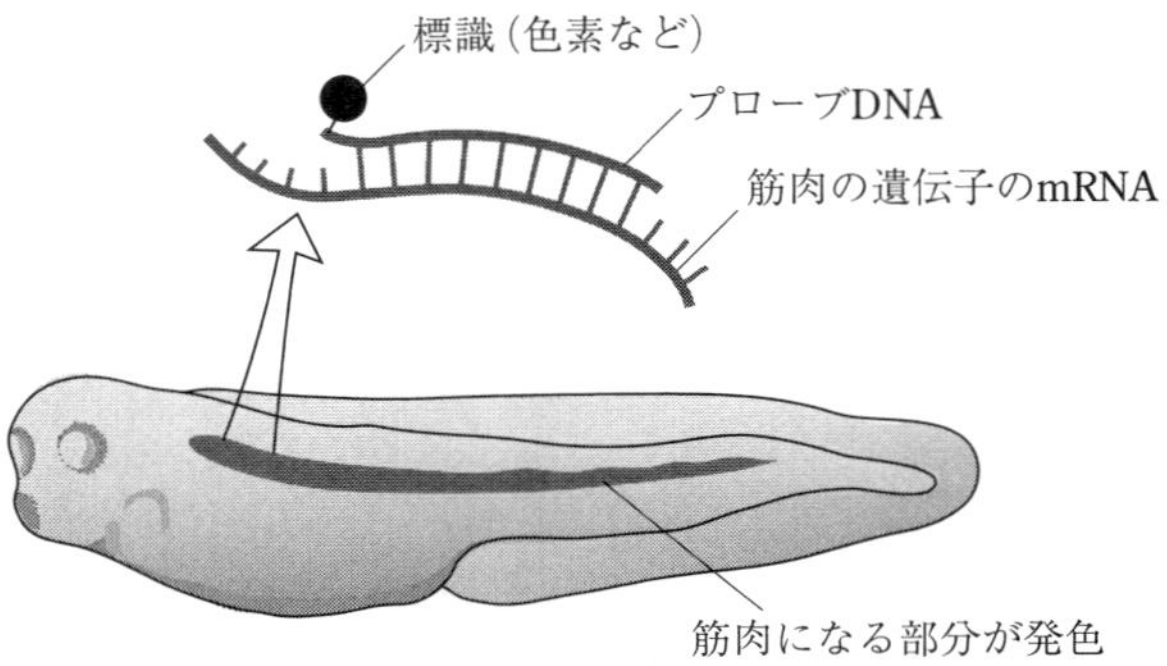
標識（色素など）
プローブDNA
筋肉の遺伝子のmRNA
筋肉になる部分が発色

図2－8　インシトゥハイブリダイゼーション
標識された一本鎖DNAプローブが相補的配列をもつ細胞内のRNAと反応すると色がつくため、どこに目的のRNAがあるか外から見てわかる

分子ということになります。そこで、調べたい遺伝子クローンから短い断片をつくり、色素や放射性同位元素などで標識します。すると標識した断片は、目的となる標本の上でどこに自分と同じ配列の核酸があるかを教えてくれます。この標識した一本鎖の断片は、「プローブ（探り針という意味）」と呼ばれています。

もっともダイレクトなハイブリダイゼーションの方法に、**インシトゥハイブリダイゼーション**というのがあります（インシトゥとは「その場所」という意味）。調べたい細胞や組織の標本にプローブを加え、雑種分子から直接検出する方法です。数センチもある大きな組織の塊の場合は薄い切片をつくり、スライドガラスの上で検出しますが、卵や若いオタマジャクシのように小さなものなら全身丸ごと反応させることができます（図2－

8)。

いま探しているのは、カエルの原腸形成にかかわるまったく未知のタンパク質のｍＲＮＡです。標本は胚全体で、できれば胞胚か原腸胚の時期にだけ、原腸のまわりに現れるもの。ライブラリから増やしたＤＮＡクローンのうち、この条件と一致した反応をするものを探していきます。胚の一部でだけ発現している遺伝子は、その部分の分化にかかわっている可能性があります。

このようにしていくつかの候補が挙がったら、そのクローンの塩基配列を調べて、それをインターネットなどで公開されている遺伝子のデータベースと比較します。するとまったく新しいものだったり、思いもよらぬ物質に似たものだったり、すでに誰かが見つけていたものだったりと、結果は悲喜こもごもです。たいへんスリリングな瞬間であることは間違いありません。

遺伝子の働きの調べ方

たとえば先の方法で、胞胚に特異的な、まったく新しい因子がとれたとしましょう。実はここがもっとも重要なのですが、これがどんな役割を果たしているかを調べなくてはなりません。さて、どうしましょう。

目的がカエルの初期胚の場合、簡単な方法があります。そのＤＮＡクローンのｍＲＮＡを発現ベクターで合成し、卵に注入してしまうのです。すると、そのタンパク質が胚で過剰につくられることになります。運がよければ、この結果、胚に大きな影響がおよぼされるかもしれません。目に見える異常は簡単にわかります。体の形が変わる。何かの器官が大きくなる、小さくなる、増える、減るなど。そうしたらしめたもので、この遺伝子は、その器官の形づくりに関与している可能性が考えられるのです。

こういった機能を調べるための方法は生き物に応じて独自に開発されなくてはなりません。いい方法がない限りいくら遺伝子をとっても意味がなく、それを考えつくかどうかはたいへん重要なことです。

ここで、とても巧妙に考えられ、大きな成果を上げたマウス（ハツカネズミ）の遺伝子の機能解析についてお話ししましょう。これは知りたい遺伝子をつくりかえて卵に入れ、マウスの染色体のＤＮＡそのものに変異を起こさせる方法です。マウスはカエルと違って体内受精、体内発生するので、以前は研究がとても困難でした。けれども現在は人工授精と体外培養（着床させるまでだけ）ができるようになり、かなり自由に実験ができるようになりました。

遺伝子を操作されたマウスでよく知られているものに、特定の遺伝子を働かなくした**ノックアウトマウス**があります。たとえば、機能のわからない遺伝子が見つかったとき、その遺伝子を働かなく（ノックアウト）したマウスをつくり、正常なマウスと比較します。これによって特定の遺伝子が個体の中でどのように機能しているかを解析できるようになりました。

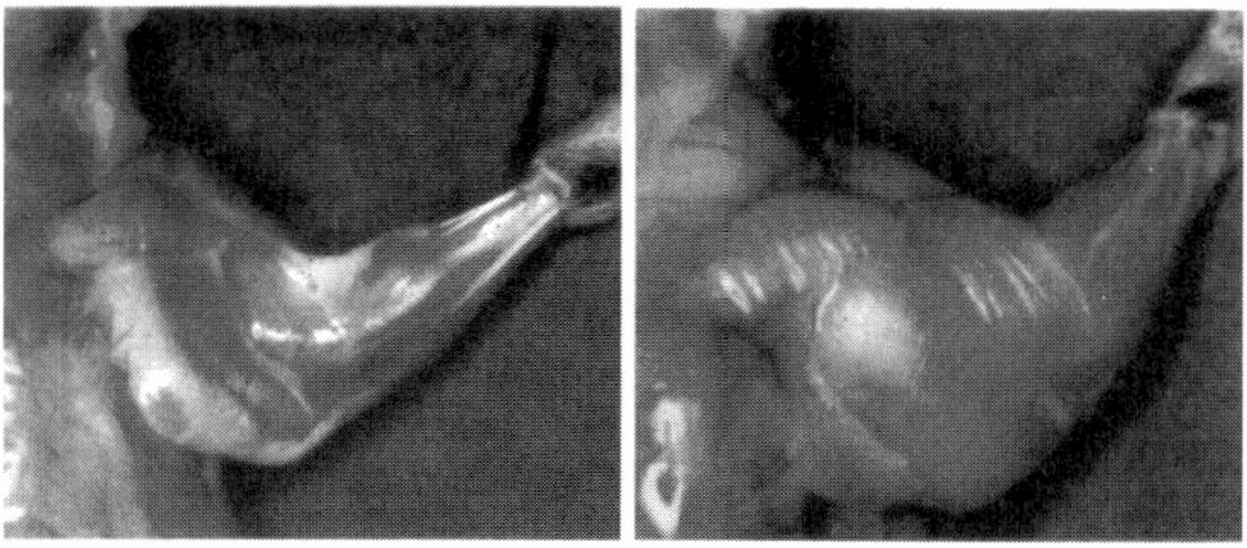

正常なマウスの前肢
（皮をはいだ状態）

GDF-8遺伝子をノックアウト
されたマウスの前肢

図2－9　遺伝子のノックアウトでできた“マッチョマウス”

（McPherronら，Nature 387:83-90，1997より）

図2－9の写真は、ふつうのマウス（左）と、GDF－8という遺伝子をノックアウトされたマウス（右）です。GDF－8は、働きのはっきりしない遺伝子だったのですが、ご覧のとおり、ノックアウトするとマウスが筋肉隆々になりました。このことから、このGDF－8という遺伝子が、マウスが成長していく過程で筋肉の成長を抑制する役割を担っていることがわかったのです。

この方法はとても有効なので、カエルの研究者たちも「ノックアウトガエル」をつくりたいと思っています。けれども、それにはいくつかの障害があります。ひとつは、ヒトやマウスの染色体が2*n*であるのに対して、ツメガエルは4*n*であること。つまり、同じ染色体が四本ずつあるのです。ということは、ある遺伝子の働きを完全に抑えるにはきちんと四ヵ所に異変を起こさせなくてはならないので、それだけ失敗の確率が高くなります。

もうひとつ、もっと深刻な問題は、カエルが育って、卵を産めるようになるまでには何年もかかることです。マウスでこんなことができたのは、成長にかかる時間がずっと短いからなのです。

第3章　体をつくる最初の情報

3－1　形づくりのルール

モルフォゲン―形づくりの情報

動物の体にはさまざまな器官があり、それぞれ定められた場所でつくられます。腕は肩から、脚は必ず胴から伸びていますし、心臓は必ず胸、しかもふつうは左側にあります。体の決まった位置に器官を正しくつくるためには、器官を構成する細胞が自分の立場を知る必要があります。

ちょっと「**再生**」のことを考えましょう。これは、体の失われた部分を取り戻す現象です。トカゲがしっぽを切られても、再生できることを知っていますね。イモリでは肢（あし）も再生できます

再生芽の移植	再生芽＋前肢のつけねの移植
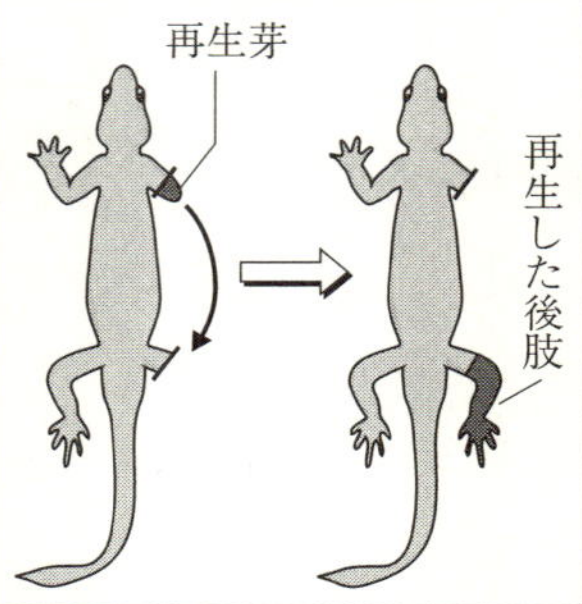 再生芽 再生した後肢	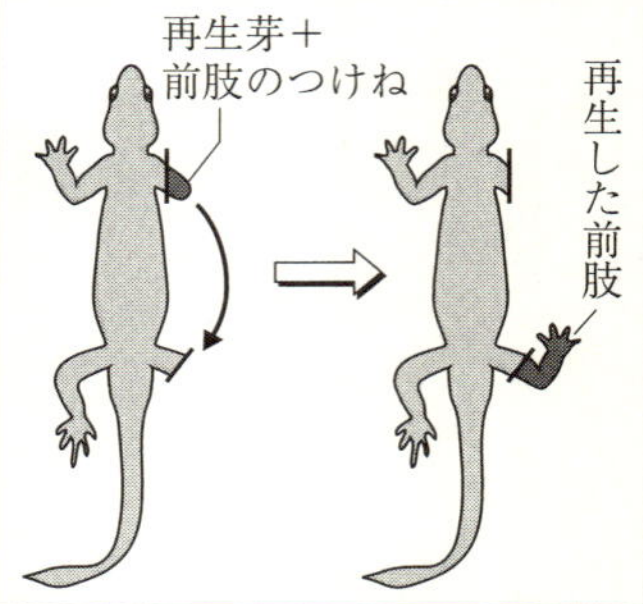 再生芽＋ 前肢のつけね 再生した前肢
前肢にできた再生芽を，後肢の切り口に移植すると，再生芽は後肢に分化し，後肢が再生される	前肢にできた再生芽を，前肢のつけねの組織ごと後肢の切り口に移植すると，再生芽は前肢に分化し，前肢が再生される

図３－１　イモリの肢の再生

（図３－１）。このとき、再生がどのように起こるかということを知るために、肢を切っていろいろと実験をしてみました。

最初にできるのは、「**再生芽**」と呼ばれる細胞の塊です。たとえば前肢からできた再生芽を、切ったばかりの後肢に移植します。すると、後肢に伸びてくる新しい肢は元どおり後肢の形をしています。ところがもう少し前肢のつけねに近いところから切り取って移植すると、前肢が再生してしまいます。つまり再生芽の細胞には、肢のつけね側から「肢の形を決める情報」が送りこまれているのです。このような情報は、体のどの部分についても存在するようで、一般に「位置情報」という言葉で表されます。体の中で、ある種の座標を指定している情報と考えればいいでしょう。

この位置情報を与えるものとはいったい何でしょうか。重力でも光でも電流でもなさそうです。考えられるのは化学物質しかありません。さまざまな発生過程で、個々の細胞は「**モルフォゲン**（形態形成因子、形の素というような意味）」と呼ばれる分泌性の情報因子によってその発生運命が決定されると考えられています。モルフォゲンは、分泌されるときに濃度の勾配をつくります。そしてモルフォゲンを受容する細胞は、その濃度を感知することによって自らの位置を知り、どう増えるか、何に分化するかを決めていくと考えられます。乱暴なたとえをすると、培養細胞が入ったお皿にスプーン一杯入れると胴体ができて、二杯で頭、三杯入れれば手足が生える悪魔の薬、といったような感じです。

動物の体をつくっている実際のモルフォゲンを探すことは、発生生物学の最大のテーマです。なかでも「卵の最初のモルフォゲン」を捕まえるのは、体づくりのスタートを知るために重要です。そして、ようやく近年、どのような物質がモルフォゲンとして存在しているかわかってきました。具体的なことは、次章以降にお話しするとして、ここではまず、モルフォゲンの作用でどのようなことが起こって形づくりが行われるかについてお話ししましょう。

体をつくる三つのプロセス

私たちは通常、何の疑問もなく、「目が父親似」「鼻は母親似」という言葉を使っています。

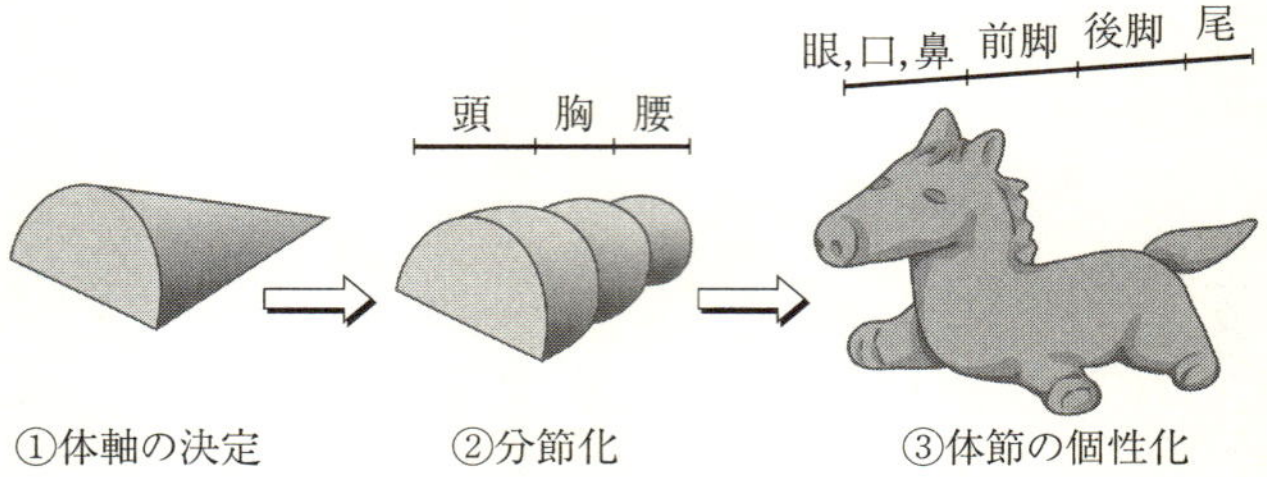
眼,口,鼻
前脚
後脚
尾
頭
胸
腰
①体軸の決定
②分節化
③体節の個性化

図3－2　体づくりのプロセス

「親に似る」という言葉が指しているのは、「遺伝している」というものが存在することを、私たちは教わらなくても知っているのでです。

「形を決める遺伝子」が行うことは、自分で粘土のウマをつくることとほぼ同じです。「どういう順序で」「何をつくるか」ということを命令します（図3－2）。最初にするのは、第1章で述べた「体軸の決定」（①）です。まず「頭になる側」と「尾になる側」を決め、それから背中を丸くして「腹側」と「背側」を決めます。これで頭尾軸と背腹軸ができました。

次に、頭の大きさ、胴の太さ、尾の長さを決めます。つまりウマの体を区分けするのです。これを「分節化」（②）と呼びます。失敗するとウマは不格好になり、立てません。

そして最後に、四肢をつけ、目をつけ、たてがみをつくります。これで各部にはっきりとした特徴がつけられました。これを「体節の個性化」（③）と呼びます。

このようにして一応ウマの外形ができました。大切なのは、必ず①→②→③の順序で作業が行われることです。方向がわからないうちに目をつけてはいけません。必ず目は頭につけ、脚は尾の手前につけるはずです。生きたウマが受精卵から発生するときにも、基本的には胚の中で「形を決める遺伝子」が正確に作動し、粘土細工と同じことが同じ順序で起こっていると考えてかまいません。

もう何度も、遺伝子の働きがタンパク質合成であることを述べてきました。形を決める遺伝子が働くといいますが、ウマの体軸の決定や、脚を丸ごとつくるといった大きなできごともなんらかのタンパク質をつくることと考えていいのでしょうか。これは、筋肉のアクチンをつくる、レンズのクリスタリンをつくる、というような現象とは複雑さがまったく違うように感じます。

ところが、近年の研究で、体づくりも基本的に同じ仕組みであることがわかってきました。つまり「形を決める遺伝子（**形態形成遺伝子**）」というものが実際に染色体上に存在し、「形を決めるタンパク質」の合成が起こります。そしてこれによって体全体のデザイン（ボディプラン）ができているのです。

3－2　形を決める遺伝子

ホメオボックス遺伝子はマスター遺伝子

形を決める遺伝子の研究がもっとも早く進んだショウジョウバエで、形づくりのプロセスを具体的に説明しましょう。

ショウジョウバエは遺伝学の実験材料として古くから用いられていました。これは多くの**突然変異**を得ることができるためで、この中に「**ホメオティック突然変異**」といわれるいくつかの「形の異常」が含まれていたのです。これには本来触角があるべき位置から肢が生えているもの（**アンテナペディア**変異）や、本来二枚しかないはずの翅（はね）が四枚あるもの（**ウルトラバイソラックス**）など、さまざまな突然変異があります（図3－3）。

このような突然変異体の分子生物学的研究がここ三〇年ほど行われた結果、変異に直接関与する遺伝子が具体的に捕まえられたのです。

ホメオティック突然変異の原因となる遺伝子のことを「**ホメオティック遺伝子**」と呼び、この遺伝子に異常が起こると突然変異を生じます。アンテナペディア変異の原因となる遺伝子は「アンテナペディア遺伝子」で、「触角は頭に肢は胸に」という命令をします。この遺伝子の配列に異常が起こると、頭になる体節に胸部の構造ができてしまうのです。この遺伝子の働きはちょう

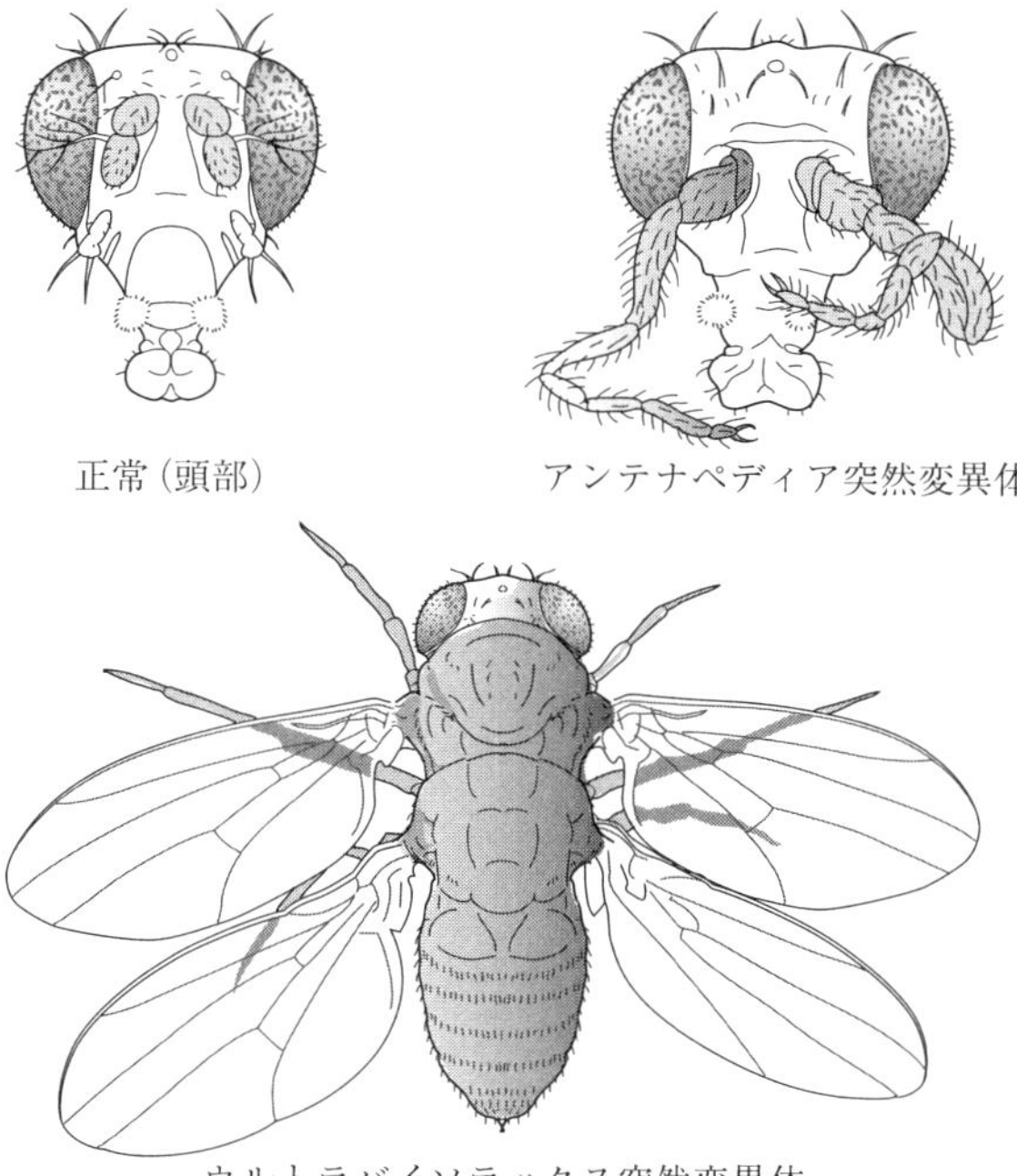

正常（頭部）　　アンテナペディア突然変異体

ウルトラバイソラックス突然変異体

図3－3　ホメオティック突然変異

ど66ページ図3－2の③に相当します。このホメオティック遺伝子に変異が起こると、通常の塩基配列の変異では考えられないような、大規模な形態の変化が現れます。これは、ホメオティック遺伝子が、複数の他の遺伝子に働きかけているためと考えられます。つまりホメオティック遺伝子は、「同時にたくさんの遺伝子の発現をうながす特殊な転写制御因子」の遺伝子であり、このような遺伝子は「**マスター遺伝子**」と呼ばれます。

その後、多くのホメオティック遺伝子がいずれも調べられ、約五〇の遺伝子が明らかになりました。この結果、すべてのホメオティック遺伝子の一部に、ある共通の塩基配列があることがわかってきたのです。この配列は約一八〇の塩基対から構成されており、**ホメオボックス**と呼ばれています（DNAの短い配列には何々ボックスと名前をつける習慣があります）。

やがてホメオボックスは、ホメオティック遺伝子以外のいくつかの遺伝子にも発見され、これをもつものが「**ホメオボックス遺伝子**」と総称されるようになりました。ホメオボックスは遺伝子の一部分です。だから当然タンパク質の一部分になります。一八〇塩基対は、翻訳されると六〇個のアミノ酸部分に相当します。

このタンパク質内部にある特別なアミノ酸配列は、**ホメオドメイン**と呼ばれ、DNAの特定の塩基配列を認識して結合できるような立体構造をしています。このときホメオドメインは、図3－4に示すようにDNAの二本鎖の溝に入り込んで塩基配列に結合していると考えられています。ホメオボックス遺伝子の産物をまとめてホメオドメインタンパク質といいますが、これらはいずれも他の遺伝子の制御遺伝子として働くことができます。

やがてホメオボックス遺伝子は、生物の発生、分化に際して働く「体の形の決定に関与する遺伝子」であることがわかってきました。ショウジョウバエでは図3－2の①、②、③の働きをす

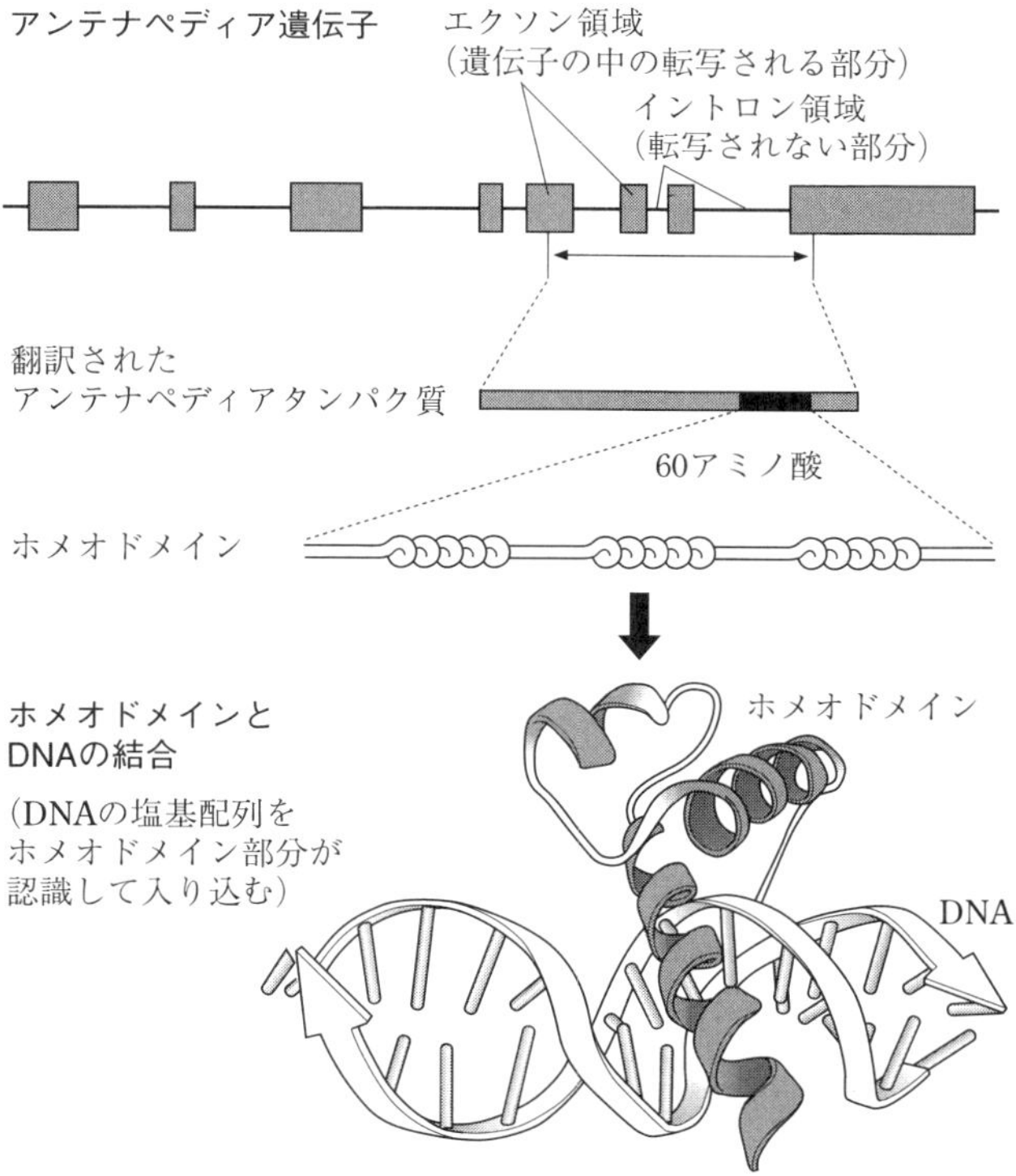
アンテナペディア遺伝子
エクソン領域
（遺伝子の中の転写される部分）
イントロン領域
（転写されない部分）
翻訳された
アンテナペディアタンパク質
60アミノ酸
ホメオドメイン
ホメオドメインと
DNAの結合
（DNAの塩基配列を
ホメオドメイン部分が
認識して入り込む）
ホメオドメイン
DNA

図3－4　ホメオボックスタンパク質のホメオドメイン

るホメオボックス遺伝子がいずれも発見されています。これらの遺伝子はひとつずつではなく、それぞれ時期に応じて細胞の増殖や分化の命令を出す、いくつもの遺伝子でグループを構成しています。これらの遺伝子は転写制御因子をコードしていますので、発生の過程で**上位**の（早く働く）遺伝子が発現して複数の**下位**の（後から働く）遺伝子の転写を引き起

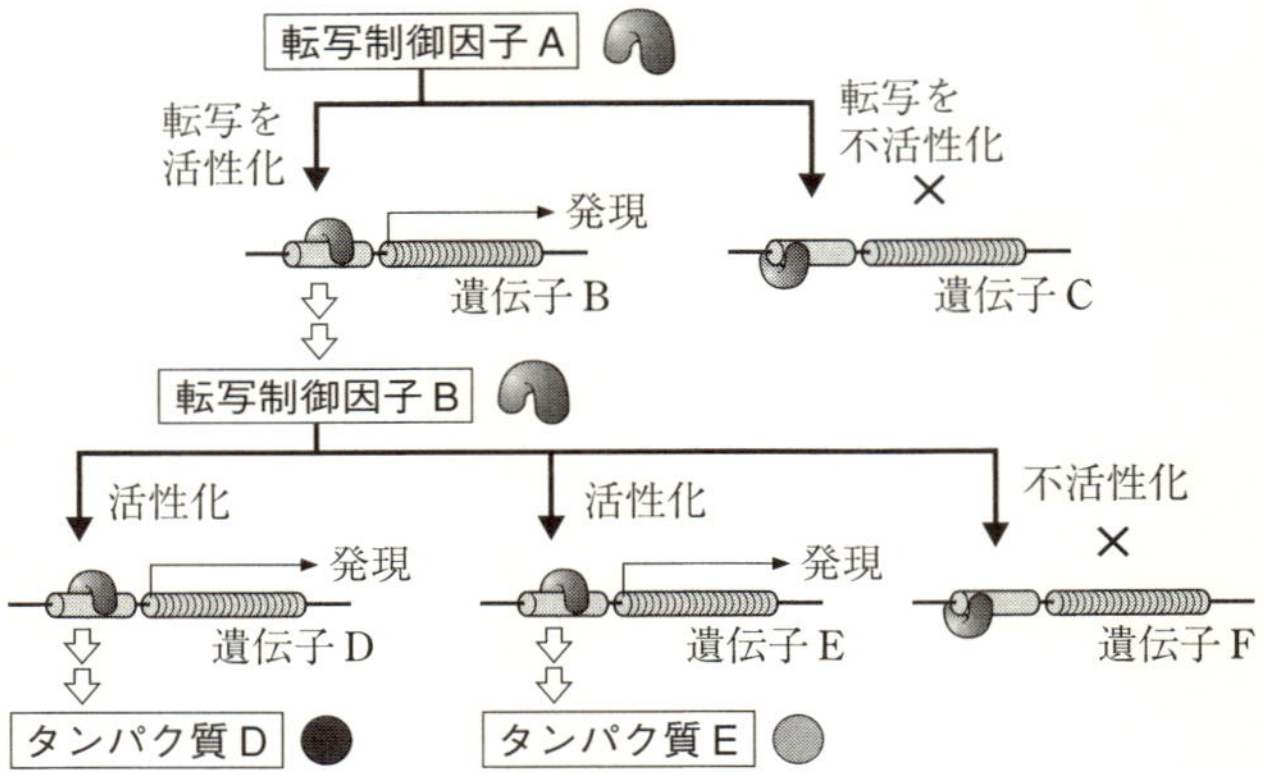
転写制御因子A
転写を
活性化
転写を
不活性化
発現
遺伝子B
遺伝子C
転写制御因子B
活性化
活性化
不活性化
発現
発現
遺伝子D
遺伝子E
遺伝子F
タンパク質D
タンパク質E

図3－5　遺伝子発現の多段階的調節

こし、これによってまたより下位の遺伝子の転写が起こるという雪崩（なだれ）現象が起こっています（図3－5）。このとき上位の遺伝子はマスター遺伝子として下位の遺伝子群を制御し、それに従って時間的、空間的な発現の調節が起こって最終的な組織の分化が導かれています。

では、ホメオボックス遺伝子による「体の形の決定」は、卵の中でいつ、どのようにして行われるのでしょうか。

これは、動物の種類によって相当な違いがあります。ほ乳類は、何度か分裂して割球が増えてもほとんどなにも決まりません。現実にヒトには一卵性の正常な双子も三つ子もいるので、一回や二回分裂したくらいでは何も決まっていないということがわかります。けれども、ハエ、カエル、ニワトリのように、卵が体外で育つ動物ではもっと早いと考えられ

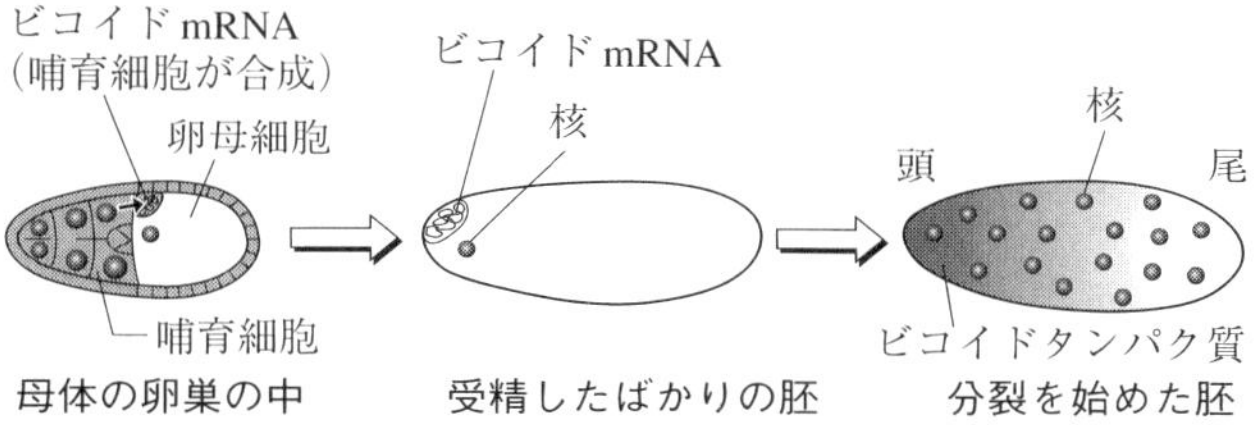
ビコイドmRNA
(哺育細胞が合成)
卵母細胞
哺育細胞
母体の卵巣の中
ビコイドmRNA
核
受精したばかりの胚
核
頭
尾
ビコイドタンパク質
分裂を始めた胚

図3－6　ビコイドによる頭尾軸の決定図

ます。一回分裂した時点で卵の細胞を分けると、おそらくもう正常な個体にはなりません。

この違いの一番大きな理由は、卵黄の量です。ほ乳類の胚は母親のお腹（なか）の中で育ち、栄養などはへその緒を通して供給されます。ですから卵黄は少量だし、体軸を決めたりするのも、あとから子宮と相談しながらのんびりやればいいわけです。けれどもいわゆる「卵」として体外で発生する動物は、あらゆるものを卵黄というお弁当にして、卵の中に持ち込まなくてはなりません。

このどっしりと重い卵の中に、あるとき、頭と尾、背中と腹といった違いが生じます。どうして生じるのでしょう。あとから詳しく話しますが、カエルでは受精のあといろいろな現象が起こって違いが生じます。けれども、とにかく一番簡単な答えは、卵がはじめから均質でないということです。

これにぴったり該当するのがショウジョウバエです。ハエでは、未受精卵の頃から、頭側にビコイドという遺伝子のｍＲＮＡがかたよって存在しています（図3－6）。受精とともにこのｍＲＮＡは

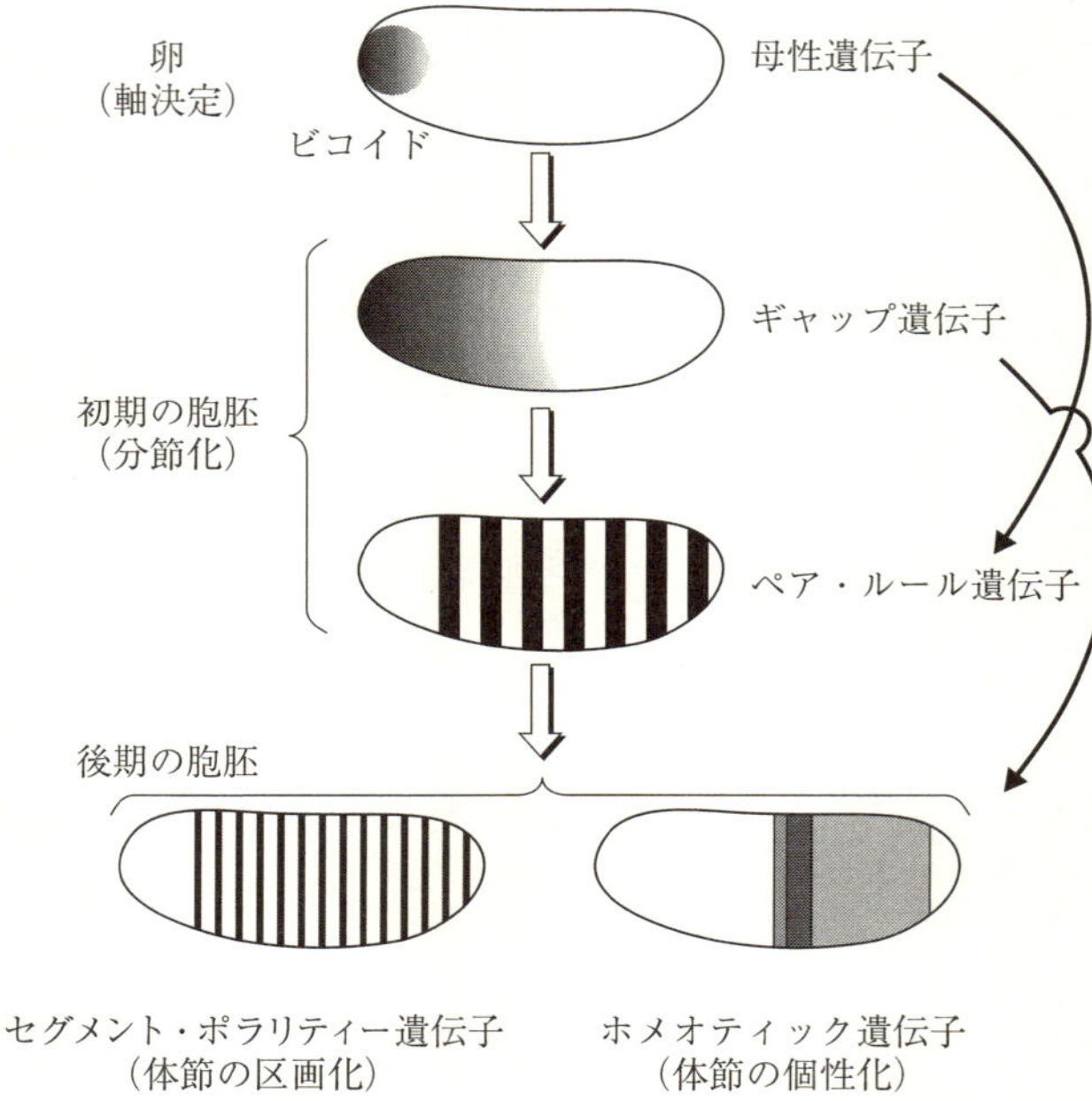
卵
（軸決定）
ビコイド
母性遺伝子
ギャップ遺伝子
初期の胞胚
（分節化）
ペア・ルール遺伝子
後期の胞胚
セグメント・ポラリティー遺伝子
（体節の区画化）
ホメオティック遺伝子
（体節の個性化）

図３－７　ショウジョウバエの頭尾軸パターンの形成過程

翻訳されてタンパク質となり、体の頭尾軸に沿って次第に拡散していきます。すると胚の部域によって、違う濃度のビコイドタンパク質が存在することになります。そして、とくに図には示していませんが、尾のほうにはナノスという遺伝子の産物が集まり、同様に濃度勾配をつくっています。

そうすると卵の頭尾軸に沿って異なった濃度のビコイドとナノスのタンパク質が存在することになりますね。で、両者が位置によって異なった転写制御を行います。そして、その後さまざまな反応があちこちで雪崩現象的に起こった結果、最終的に頭と尾という構造ができあがります（図3－7）。つまりビコイドとナノスは「**軸形成遺伝子**」です。そして、モルフォゲンと同じ役割を果たす最初の遺伝子ということができるのです。

ところで、ビコイドmRNAはどのようにつくられ、また、どうして卵の頭側にあったのでしょう。まだ受精していないのだから胚がつくったのではありません。これは、母バエの卵巣の中にいるあいだに卵を育てる哺育（ほいく）細胞から卵に送られたのです（73ページ図3－6）。つまり、母バエの遺伝子から転写されたmRNAが子バエの体の軸を決めていたことになります。というわけで、ハエの体づくりの始まりは、母の体の中だったのです。

ホメオボックス遺伝子はあらゆる動物に

ショウジョウバエの研究から、発生におけるホメオボックス遺伝子の重要性が明らかになったため、ホメオドメインのDNAによるハイブリダイゼーションや、PCR法を利用して、他の動物でも同様な遺伝子の探索が行われています。そしてマウスでもヒトでも、ハエのホメオボックスとよく似た遺伝子が見つかっています。このように、生物の種が違っても配列がよく似ている遺伝子のことを、**相同な遺伝子**と呼びます。

ちょっと補足します。ホメオティック遺伝子とは、厳密に言うと体の頭尾軸に沿った「体節」

の違いを決定する遺伝子群です。体節って何のことか、わかりにくいですね。イモムシの絵を自分で描くとき、胴体になんとなく横縞をたくさん引いていませんか。あれは模様ではなく、体を区分している節（ふし）です。ホメオティック遺伝子に変異が起きると、ある体節が別の体節の性質をもつように変化します。たとえばハエで、二枚しかない翅が四枚あるというのは、胸のあたりで翅をつくる体節が二重になってしまったからなのです。

ついでですから、ヒトの体節のことも話しましょう。外から見るとよくわからないのですが、ヒトも体に節があります。ほら、脊柱の骨を数えてみてください。頸椎（首の骨）七個、胸椎（胸の骨）一二個、腰椎（ウエストの骨）五個、仙椎五個、尾椎三～五個からなる合計三二～三四個。あばら骨は胸椎につけるけど腰椎にはつけない、何番目に肩の骨や骨盤をつくる、といったことを決定するのに、ヒトのホメオティック遺伝子群は関与しています。

ということで、ショウジョウバエのホメオティック遺伝子は、胚や幼虫の頭尾軸に沿って、ほぼ体節ごとに特異的な発現をしています。ある特定の働きをするときに、それに関係する遺伝子は単一でないことがあり、その場合そのような遺伝子の集まり（遺伝子群）は「**複合体**」と呼ばれます。アンテナペディア変異に連関する遺伝子群はアンテナペディア複合体（ANT-C）、ウルトラバイソラックス変異に連関する遺伝子群はウルトラバイソラックス複合体（BX-C）です。そしてANT-CとBX-Cなどを総称して**ホメオティック複合体**（HOM-C）といいます。これらの遺伝子からできるタンパク質は、転写制御因子として他の遺伝子に働きかけ、それぞれの節に特徴的な構造をつくるよう命令をしています。

ホメオティック遺伝子群にはいくつかの違う性質の指令をする遺伝子が含まれていますが、ホメオティック変異はこれらの遺伝子のいずれかに異常が起こって生じたものです。これらの遺伝子はひとつの染色体上に縦に並んで配列されており、**クラスター**（塊）をつくっています。そして発生過程において、染色体上での順番に対応した形で、頭尾軸にある各部分の構造をつくらせるマスター遺伝子として働いています。

現在脊椎動物のホメオボックス遺伝子はたくさん報告されていますが、ショウジョウバエのホメオティック遺伝子群と同じ起源と考えられるものがありました。Hox遺伝子群です（次ページ図３－８）。ヒトの場合は、遺伝子のクラスターが四つに分かれており、別々の染色体に入っています。それぞれのHox遺伝子は体の頭尾軸に沿って固有の発現パターンをもっており、HOM-C遺伝子群と同様に体の部分に特異的な構造をつくるよう指令を出しています。要するにショウジョウバエもヒトも、HOM/Hox遺伝子のメンバーが基本的に同じ並び方をして体づくりにかかわっているのです。

進化的に離れているショウジョウバエとヒトで同じような仕組みで頭尾軸上のパーツの形成が行われるということは、この機構が進化の非常に初期の段階でき上がったことを示唆していま

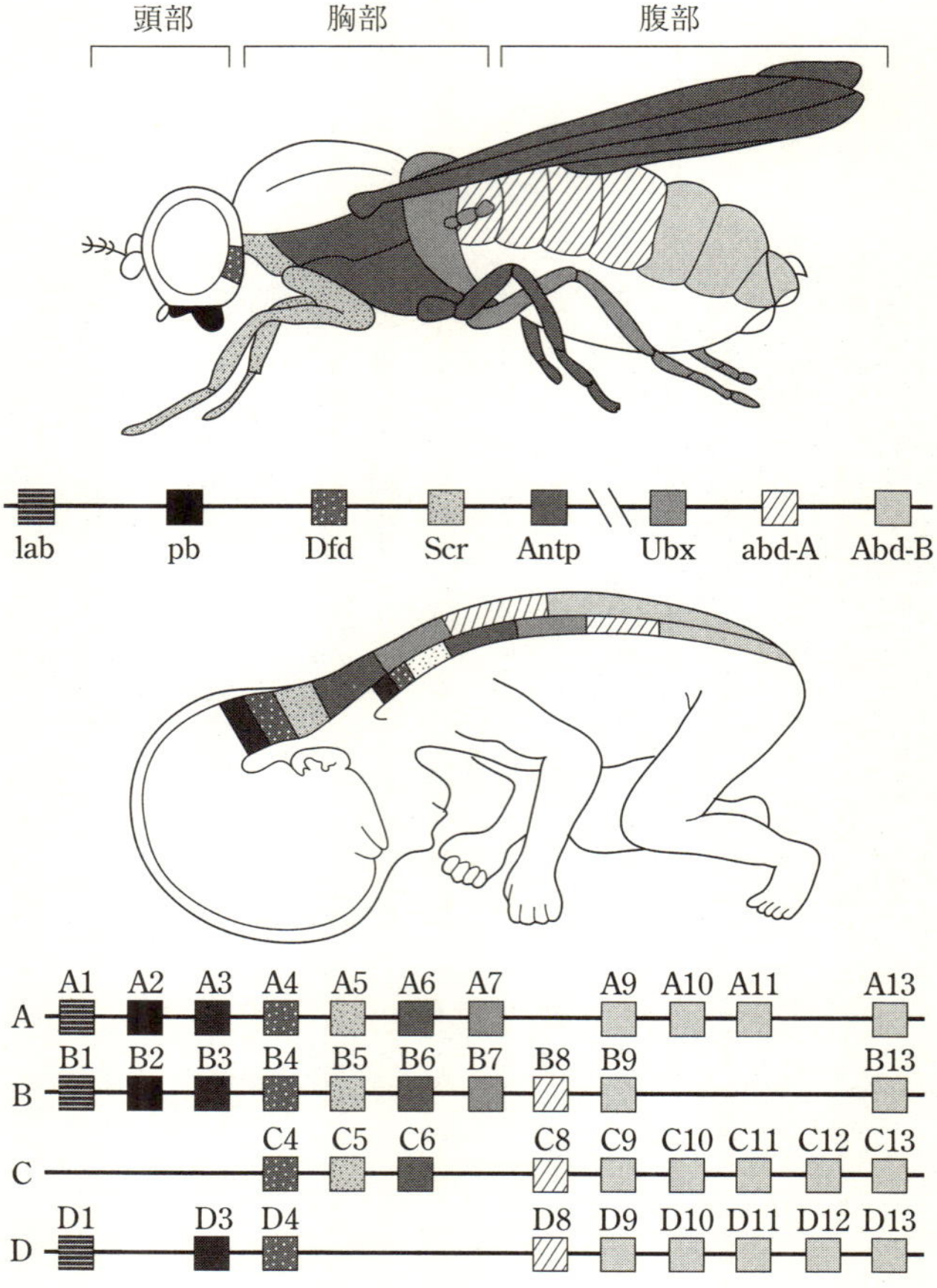
頭部
胸部
腹部
lab
pb
Dfd
Scr
Antp
Ubx
abd-A
Abd-B
A1
A2
A3
A4
A5
A6
A7
A9
A10
A11
A13
A
B1
B2
B3
B4
B5
B6
B7
B8
B9
B13
B
C4
C5
C6
C8
C9
C10
C11
C12
C13
C
D1
D3
D4
D8
D9
D10
D11
D12
D13
D

図3－8　ショウジョウバエとヒトのホメオティック遺伝子群
ハエのHOM遺伝子は８つだが、ヒトのHox遺伝子は13あり、さらにA,B,C,Dの４つのクラスターに分かれている

す。動物は体の構造をつくるのに必要な遺伝子を、進化の過程であまり変化させることなく使い続けてきたようです。

Hox複合体の中の少なくともいくつかの遺伝子は、さらに異なった多くの動物のあいだで共有されています。アンテナペディア複合体は、もっともシンプルな構造の動物であるクラゲの仲間からも見つかっています。ハエやヒトでは、アンテナペディア複合体は、それだけとはいえませんが、体の前方をつくることに関与しています。クラゲは頭をもっていませんから、アンテナペディア複合体が何をしているのかはよくわかっていないそうですが、なんらかの体軸決定にかかわっているといわれます。クラゲの祖先は、化石から推測すると六億年前には存在したそうです。ということは、Hox遺伝子に類似したものが、そのころから体づくりに働いていたと考えることができます。

また、マウスには、眼が十分できずに小さくなるSmall eye（Sey）という突然変異体がありまず。突然変異の遺伝子Seyを片親からだけ受け継ぐ（**ヘテロ**—Sey/+）と眼が小さくなり、Seyを両親から受け継ぐ（**ホモ**—Sey/Sey）と眼がまったくできません。このSey突然変異が起こる原因となる遺伝子を調べたところ、異常の起こっていた遺伝子は**Pax-6**と呼ばれるホメオボックス遺伝子でした。マウスの眼をつくるにはPax-6遺伝子が必要だということがわかったのです。

そして同じころ、ヒトゲノム計画によってヒトの無虹彩（aniridia）という疾患に、マウスの

(A) 幼虫の体内にある成虫原基の位置（部分）

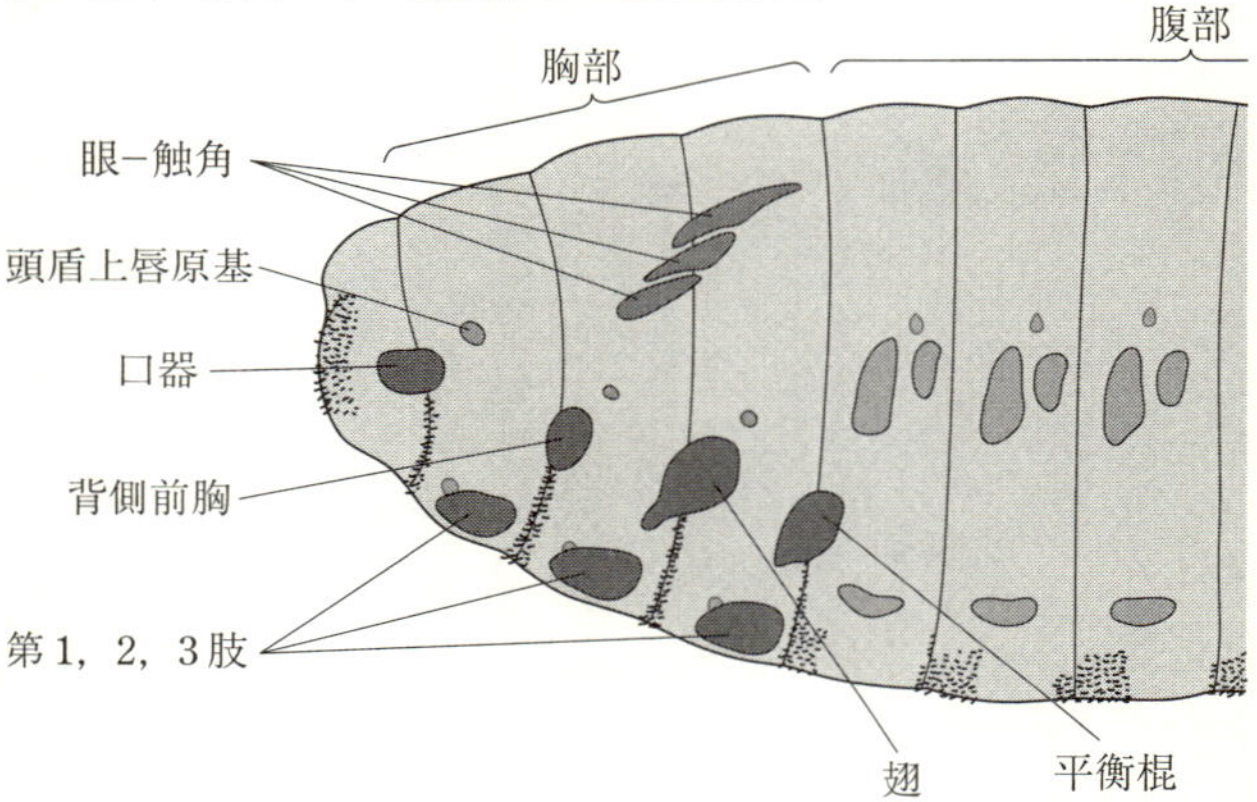
腹部
胸部
眼－触角
頭盾上唇原基
口器
背側前胸
第1，2，3肢
翅
平衡棍

(B) サナギのあいだの肢の伸び方

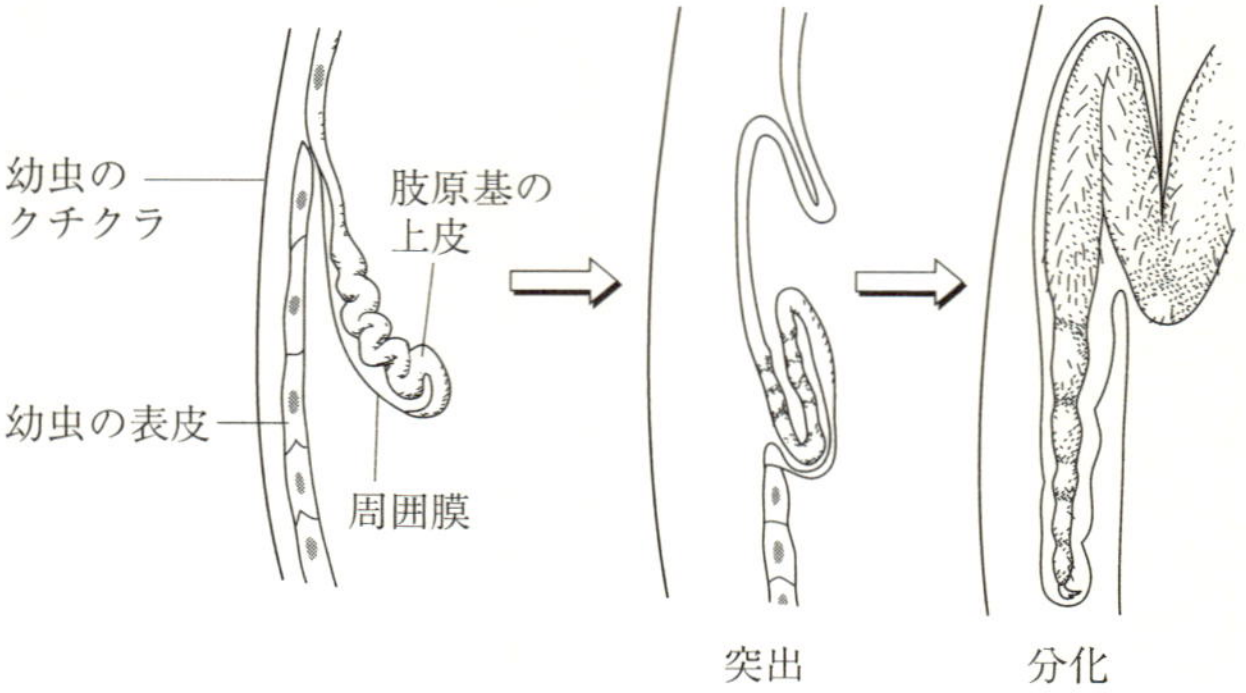
幼虫のクチクラ
肢原基の上皮
幼虫の表皮
周囲膜
突出
分化

図3－9　ショウジョウバエの成虫原基

（J.スラック「エッセンシャル発生生物学」より）

Pax-6と相同なPAX6という遺伝子がかかわっていることがわかっていました。

一方、ショウジョウバエでは複眼ができない突然変異体eyeless（ey）が以前から知られており、一九九四年にその原因遺伝子がクローニングされました。するとこのeyelessという遺伝子はPax-6の相同遺伝子だったのです。つまり、昆虫でもPax-6が複眼をつくるときに使われていたということです。ハエの眼とほ乳類の眼は構造がまるで違うのに、どうやらそれにかかわる遺伝子は同じものらしいのです。

そして、スイスのバーゼル大学のゲーリング（W. J. Gehring）らはeyeless遺伝子を使ってすばらしい実験を行いました（一九九五年）。ショウジョウバエの幼虫（サナギ）には、**成虫原基**というものがあります（図３－９）。成虫原基は、成虫になったときに使うさまざまな器官をつくっている細胞の塊で、複眼の原基からは複眼ができ、翅や触角ができることはふつうありません。ゲーリングらは、成虫原基のいろいろなところでeyeless遺伝子を発現させたのです。するとその成虫には、触角ができるべきところや、翅ができるべきところに複眼ができました（図３－10）。

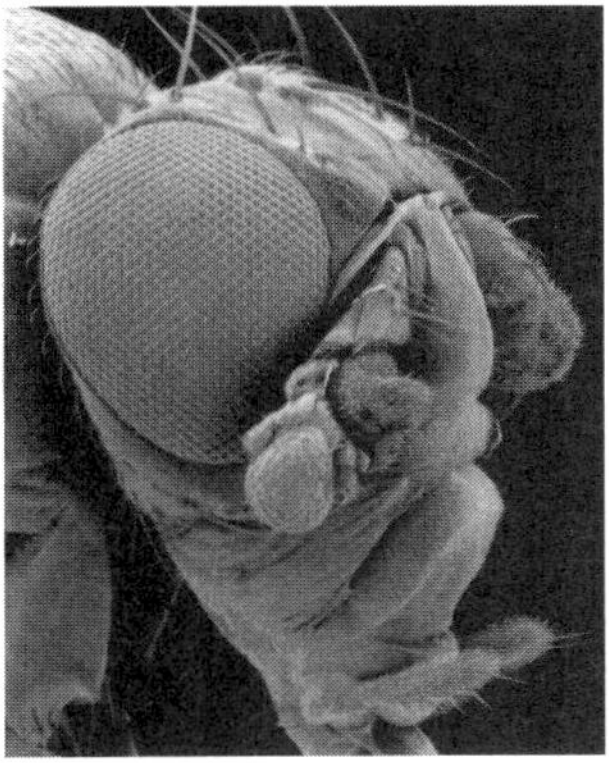

図３－10　Pax-6 遺伝子の異所的発現

（W.J.ゲーリング博士のご厚意による）

つまり、ショウジョウバエのeyeless遺伝子は、場所がどこであれ、複眼をつくらせることのできる遺伝子だったのです。

そしてさらに驚くべきなのは、「ラット（ダイコクネズミ）のPax-6」をハエで発現させてもやはり肢や触角に「ハエの眼」ができたことです。昆虫とほ乳類では系統分類上大きな開きがあり、発生の様式も違えば目の構造も似ていません。なんといってもハエには背骨がなくて外骨格になる堅いカラがあります。こんなに違う動物同士にもかかわらず同じ遺伝子が同じ働きをするというのは、Pax-6が「見るための器官になるかどうかを決める」という発生のごく初期の段階に使われているからでしょう。進化の途上に昆虫とほ乳類の共通の祖先に当たる動物がいて、そのころ眼をつくるためにPax-6遺伝子が使われだしたのかもしれません。

現在では、マウスでも、ヒトでも、その他先口動物、後口動物を問わず多くの動物でさまざまなホメオボックス遺伝子が見つかっています。そしていずれも胚の発生過程で重要な働きをしていることがわかってきました。ホメオボックス遺伝子は、普遍的に多細胞動物の体づくりに関与しているといって間違いありません。

質問！

問い…じゃ、ハエのeyelessをラットに入れても余分な眼ができますか。

答え…これはいま答えられません。なぜかというと、そもそもの発生の様式がまったく違うので実験そのものが難しいのです。ハエは完全変態するし、成虫原基という便利なものがあります。どの成虫原基が将来に何になるということはきちんとわかっているので、こちらが目的とするところに遺伝子を入れることができます。

ところが、ラットは子宮の中で育つのでそれほど簡単に遺伝子を入れるわけにいきません。入れるとすると、受精卵のころにDNAを注入することになるのですが、「本来眼はないけれど眼をつくりうる場所」でeyelessをうまく発現させるのはたいへんです。

第4章 胚誘導——コミュニケーションの始まり

4－1 カエルの体軸形成と胚誘導

最初のモルフォゲン

第1章では、動物の胚発生の初期に一般的に起こる、目に見える現象について述べました。ここからは、動物の体づくりのより詳細な仕組みについて、カエルの例でお話ししていきます。胚発生の研究は両生類でとても盛んに行われています。その理由は受精も発生も体外で起こるので、人為的に受精させて発生のプロセスをずっと観察できるためです。そしてもうひとつ重要なのは、卵のサイズが大きいことです。このため、胚の一部を切り出して培養する、あるいは移植するという「胚手術」の実験がとても簡単にできます。一九六〇年代以前の研究は、主にイモリの胚を用いて行われていたのですが、近年はアフリカツメガエル（Xenopus laevis）というアフリカ原産のカエルを使うのが一般的です（図４－１）。この章では、両生類の卵からわかってきた新しいことがらについてお話ししていきましょう。

図４－１　アフリカツメガエル
下は突然変異のアルビノ（白化個体）

まず、前章のショウジョウバエの例にならって、そもそもカエルの体軸がどうやってつくられていくかを考えてみます。卵母細胞の細胞質には卵が成熟して受精できるまでのあいだにさまざまな母性因子が蓄えられています。このことが将来の体の形づくりに直接にかかわってきますので、第１章の内容にさかのぼりますが、卵割の前に胚で起こるいくつかの現象について説明します。

卵のもとになるのは卵母細胞という巨大な細胞です。イモリやカエルの卵細胞には、卵が成熟する前の早い時期から、色の濃い動物極と色の薄い植物極を結ぶ上下の軸（動植物軸）があります。この軸を

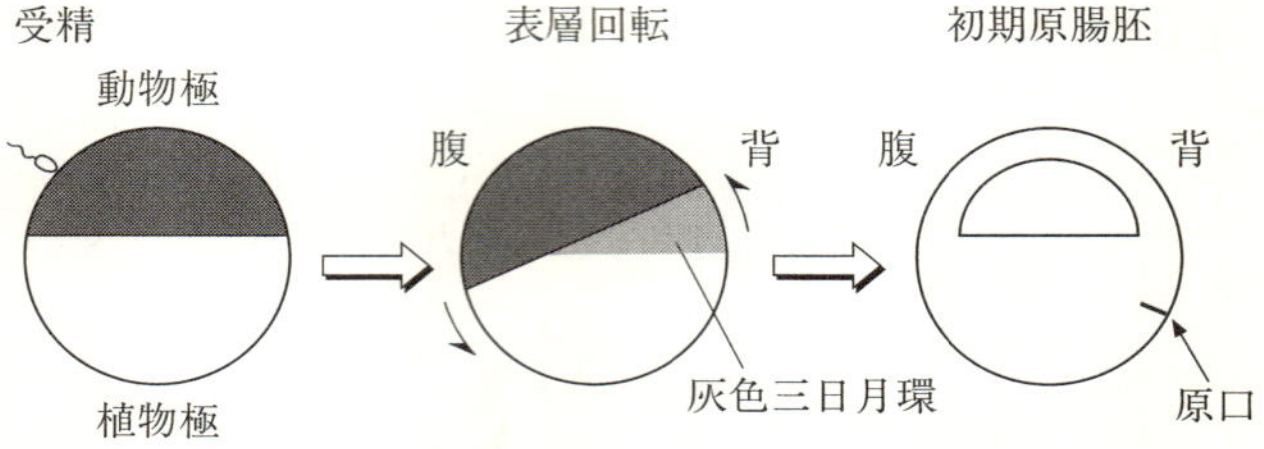
受精
表層回転
初期原腸胚
動物極
腹
背
腹
背
灰色三日月環
原口
植物極

図4－2　カエル胚の受精時に起こる表層回転

つくっているのは、内部の細胞質のかたよりで、卵黄が多く含まれている重い側を植物極、軽い側を動物極と呼びます。そして中間の赤道面にあたる帯状の部分は**帯域**（赤道域）と呼ばれます。卵の動植物軸は、のちのオタマジャクシの頭尾軸（前後軸）とほぼ一致します。

卵母細胞は完全に成熟すると生殖腺刺激ホルモンの作用で最後の卵割を終え、卵細胞として排卵されます。あとは受精を待つばかりですが、ここまで来ても卵は動植物軸に沿っていまだ放射相称であり、残りのふたつの軸、つまり将来の背腹（はいふく）軸と左右軸はまったく決まっていません。

両生類のもっとも基本的な背腹軸と左右軸がどうやって決まるかというと、受精時に精子が決めます。受精の際、精子は動物半球の一ヵ所に入り込みますが、精子の入った側が将来の腹側、反対側が背側になるのです。実際には、受精からおよそ一時間たったころに、卵の外側の層が精子の入った点を中心に内側の層に対して三〇度ほど回転します（図4－2）。この現象は**表層回転**と呼ばれ、この結

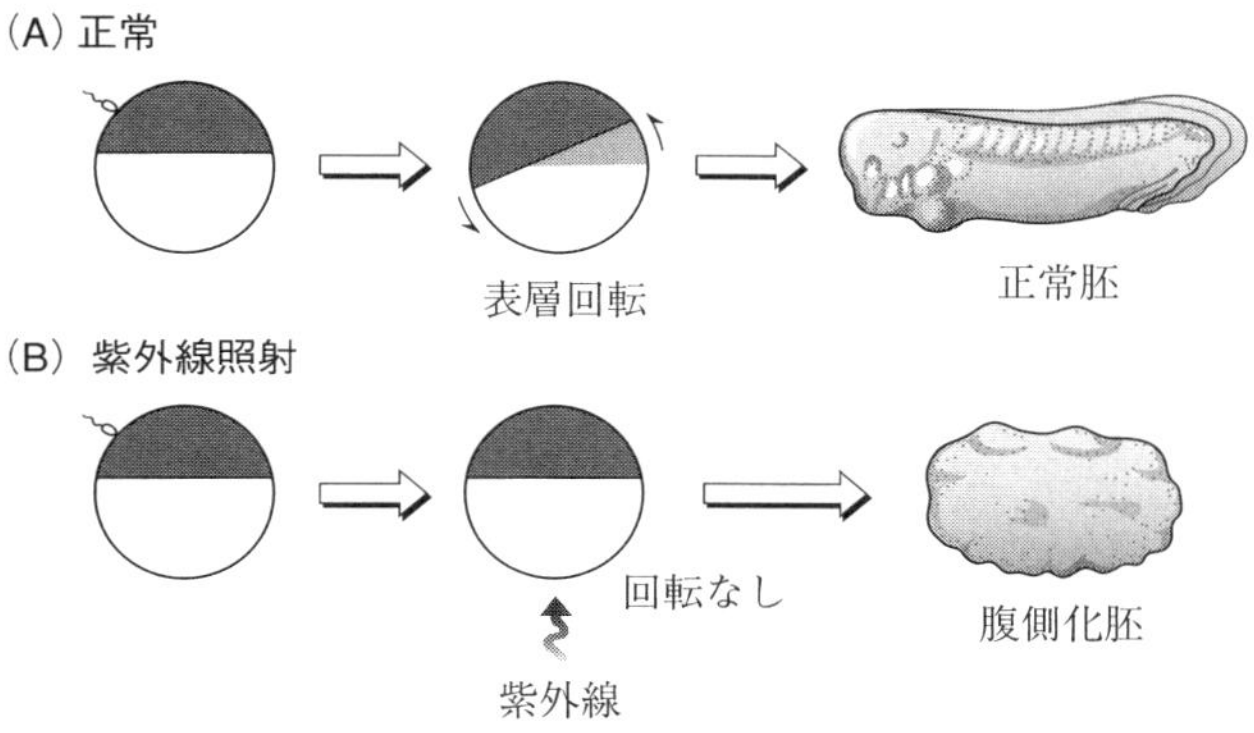
(A) 正常
表層回転
正常胚
(B) 紫外線照射
回転なし
紫外線
腹側化胚

図4－3　紫外線照射による腹側化胚の作製

果おおまかな背腹軸ができると考えられています。ここで頭尾軸と背腹軸が決まりました。左右の軸は必然的にできます。

では、三〇度の回転で、どうして背腹軸の決定が起こるのでしょう。現在考えられているモデルでは、表層が回転すると背側で動物半球と植物半球の細胞質が混ざり合い、これによって「**背側決定因子**」と呼ばれる位置情報が「活性化」されると考えられています。つまり、ひとつの細胞しかない受精卵の中で、「背側にする」という情報が局在するようになったのです。卵の表層回転が正常に行われなくなると、背側決定因子の活性化は起こらないらしく、胚に紫外線を照射して回転できないようにすると、背腹軸の決まらない(腹側化した)ダルマのような胚ができます(図4－3)。この背側決定因子については、また第5章で詳しく説明します。

さて、表層回転の結果、基本的な体軸が決まりました。けれども、背側に背骨を、腹側に心臓を、というような個々の組織や器官の将来の配置はまだほとんど決まっていないのです。それはこのあとの何段階もの複雑なプロセスを経てゆっくりと決定されていきます。そのなかでも、一番重要な役割を果たすのは、「誘導」という現象です。

誘導と応答

さて、受精から最初の数回の卵割のあいだ、カエルの卵の一つひとつの割球は同じ核と細胞質をもち、等価でした。けれどもある時点から、細胞の分化が始まり、それぞれの割球は違った性質をもつようになります。等価でなくなる理由のひとつは、数が増えた割球の細胞質の量が異なり、また卵の中でそれぞれ独自の空間を占めるようになることです。外界に接しているかいないか、自分のまわりにどんな細胞があるか、といったことが違いになっていきます。やがて違う空間にある割球同士は、お互いにある働きかけをするようになり、この段階で、それまでには存在しなかった「細胞の社会」がはじめてつくられていきます。

細胞のあいだで起こる働きかけは、一般に「**誘導**」と呼ばれます。誘導という現象は発生の過程でいつでも起こっていて、組織や器官ができるときに重要な役割を果たしています。誘導が起こる場合には、ひとつの細胞が誘導をかけ、標的となる特定の細胞はそれを受けて、何らかの応

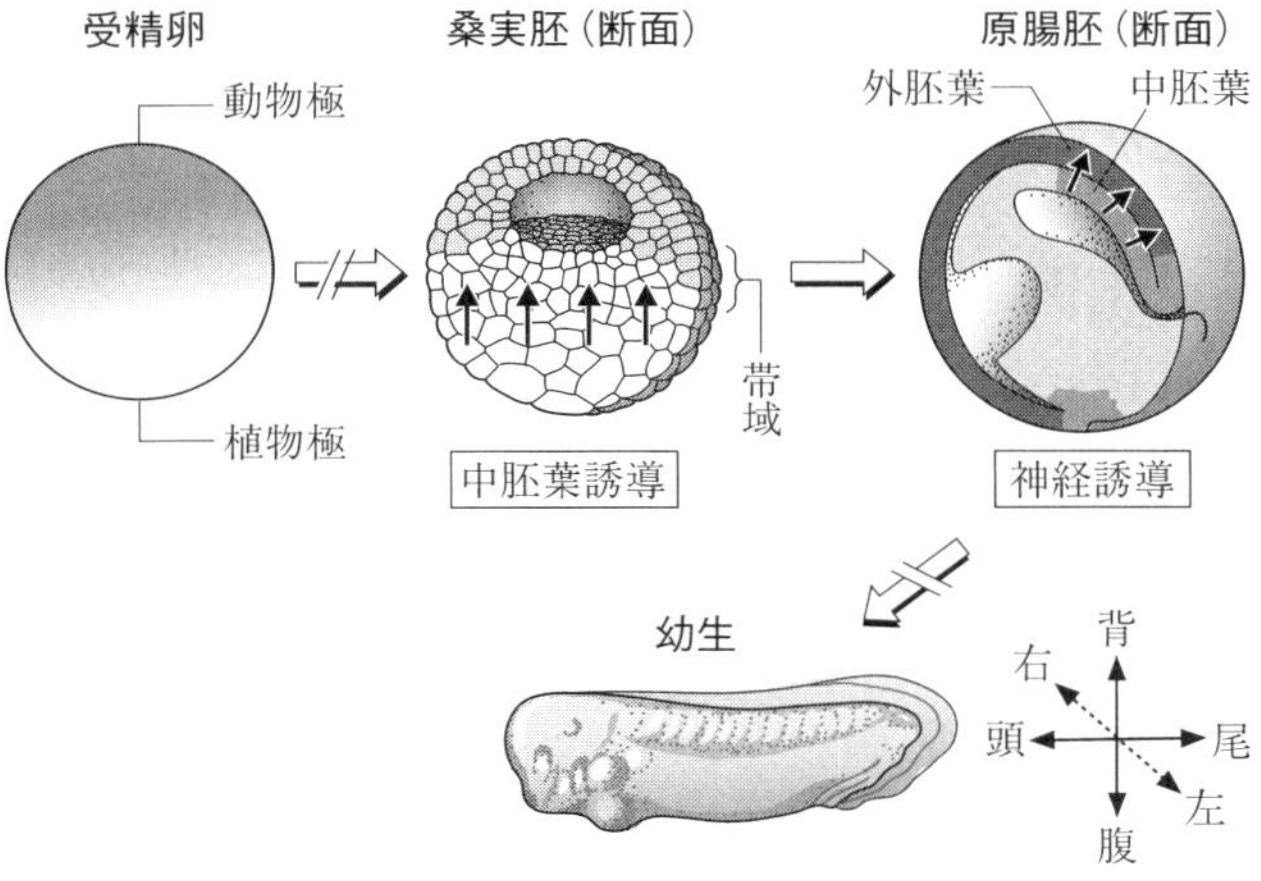
受精卵
動物極
植物極
桑実胚（断面）
帯域
中胚葉誘導
原腸胚（断面）
外胚葉
中胚葉
神経誘導
幼生
背
右
頭
尾
左
腹

図４－４　カエルの初期胚で起こる誘導

答をします。誘導を受けた細胞は将来どのような組織に分化するかを外部からの命令によって決められ、受けなかった場合とは違う運命をたどるようになります。

ここでわざわざ「標的となる特定の細胞」と言ったのには理由があります。誘導をかけられればどんな細胞でも反応するというわけではなく、誘導を受けることのできる細胞はかなり厳密に決まっているのです。誘導できる細胞のもつ能力を「誘導能」、受けて反応できる細胞のもつ能力を「応答能（反応能）」と呼びます。形づくりでは、細胞同士の相互作用が時間的にも空間的にも正しく行われることがもっとも重要です。そこには、お互いにタイミングを合わせるための巧妙な仕組みがあると考えられます。ごく初期の胚における誘導は、特別に「**胚**

誘導」と呼ばれます。これは体軸を決め、あらゆる器官の最初のパターンをつくり上げていく決定的に重要なプロセスです。

脊椎動物の胚誘導は、胚の年齢に応じて多段階に行われており、もっとも早く起こるのが「**中胚葉誘導**」と「**神経誘導**」です（前ページ図4－4）。これは胚の特定の細胞が特定の信号を受けることによって、それぞれ中胚葉組織もしくは神経組織をつくり始めることです。いずれの現象もその働きは非常にダイナミックで、単に筋細胞を分化させたり、神経繊維をつくったりするだけのものではありません。体の大きな部分、つまり筋肉の塊や中枢神経系、あるいは尾や頭、というパーツを丸ごとつくり出すのです。ですから胚誘導は、発生において体の形を決定するもっとも基本的な役割を担っています。

形成体が頭を誘導する

神経誘導は、胚の中に脳や脊髄といった中枢神経系を含む「頭の領域」をつくり出す現象です。ドイツの生物学者**シュペーマン**と**マンゴルド**（図4－5）の実験で最初に証明されました（一九二四年）。マンゴルドの実験は、一匹のイモリの原腸胚から一部の細胞塊を切り出し、他のイモリの腹側に移植するというものでした。移植されたのは原口の上に当たる**原口背唇部**と呼ばれる部分です（92ページ図4－6）。この結果、移植を受けた胚の一匹が、頭をふたつもつオタマジ

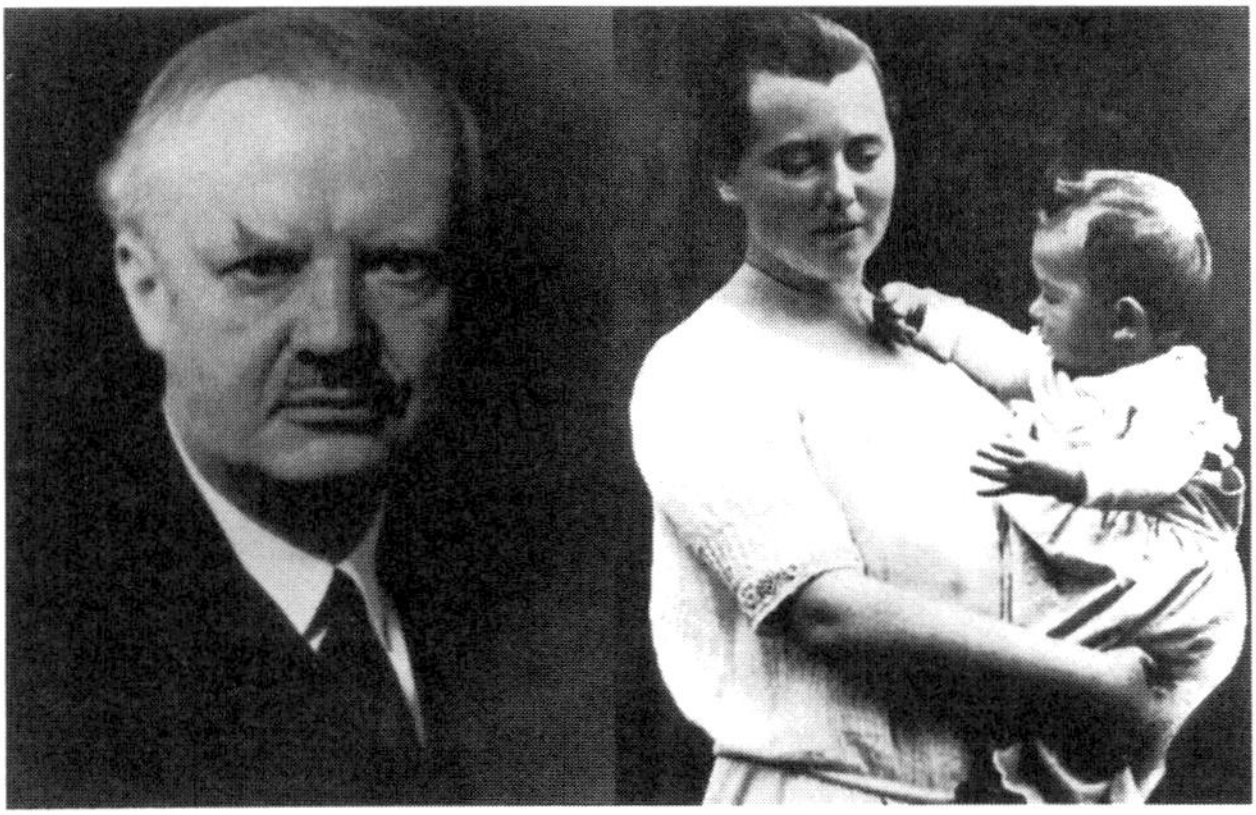

図4－5　ハンス・シュペーマン(左)とヒルデ・マンゴルド(右)

ャクシへと成長しました。この二番目の頭部を「**二次胚**」と呼びます。

二次胚ができたことをどう考えればよいでしょうか。もっとも単純な解釈は、移植された原口背唇部自体がもともと頭になるはずの細胞の塊（原基）だったと考えることです。つまり切り出したものは、育てば自動的に頭になる部分だったという考えです。けれどもこれは違いました。原口背唇部を取り出してそのまま培養しても、頭の塊にはならず中胚葉の組織である脊索になったのです。

マンゴルドは卵の色の違う二種類のイモリを使って実験を行っていました。そうすれば、神経の細胞がどちらのイモリに由来したのかを、成長してから確認できるからです。その結果、二次胚の脳や眼などの外胚葉性組織は、移植を受けたほうのイモリの細胞からつくられていました。そして移植された原

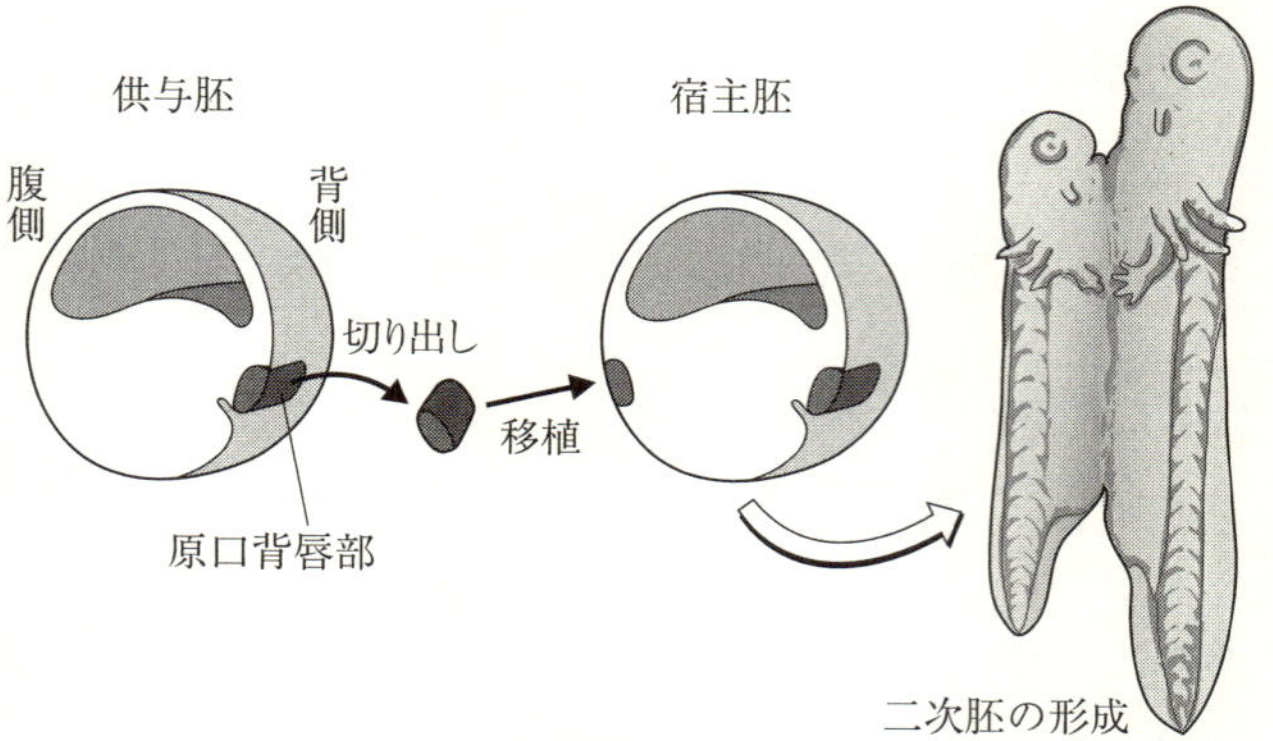
供与胚
宿主胚
腹側
背側
切り出し
移植
原口背唇部
二次胚の形成

図4－6　原口背唇部（形成体）の移植実験

口背唇部の細胞はやはり二次胚の脳にはならず、筋肉や脊索などの中胚葉性組織になっていたのです。この結果から、原口背唇部の細胞は自分自身は中胚葉に分化し、かつ自分以外の細胞に働きかけて神経系をつくらせたと考えることができます。このとき原口背唇部が行ったことを「神経誘導」と呼びます。

原腸が陥入していくとき、原口背唇部の細胞は原口の内側へ入り込み、将来外胚葉の組織をつくるようになる部分（**予定外胚葉**）を裏打ちしていきます。正常発生では、このときに原口背唇部が予定外胚葉細胞に神経誘導を行うことで神経系がつくられると考えられます。そして神経誘導は、この先さらにいろいろな誘導現象をドミノ倒しのように引き起こすきっかけとなります。原口背唇部は、体軸を決定し、胚の形態形成の中心となる胚域と考えられることから、「**形成体**（オーガナイザー）」もしくは「形成中心」と呼ばれるようになりました。これまで使ってきた原口背唇部という呼び方は、その働きを示していないし、スマートでないので、今後はこの部分を形成体と呼ぶことにします。

中胚葉誘導が形成体を誘導する

では、もうひとつ考えてください。形成体は原腸胚の原口の上に現れます。なぜその時期にそこにできたのでしょうか。これはとても重要な問題です。なんといっても、さかのぼって考えれば、体づくりの中心をつくるできごとなのですから。

形成体をつくるのは、胚で最初に起こる誘導現象、中胚葉誘導です。中胚葉誘導は、ごく初期の胚の帯域（赤道にあたる部分）に将来中胚葉になる細胞を誘導します。

このような誘導が存在することは、一九六九年の**ニューコープ**による実験で示されました（次ページ図４－７）。ニューコープは、初期の胞胚から動物極側の予定外胚葉領域と植物極側の予定内胚葉領域を切り出し、組み合わせて培養するという実験をしました。どちらも単独では表皮か内胚葉にしかならず、中胚葉をつくれない領域です。この実験の結果は明らかな誘導現象を示すものでした。予定外胚葉と予定内胚葉を組み合わせると筋肉、脊索、間充織（かんじゅうしき）といった中胚葉組織ができたのです。この結果は、中胚葉というものが二種類の細胞間の相互作用によってつくられることを示しています。この場合も、誘導したのはどちらで応答したのがどちらであるかが問

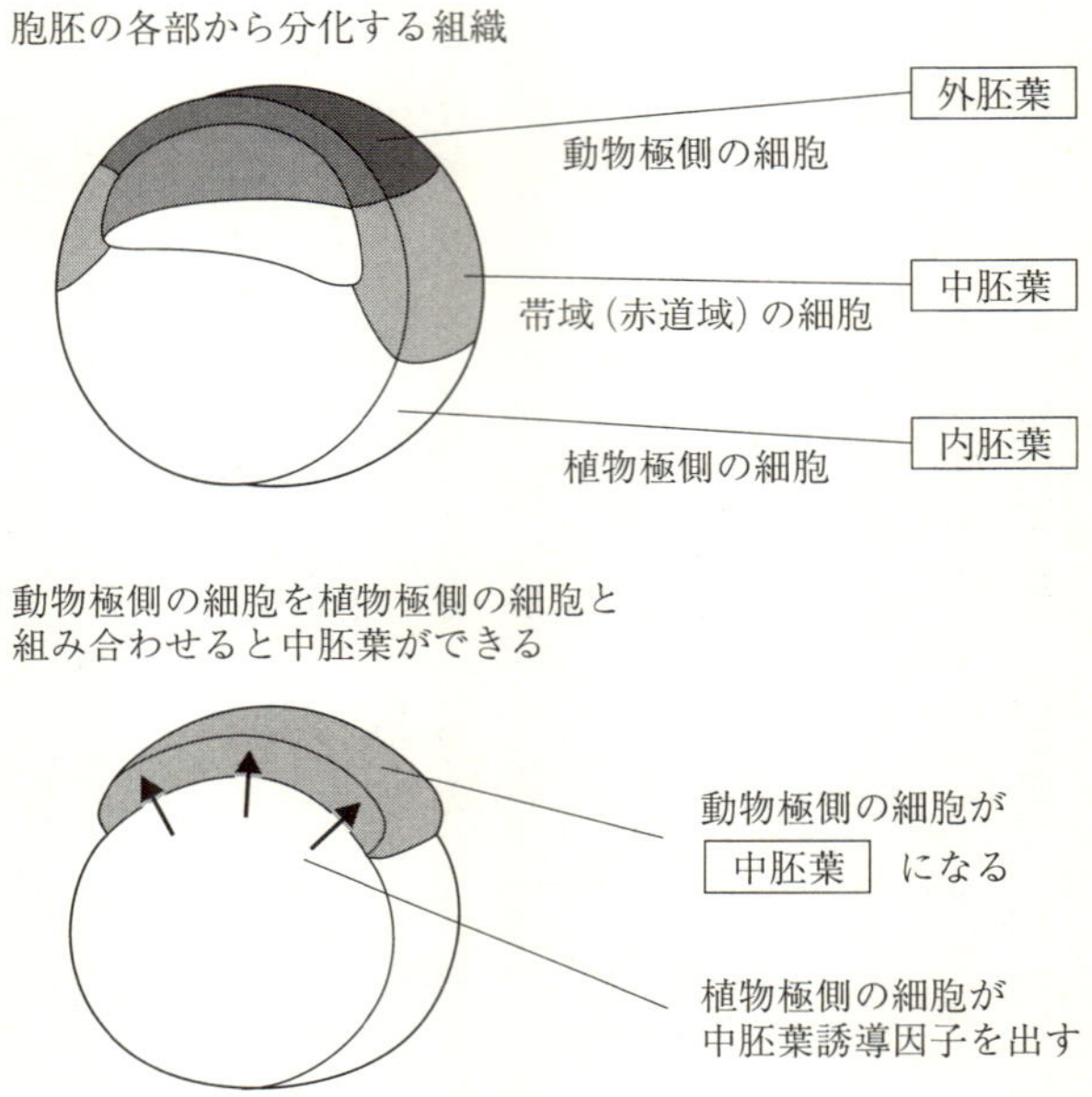
胞胚の各部から分化する組織
外胚葉
動物極側の細胞
中胚葉
帯域（赤道域）の細胞
内胚葉
植物極側の細胞
動物極側の細胞を植物極側の細胞と
組み合わせると中胚葉ができる
動物極側の細胞が
中胚葉 になる
植物極側の細胞が
中胚葉誘導因子を出す

図４－７　ニューコープによる中胚葉誘導の実験

題になります。蛍光を出す色素を割球に注入すると、細胞を標識することが可能で、この色素を入れた胚から移植片をとってくることによって、分化した後でも細胞の由来を調べることができます。その結果、実際に形成体ができたところは予定外胚葉で、誘導しているのが予定内胚葉細胞であることがわかりました。

　中胚葉誘導の実験では、同じ動物極細胞に対して背側の植物極細胞は背側の中胚葉を、腹側の細胞は腹側の中胚葉を誘導したことがとても重要です（図４

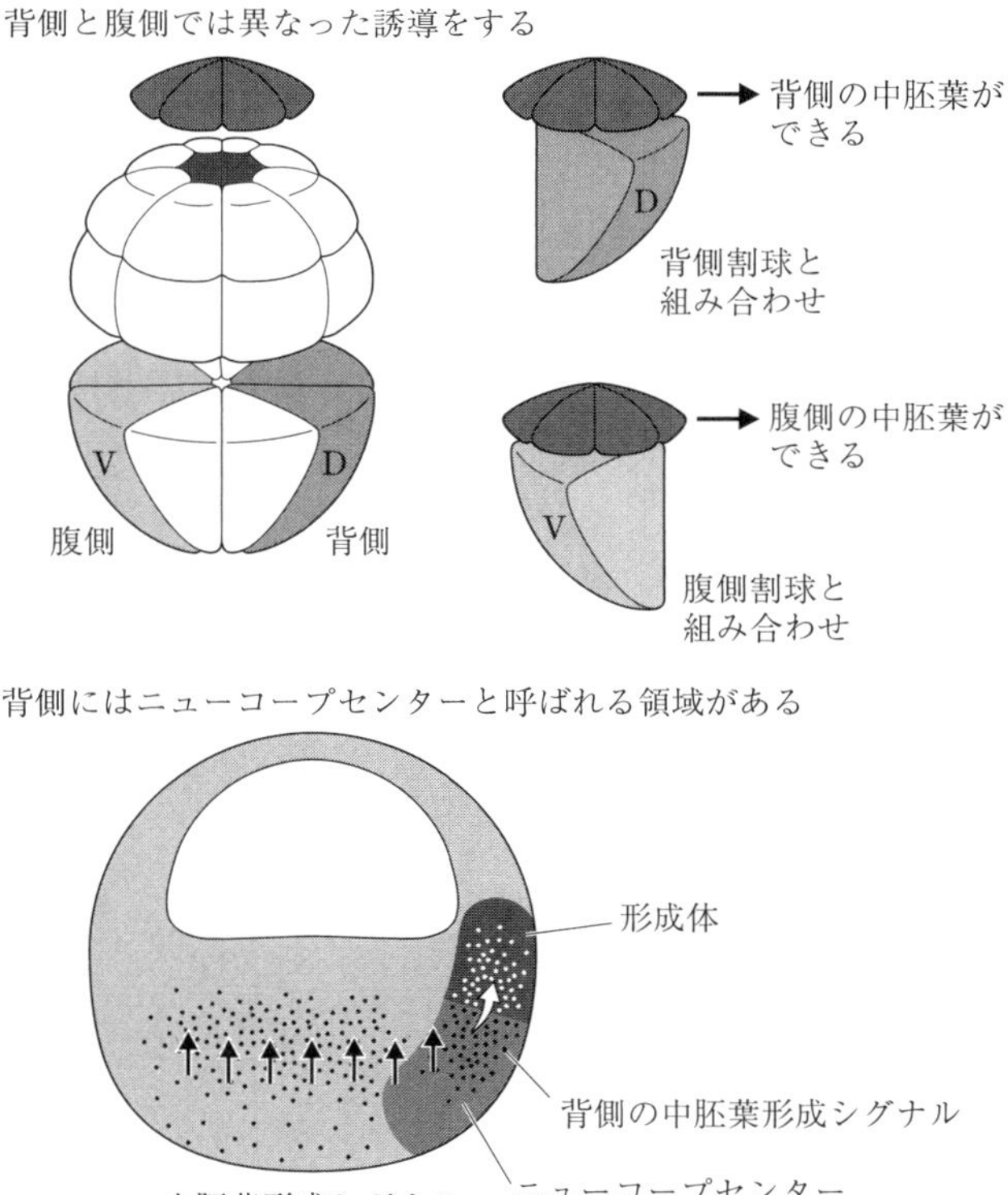
背側と腹側では異なった誘導をする
背側の中胚葉ができる
D
背側割球と組み合わせ
V
D
腹側
背側
腹側の中胚葉ができる
V
腹側割球と組み合わせ
背側にはニューコープセンターと呼ばれる領域がある
形成体
背側の中胚葉形成シグナル
ニューコープセンター
中胚葉形成シグナル

図４−８　ニューコープセンター

－8）。誘導の結果として、胚の背腹軸がはっきりと決められるからです。このことから、背側の植物半球には「**ニューコープセンター**」と呼ばれる背側を誘導できる特別な領域があり、これが形成体の誘導にかかわっているという仮説が立てられるようになりました。

中胚葉誘導という現象は本来動物半球にあった未分化な細胞の性質を、より植物極側（内胚葉側）の性質をもつように変化させたと解釈することができます。その結果、本来なら外胚葉になるはずの細胞から中胚葉と同等の細胞ができたということです。このため、以前中胚葉誘導は「植物極化」現象と呼ばれていました。そして内胚葉は中胚葉とまったく別なものではなく、同じ誘導が起こってつくられると考えられます。細胞に、より強い植物極化が働くと、中胚葉を超えてしまって内胚葉がつくられるようです。

ここまでのことで、初期胚の発生過程ではふたつの誘導現象が起こっていることがわかってきました。最初に植物極側の細胞が動物極側の細胞に働きかける中胚葉誘導。そして中胚葉誘導でできた形成体が予定外胚葉細胞に行う神経誘導です。

これ以降、問題になってくるのは、誘導がどのようにして起こるか、つまり「誘導のメカニズム」です。もっとも考えやすいのは、誘導する細胞から応答する細胞へと何らかの化学物質が受け渡されて信号を伝えていることです。このような物質は一般に「**誘導因子**」と呼ばれており、第3章でお話しした「モルフォゲン」のごく初期のものに相当します。おそらく初期胚の誘導因子は誘導する側の細胞の中でつくられて細胞の外へ分泌され、何らかの形で応答する側の細胞に取り込まれていくと考えられます。

次節では、誘導因子とはどのようなもので、どうやって取り込まれ、取り込んだ側の細胞で何が起こるのかをお話ししていきます。

4－2　誘導因子を捕まえろ！

誘導現象の調べ方

発生初期の胚誘導は、体軸形成とあらゆる器官のパターンの基礎をつくるきわめて重要なプロセスです。神経誘導因子と中胚葉誘導因子を取り出し、その正体を明らかにすることは、六十余年にわたり発生生物学のもっとも主要なテーマでした。

けれども、頭ができるだの中胚葉ができるだのといった誘導は、なんだか漠然とした現象だと思いませんか。研究をするなら、何を基準に調べればよいかという点から決めていかなければなりません。

どのような因子であれ、それがどのような構造をつくり、どのような機能（働き）をするかを明確に示さなくてはなりません。そのためには、その活性（働きの強さ）をできるだけ正確に測る必要があります。つまり、できることなら誘導の程度を1とか5とかいった数値に置き換えて（定量化）シンプルに比較したいわけです。一般に、このような実験で再現性よく同じ構造をつくらせ、実験結果の定量性を高くするというのはなかなかに難しいことで、研究する者は、誰が見ても納得してくれる基準を見つけだすことに頭を悩ませます。

ここで、かりに、形成体と同じように胚に神経を誘導する活性をもつ物質があると考えましょう。モルフォゲンであれば濃度依存的にその作用が変わると予想されます。この物質を一ミリグラム胚に注入したところ二次胚ができました。活性があります。ところが注入する量を〇・五ミリグラムに減らしても二ミリグラムに増やしてもやはり二次胚ができました。このような場合、活性の強さを数値で表すにはいったいどうしたらいいでしょうか。

さしあたっては、注入した物質の量に比例して変化することがらを探します。二次胚の大きさは違わないか、脳があるか、目があるか。あるいは、一〇〇個の胚のうち何パーセントに二次胚ができたか、ということが基準にできるかもしれません。この基準が明確であればあるほど、定量的な実験ということができます。

ツメガエル胚の誘導実験では、優れた検定法が開発されました。誘導因子の活性があるかないかを調べるために、「**アニマルキャップ検定**」という方法を使います（図4－9）。**アニマルキャ**

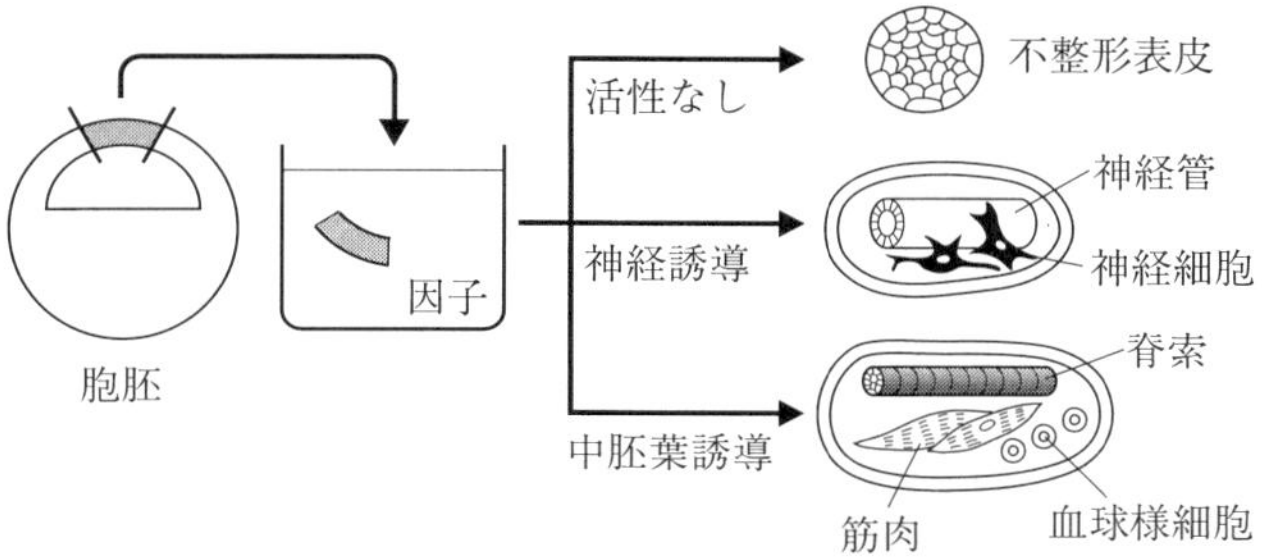
活性なし
不整形表皮
神経管
神経誘導
神経細胞
因子
胞胚
脊索
中胚葉誘導
筋肉
血球様細胞

図4－9　アニマルキャップ検定

ップとは胞胚期の予定外胚葉細胞を切り出したものです。胚の一番動物極側の細胞の集団で、丸く切り取ると帽子のような形になるのでこのように呼ばれます。この時期のアニマルキャップの細胞は、正常に発生すれば将来神経と表皮に分化するはずですが、この時期（胞胚期）に切り出してしまうと何も分化しない表皮のような塊（不整形表皮）になります。このため、将来の運命のあまり定まっていない未分化な細胞塊として扱うことができます。

アニマルキャップ検定では、調べたい物質を含む培養液の中にアニマルキャップを浸して、培養を行います。このように培養された細胞の塊は、移植とは違い体の外で培養されるので「**外植体**」と呼ばれます。アニマルキャップの培養液に何らかの中胚葉誘導因子を加え、外植体の組織切片を観察すると、血球のような細胞、間充織、筋肉、脊索、といった中胚葉性の組織がつくられます。また神経誘導因子を作用させれば、神経や脳など外胚葉性組織がつくられるはずです。どのような組織がどれくらいの割合でできたか調べれば、誘導の効果を具体的に知ることができます。

また、外植体でつくられているｍＲＮＡやタンパク質を調べると、第2章でお話しした「分化マーカー」がどれだけつくられたかを測定することができます。これは分化の程度がｍＲＮＡやタンパク質の量にそのまま現れるのですから、きわめて定量性の高い方法です。

今後「アニマルキャップを何々で処理する」と書かれているときは、この方法で検定を行ったものと考えてください。

ところが、誘導の活性があるはずなのに、なんらかの理由で、アニマルキャップ検定で効果が見られない因子があります。こういう場合は、**インジェクション検定**という方法が用いられます（図4－10）。第2章（59ページ）で少しお話ししましたが、これは二細胞期から八細胞期の胚に、調べたい因子のｍＲＮＡやタンパク質を注入（インジェクション）しておき、発生が進んでからその効果を調べるものです。その場合は、胞胚期にアニマルキャップを切り出して外植体がどう分化するかを調べるか、胚全身の形態の変化を比較します。

今後「何々を胚に注入する」と書かれているときは、このようなインジェクション検定を行ったものと考えてください。

また、インジェクション検定の応用として、胚の中にもともとある因子に対して「阻害（邪魔）をするもの」を使う方法もあります。この場合は調べたいタンパク質の阻害剤や、「アンチセン

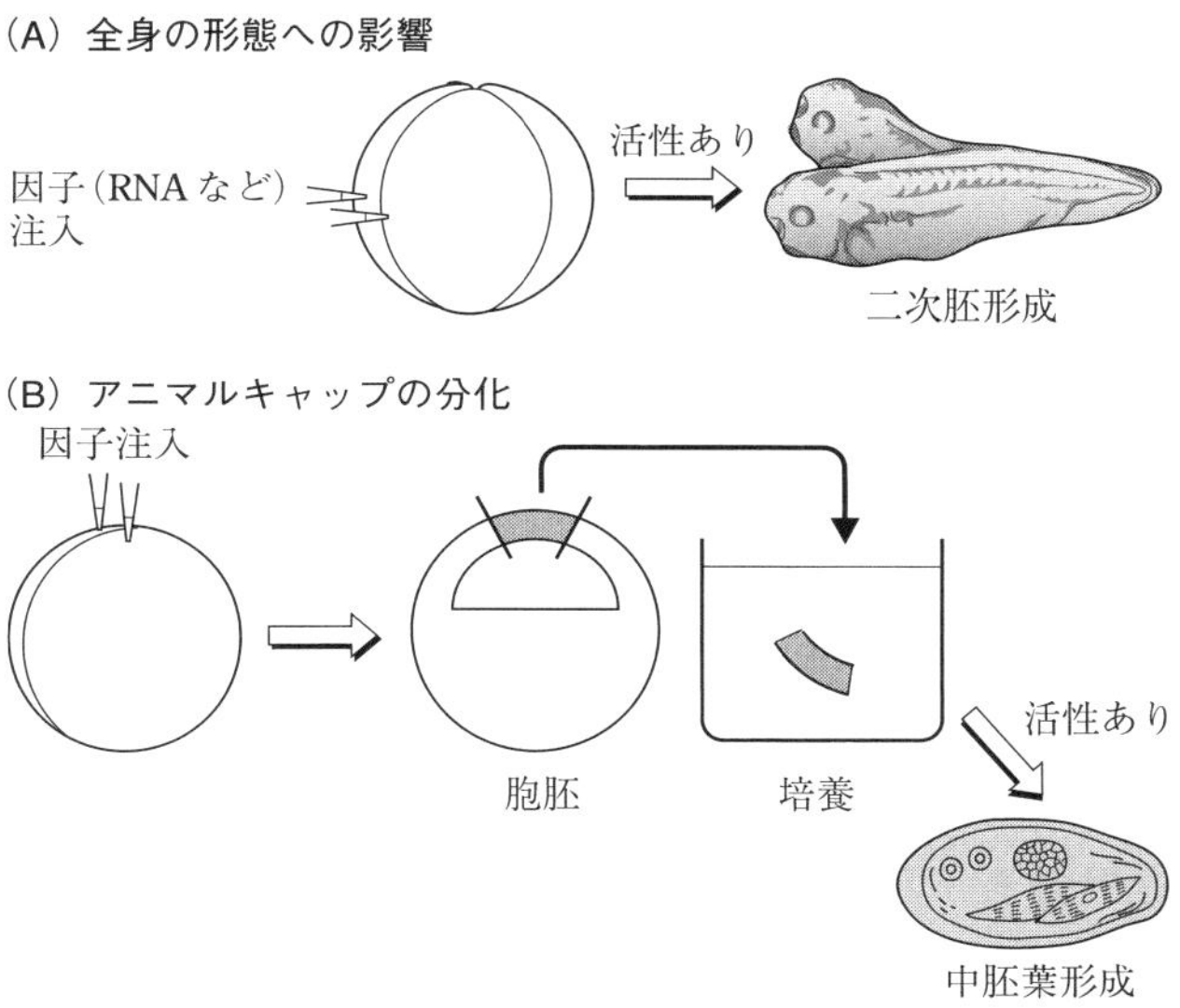
(A) 全身の形態への影響
因子(RNAなど)注入
活性あり
二次胚形成
(B) アニマルキャップの分化
因子注入
胞胚
培養
活性あり
中胚葉形成

図4—10　インジェクション（注入）検定

スRNA」というものを注入します。アンチセンスRNAとは、mRNAに相補的な配列をもつ人工RNAで、注入されると胚の正常なmRNAと結合します。すると頑丈なRNA—RNA二本鎖になるので、もはや本来のmRNAから翻訳ができず、タンパク質がつくれなくなるのです。このような阻害物質で胚のどの機能が妨げられたかを調べることにより、その因子の役割を推察することができます。

アニマルキャップ検定とインジェクション検定は、誘導というなんだかよくわからない現象を、どのような組織がどれくらいできるかという形で数値化・定量化できるようにした技術です。これらの方法によって、近年ようやく具体的な誘導因子の候補が挙げられるようになり、その作用のしかたが明らかになってきたのです。

中胚葉を誘導する因子

ここに示したのは、両生類の胞胚の予定原基図とオタマジャクシの断面の模式図です（図4-11）。両者を比較してみると、オタマジャクシの組織や器官の位置関係は、胞胚期までにほぼできあがっていることがわかります。将来の腹側に相当するのが精子の侵入した側、背側に相当するのがその反対側で原口のつくられる側になります。

腹側の中胚葉には、血球、間充織、体腔内上皮などが含まれています。そして筋肉は中間の中胚葉に、脊索はもっとも背側の中胚葉に含まれています。これは形成体と同じ領域から分化する組織です。中胚葉誘導は、背腹の中胚葉と形成体を帯域に誘導し、胚の背腹軸の下地をつくっていく現象です。

一九六九年のニューコープによる実験が発表されたころ、誘導因子を探していたのは、ドイツや日本のいくつかの研究室だけでした。そして、ブタの骨髄、ニワトリの胚、フナのウキブクロなどから抽出したものに中胚葉誘導活性があると報告されていました。これらの抽出物でアニマルキャップを処理すると、確かにさまざまな中胚葉組織を誘導できたのです。そして、私たちの

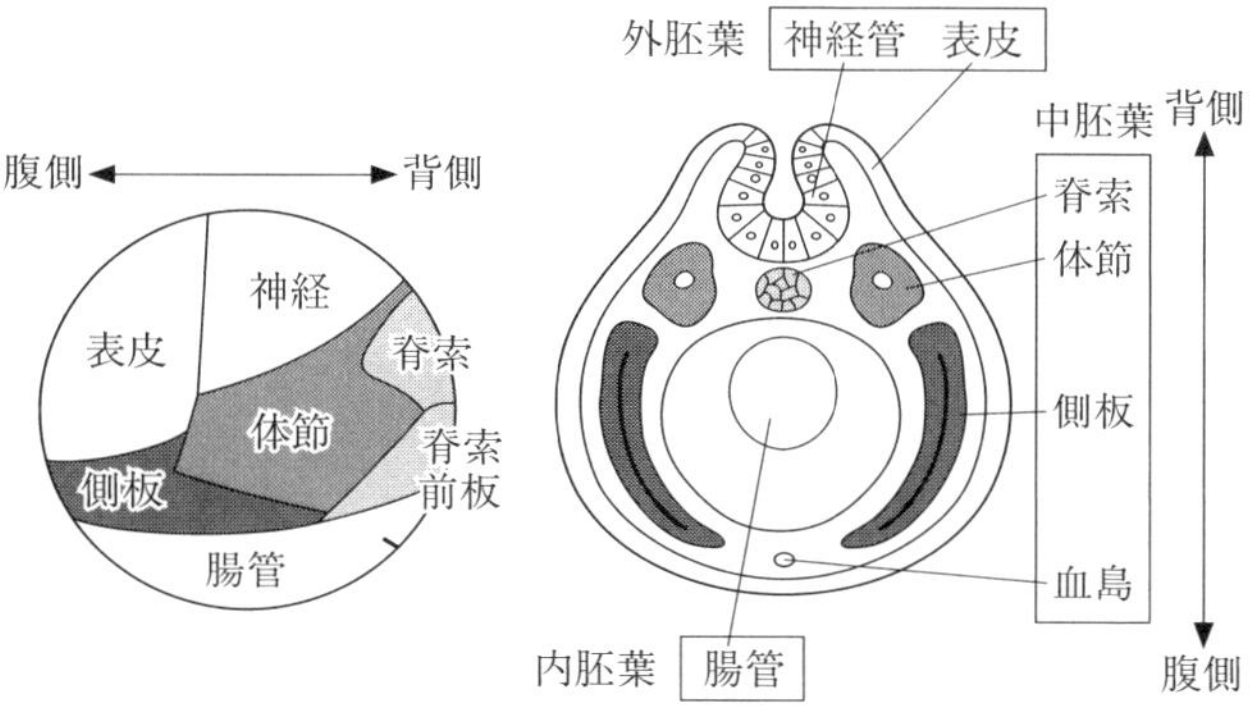
腹側
背側
神経
表皮
脊索
体節
脊索
前板
側板
腸管
外胚葉
神経管　表皮
中胚葉
脊索
体節
側板
血島
内胚葉
腸管
背側
腹側

初期原腸胚の原基分布　　尾芽胚の断面

図4－11　カエル胚の原基分布図

グループも一九七〇年代から、このような抽出物の研究に取り組んできました。

ところがこれらの抽出物には問題がありました。それは、まずカエルの初期胚から取られていないこと、そしていずれもたくさんの不純物を含んでいることです。実際に作用しているのは、抽出物の中のとても微量な因子でしょうが、これをきれいに精製して化学的性質を明らかにするのは、当時まだできませんでした。これらのことが障害となって、一九七〇年代後半には誘導因子の研究は下火になっていました。

けれども一九八〇年代の中頃になって、ほ乳類の培養細胞で、細胞増殖因子が増殖や分化を調節することが広く知られるようになってきました。細胞増殖因子はいまでも毎年新しい種類が報告されていますが、アミノ酸配列の類似性からグループ分けがなされ、それぞれ「**何々ファミリーに属する因子**」として分類されています。

また、八〇年代には遺伝子工学の技術により精製された細胞増殖因子が入手できるようになっていました。そして一九八七年にイギリスの**スラック**が、数種類のほ乳類の細胞増殖因子で中胚葉誘導活性を調べ、**FGF**（繊維芽細胞増殖因子）ファミリーの因子に活性があることを報告しました。これは中胚葉誘導因子として最初に同定されたタンパク質です。

スラックの実験の中では、低い濃度ではFGFが血球や間充織などの腹側の中胚葉を誘導し、濃度を高くするとわずかに筋肉をつくらせることが示されました。このことから、中胚葉誘導という複雑な現象を単一の物質が引き起こせること、そしてその物質の濃度に応じて異なった組織が誘導されることが明らかになりました。これはモルフォゲンの定義にぴったり合いますね。

ところが、不思議なことがありました。FGFではどれほど濃度を高くしてももっとも背側の中胚葉である脊索が誘導されませんでした。つまり、形成体をつくれないのです。ということはFGF以外の何らかの物質が背側の誘導には必要であるということになります。一九八五年に私たちが報告していたフナのウキブクロの抽出物は、脊索をつくらせることができました。ですからこの中には脊索を誘導できる何かが入っていたはずです。

一方、スラックの報告と同じ一九八七年に、同じくイギリスのスミスによってXTC細胞と呼ばれるツメガエルのオタマジャクシの培養細胞の培養上清（上澄み液）に高い誘導活性があることが報告されました。このXTC因子も卵から取られたものではありませんでしたが、ツメガエルの細胞に由来すること、活性が非常に高くて脊索まで誘導できることで大きな注目を集めました。

そしてさらに、いくつかの報告から、同じく細胞増殖因子であるTGF－β（形質転換増殖因子－β）ファミリーの因子になんらかの中胚葉誘導活性があることがわかってきたのです。

アクチビンで中胚葉をつくれるか

私たちの研究グループは、中胚葉を誘導する因子の研究をずっと続けてきました。はじめのころは、他の研究者たちと同様に、ニワトリ胚やフナのウキブクロの抽出物にある因子を探していましたが、活性のある単一の物質を精製することは、当時の技術ではとても困難でした。そこで一九八〇年代の中頃から、私たちはスラックたちとは別に、ほ乳類の培養細胞から誘導因子を取り出そうとしました。たくさんの細胞株の培養上清を調べた結果、数種類の細胞に強い中胚葉誘導活性を見出しました。そこでこれらの細胞にどのような物質が含まれているかを調べてみたところ、なんと、**アクチビン**というTGF－βファミリーの細胞増殖因子が入っていたのです。

さあ、次にやるべきことは決まっています。私たちは精製したほ乳類のアクチビンを用いて、アニマルキャップを処理してみました。その結果、アクチビンは非常に強い中胚葉誘導の活性をもっていました（図4－12）。この結果は本当に嬉しいものでした。

アクチビンは、ＦＧＦと同様に低い濃度では血球などの腹側の中胚葉を誘導し、濃くしていくと筋肉などの中間の中胚葉を誘導しました。ＦＧＦとの大きな違いは、濃度を高くすれば脊索と形成体もしっかり誘導することができるという点でした。また、さきほど「中胚葉誘導は、動物半球にある細胞の性質をより植物極側（内胚葉側）の性質をもつようにする現象と考えられる」と述べました。このことを実証するように、非常に高い濃度のアクチビンはアニマルキャップに内胚葉の組織をつくらせることもできました。「内胚葉誘導」をしたということです。

この時点でアクチビンは、すべての中胚葉を誘導できる唯一の物質でした。その後、世界の各地で前述の異種由来の因子についての研究が始められましたが、驚くべきことにいずれの因子にもアクチビンが含まれていることがわかりました。もちろんＸＴＣ因子にもです。

ＴＧＦ－βファミリーは、アクチビン、**インヒビン**、ＴＧＦ－β、**ＢＭＰ**（骨形成因子）、ショウジョウバエのｄｐｐなど、似た構造をもつ一群の細胞増殖因子で構成されています（108ページ図4－13）。ほ乳類のアクチビンは、脳下垂体前葉からの**ろ胞刺激ホルモン**（ＦＳＨ）の分泌を促進させる活性をもつ細胞増殖因子として発見されました。

アクチビンは、実際にはβ鎖と呼ばれる小さいタンパク質がふたつ結合している複合体（二量体）です。そして、インヒビンというものは、α鎖とβ鎖からできた二量体で、アクチビンの

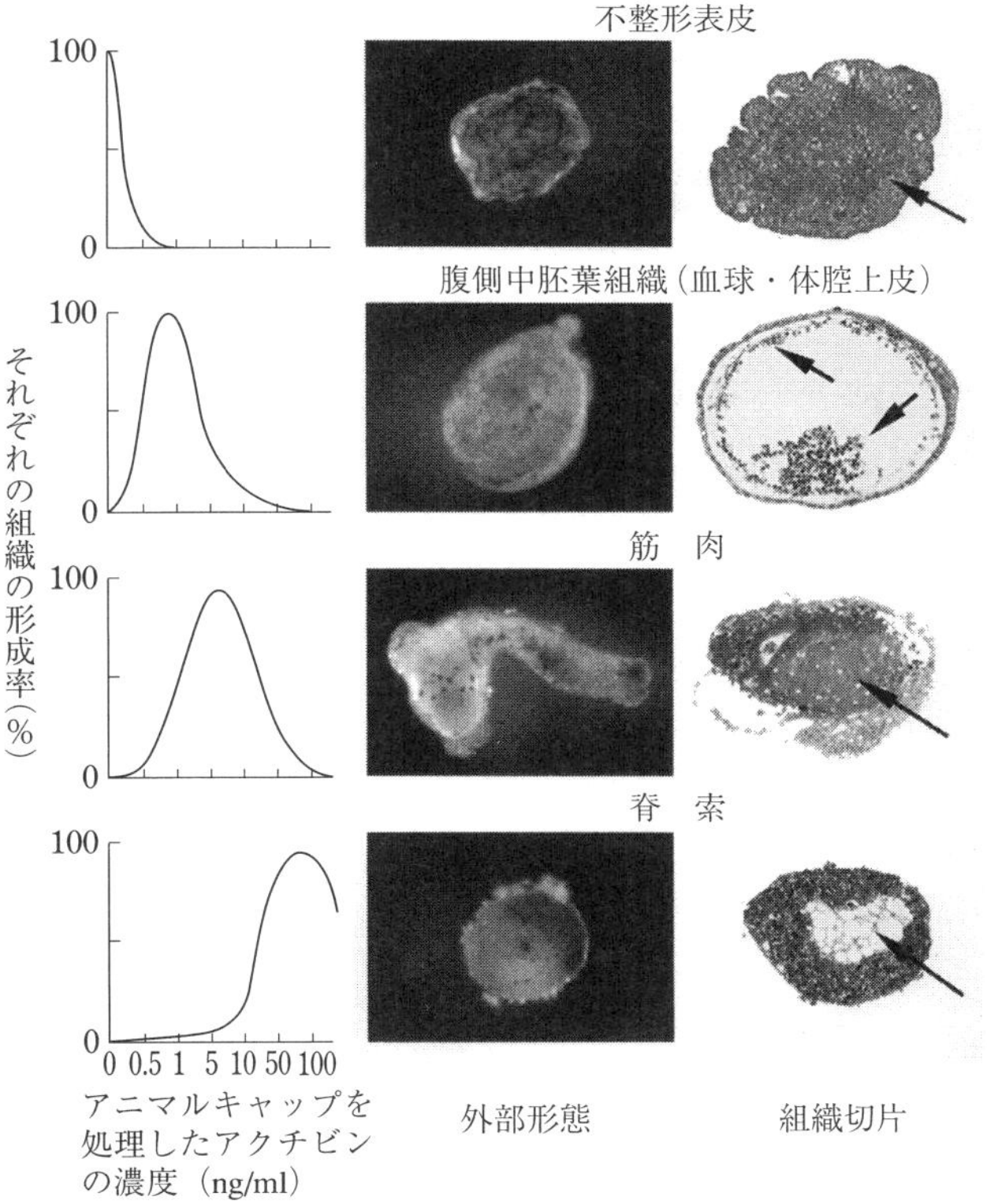
不整形表皮
腹側中胚葉組織（血球・体腔上皮）
筋　肉
脊　索
100
0
それぞれの組織の形成率（%）
0 0.5 1 5 10 50 100
アニマルキャップを処理したアクチビンの濃度（ng/ml）
外部形態
組織切片

図４−12　アクチビンによる組織形成　（浅島ら原図）
アニマルキャップを処理するアクチビンの濃度が低いと表皮や腹側の中胚葉が、高いと筋肉や脊索などの背側の中胚葉が形成されるようになる

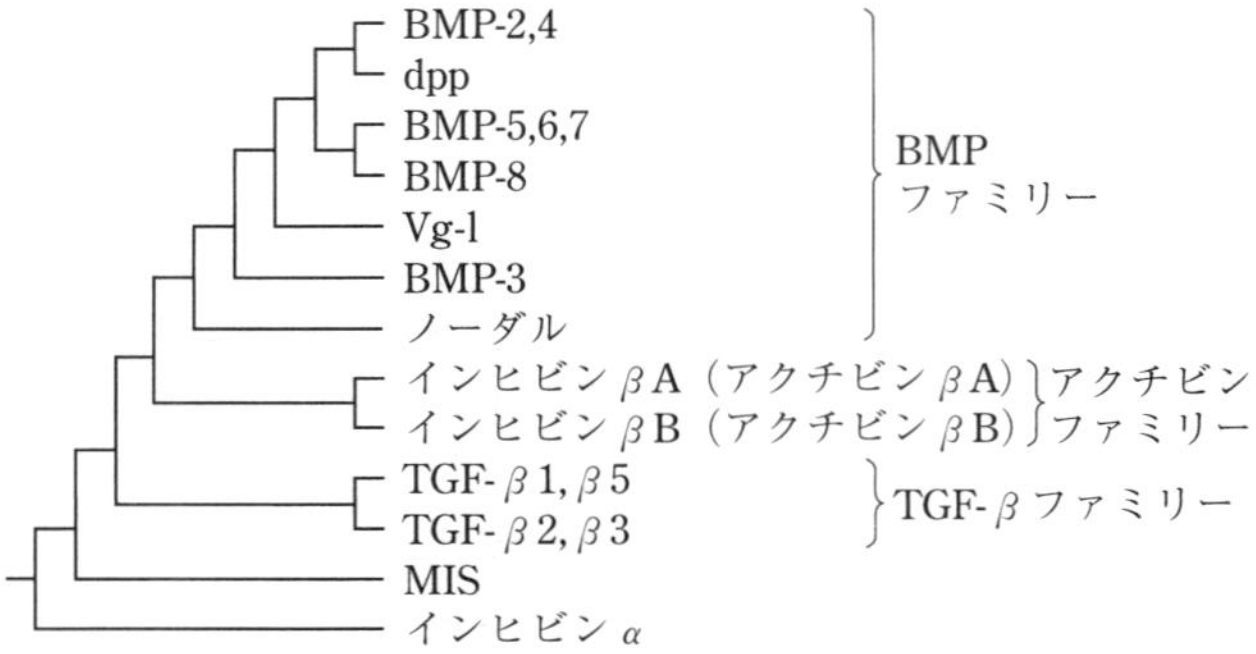
BMP-2,4
dpp
BMP-5,6,7
BMP-8
Vg-1
BMP-3
ノーダル
インヒビンβA（アクチビンβA）
インヒビンβB（アクチビンβB）
TGF-β1, β5
TGF-β2, β3
MIS
インヒビンα
BMP
ファミリー
アクチビン
ファミリー
TGF-βファミリー

図4―13　ＴＧＦ-βファミリーの細胞増殖因子

兄弟のような分子です。ところが、アクチビンはＦＳＨの分泌を活性にする（アクチベーション）のに対して、インヒビンは分泌を抑制する（インヒビション）のです。つまり、半分は同じ構造なのに、両者はまったく逆の作用をするということです。おもしろいでしょう？　中胚葉誘導についても、アクチビンに高い活性があるのに、インヒビンはほとんど効果がありませんでした。細胞増殖因子というものはとても複雑な働き方をするということがわかります。

ここで、アクチビン以外のいくつかのＴＧＦ-βファミリーの因子の名前を記憶にとどめてください。**Ｖｇ-１**、ＢＭＰ、**ノーダル**（nodal）はこれから先も出てきます。

また、体内にはアクチビンと結合する**フォリスタチン**というタンパク質も存在します。フォリスタチンが結合するとアクチビンの働きは阻害されるので、この物質が体内でアクチビンの働きを調節していると考えられています。これも覚えておいてください。

アクチビンは卵の中に存在するか

以上のように、六〇年以上も世界中で探し続けられた、形成体をつくることのできる物質がようやく見つかりました。ではＦＧＦやアクチビンは、本来の中胚葉誘導因子、つまりカエルの胚で実際に中胚葉をつくっている因子と同じなのでしょうか。

ここまでの実験で使ったＦＧＦもアクチビンも、ほ乳類の細胞から抽出されたものです。ツメガエルからとった因子でないということにおいては、以前の骨髄やウキブクロの物質と変わりありません。私たちは、これらの細胞増殖因子がカエルの胚にも存在し、発生過程で働いていることを、どうしても確かめなくてはなりませんでした。卵に存在しない物質が、たまたま性質が似ているために、よく似た現象を実験で引き起こしたという可能性も考えられるからです。

何らかの物質が本当の誘導因子であることを証明するためには、最低限ふたつの条件を満たす必要があります。ひとつは、機能できるタンパク質としてツメガエルの初期胚に存在することです。このためには、中胚葉誘導よりも早い時期に、その因子そのもの（タンパク質）もしくはその因子のもとになるｍＲＮＡを卵で検出しなくてはなりません。

これが満たされたとすると、ふたつめの条件は、発生過程で実際に働いていることの証明です。

この因子が胚になければ中胚葉ができないことを示すのです。このためには、どうにかして胚の中にもともとあるはずの因子の働きを邪魔しなくてはなりません。因子が阻害されると中胚葉ができなくなることを示せばよいのです。

私たちは、アクチビンが本当の因子であることを示すために、まず、そもそもツメガエルという生き物が、アクチビンの遺伝子をもっているかという点から確かめることにしました（一九九〇年）。その結果、アクチビンの遺伝子は確かにカエルのゲノムに存在しました。そしてその遺伝子配列を調べると、ほ乳類のアクチビンととてもよく似た配列（相同配列）であることがわかりました。ということは、できあがるタンパク質がよく似ているのです。このように進化的に安定であるとき、その物質は脊椎動物の存在に共通して必要なものと考えられます。

これでアクチビンがツメガエルの卵の中で何らかの働きをしている可能性が高くなりました。次は、果たしてそれが中胚葉誘導にかかわっているか、が問題です。

これを確かめるためには、誘導が起こるときに、機能できるアクチビンが胚に存在するかどうかを調べる必要があります。アニマルキャップで実験した限りでは、植物半球の細胞が「誘導能をもつ時期」も、動物半球の細胞が誘導に「応答能をもつ時期」も初期卵割期以前（三二～一二八細胞期）であることがわかっています。これが実際の中胚葉誘導とほぼ同じ時期であるとすると、この時期以前に、誘導因子が成熟した形で植物半球に存在しなくてはなりません。わざわざ

「成熟した形」というのは、アクチビンタンパク質がまだつくりかけの形で存在している可能性もあるからです。成熟しているというには、ｍＲＮＡに転写され、翻訳と加工を終えてβ鎖二本でできた二量体にまでなっていることが必要です。

ではまず、いつアクチビンのｍＲＮＡがつくられているかについて考えましょう。卵で転写が盛んに起こる時期は、大きくふたつに分けられます。最初は、すでにお話ししたように卵形成のあいだに母性ｍＲＮＡが卵巣の中でつくられるときです。その後、受精から卵割期にかけてはあまり転写が起こりません。

次の大規模な転写の時期は、胞胚の中期（受精から一二回卵割したとき）を過ぎてからです。この時期、胚ではドラマティックな出来事が起こります。細胞の運動性が急激に高まる、細胞分裂の同調性が乱れる、いろいろなｍＲＮＡの合成が一斉に開始される、ということがまとまって起こるのです。この現象は「**中期胞胚変移**（ＭＢＴ）」と呼ばれ、これ以降につくられるｍＲＮＡは、母親由来ではなく、母親と父親から来た遺伝子の両方から転写されます。つまり胚のＤＮＡを鋳型として転写されたものなので、「**ゲノムｍＲＮＡ**」と呼ばれます。中胚葉誘導因子が初期卵割期までにタンパク質の形で卵の中に存在するためには、どうしても胞胚の中期より前に転写が起こらなくてはなりません。

ところがアクチビンのゲノムｍＲＮＡは早くても胞胚の後期からしか転写されず、アクチビン母性mRNAは卵の中に存在しないことが報告されました。ということは、中胚葉誘導が胚の中で起こるはずの卵割期（三二〜一二八細胞期）には卵にアクチビンのmRNAが存在しないことになります。これは問題です。アクチビンは中胚葉誘導と関係ないのでしょうか。

そこでアクチビン以外になにかがあるのではないかということになりました。候補として考えられたのは、同じTGF－βファミリーに含まれる、BMPに似たVg－1という因子の母性mRNAです。これは一九八七年にメルトンによって報告されたもので、卵形成期に蓄えられ、胞胚期には植物半球に分布していることがわかっていました。しかし、困ったことに、Vg－1のmRNAを卵に注入しても胚にほとんど変化が起こらず、また人工的に合成したVg－1タンパク質はあまり中胚葉誘導活性をもっていませんでした。このためこの因子も中胚葉誘導因子の本体であるという確証が得られませんでした。

どうしてもアクチビンmRNAが見つからないのですから、もしアクチビンが作用しているとすれば、可能性はタンパク質の形でアクチビンが存在することしかなくなりました。つまり母親の体内のどこかであらかじめタンパク質として合成され、それが卵形成のあいだに卵母細胞に送り込まれるということです。そこで、私たちは未受精卵と胞胚からタンパク質を取り出すことにしました。これは、数万個の卵をスタートに、当時最新の機械を用いて精製を繰り返す、たいへんな作業でした。

その結果、両方の卵から中胚葉誘導活性をもつアクチビンが抽出できたのです（一九九一年）。これでようやく、アクチビンが中胚葉誘導の時期より前に卵の中に存在することがはっきりしました。アクチビンが「本来の中胚葉誘導因子」である可能性が高くなってきたのです。この報告は非常に大きな反響を呼びました。

では、このアクチビンタンパク質はどこでつくられ、どうやって卵に運び込まれるのでしょうか。このことについて、まず一九九三年のほぼ同じ時期に、アメリカのふたつの研究室から報告がありました。彼らはアクチビンがつくられているのが卵巣内のどこかであると考え、卵巣の切片でアクチビンmRNAの局在を調べたのです。その結果、アクチビンのmRNAが、卵巣内の「**ろ胞細胞**」という細胞で転写されていることが明らかになりました。これは卵母細胞を取りまいて、栄養を供給している細胞です。このことから、アクチビンが卵母細胞の中ではなく、ろ胞細胞で合成されて、タンパク質の形で卵母細胞に送り込まれる可能性が出てきました。

そして私たちが調べたところ、卵黄の主成分である**ビテロジェニン**というタンパク質が、アクチビンにとても高い親和性をもっていることがわかりました（一九九四年）。くっつきやすいということです。ビテロジェニンは肝臓で合成され、血流を介して卵巣に送り込まれます（次ページ図4－14）。ということは、血液中のアクチビンがビテロジェニンに結合し、まとめて卵に運び込まれるということが考えられます。

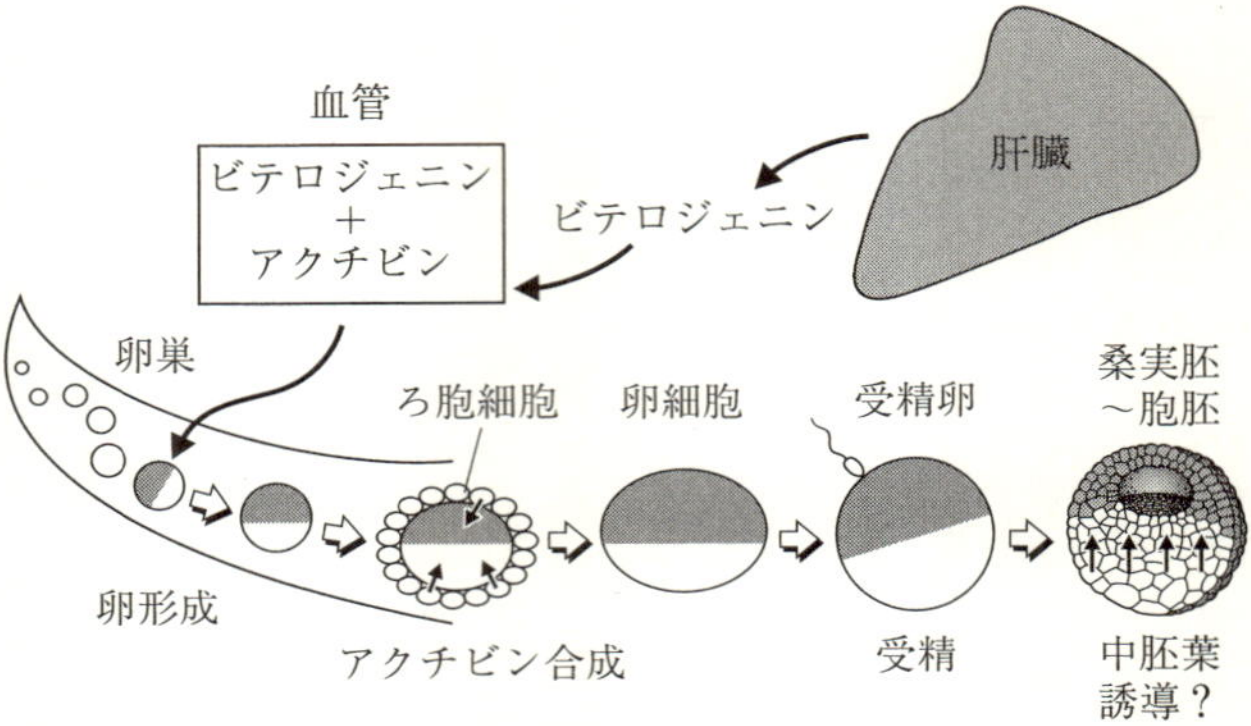
血管
ビテロジェニン
＋
アクチビン
ビテロジェニン
肝臓
卵巣
ろ胞細胞
卵細胞
受精卵
桑実胚
〜胞胚
卵形成
アクチビン合成
受精
中胚葉
誘導？

図４－14　卵形成期に起こるビテロジェニンとアクチビンの蓄積

そこでアクチビンを特別な方法で染め、電子顕微鏡で卵の中の分布を観察してみました。するとアクチビンは卵黄の粒（卵黄小板）に取り込まれていることがわかりました。卵黄の粒は、卵が受精し、卵割が進行するにしたがって使われ、壊れていきます。アクチビンは、このとき遊離し、細胞の外へ分泌されていくと予想できます。

アクチビンは中胚葉形成に必要か

ここまでに述べたことから、アクチビンが卵形成の時期にタンパク質として卵母細胞に蓄えられることは間違いありません。では、本来の誘導因子としての二番目の条件、胚の中胚葉形成に必要であるか否かについてはどうでしょうか。

細胞増殖因子が作用するときには、標的細胞の細胞膜上に固有のレセプター（受容体）タンパク質が

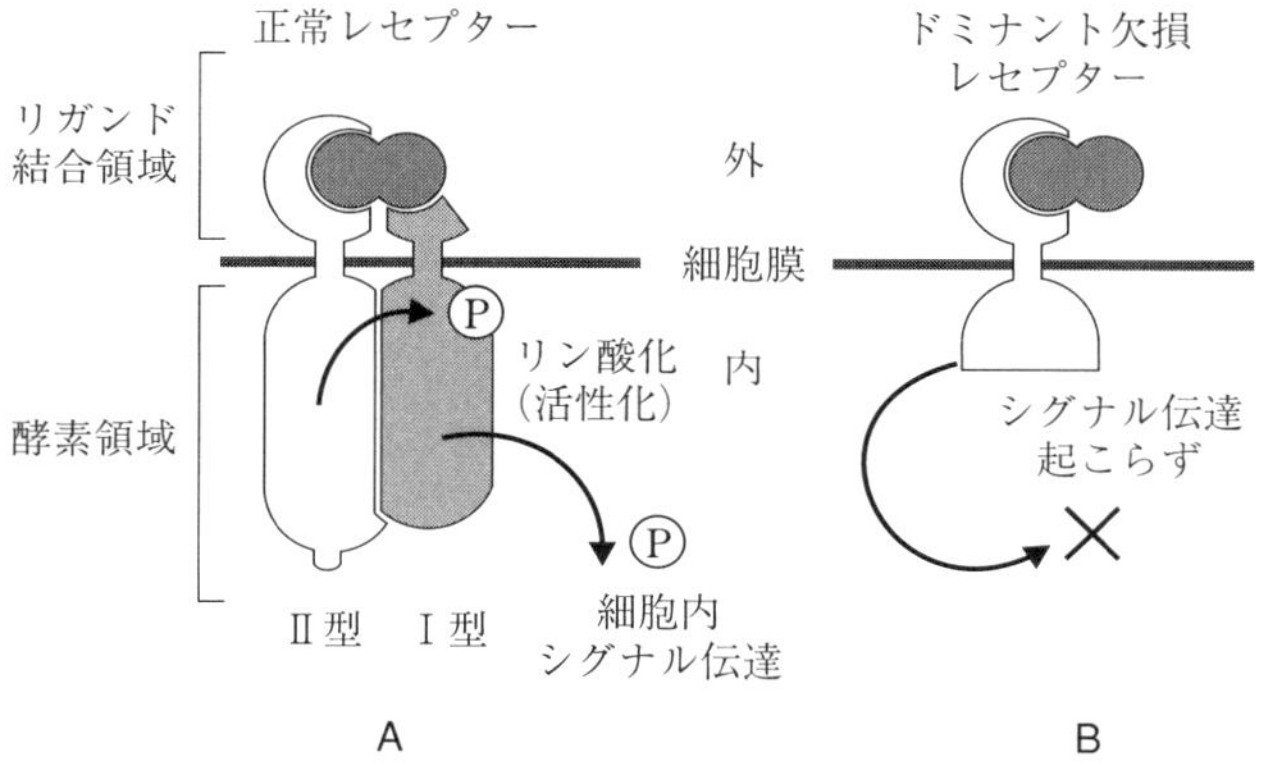
正常レセプター
ドミナント欠損
レセプター
リガンド
結合領域
外
細胞膜
P
リン酸化
(活性化)
内
酵素領域
P
II型
I型
細胞内
シグナル伝達
シグナル伝達
起こらず
A
B

図４—15　アクチビンレセプターとドミナント欠損レセプター

必要なことはすでにお話ししました。レセプターの細胞外に出ている部分がリガンド（増殖因子）と結合し、内側に出た部分が酵素として働き、これが引き金となって標的細胞の中でさまざまな化学反応が起こっていくのです（51ページ図２－４）。このような「シグナル伝達」が正常に起こらなければ、増殖因子の機能は発揮されません。ですから卵にある中胚葉誘導因子の機能を調べるためには、そのシグナル伝達経路を阻害し、中胚葉形成への影響を観察すればよいことになります。

そこで、機能を阻害するために、人工的につくった「**ドミナント欠損レセプター**」というものを使います（図４－15B）。これは、いわば見てくれだけの、にせレセプターです。このにせレセプターのmRNAをインジェクション法によって細胞に注入すると、翻訳されて一応レセプターのタンパク質ができます。ところがリガンドが結合しても、その先の反応を進ませられません。酵素として機能する一番大事な部分を削ってあるからです。このようなにせレセプターを大量に細胞に入れると、リガンドが誤って結合してしまい、正常なレセプターに結合するリガンドの数が不足してしまいます。その結果、因子に対する細胞の応答が正常なときに比べてとても弱くなるのです。このドミナント欠損レセプターを使うことで、その因子が生体内でいったいどのような役割を果たしているかがわかってきます。

レセプターのmRNAを用いてアクチビンの役割を最初に示したのは、アクチビンの正常なレセプターとドミナント欠損レセプターのmRNAを胚に入れた実験でした（一九九二年）。この結果、正常レセプターのmRNAをたくさん入れた胚には二次胚が形成され、ドミナント欠損レセプターのmRNAを入れた胚には中胚葉と体軸の異常が見られました。「ほら、アクチビンが必要だ」、ということになったのです。

ところがその後データが集まるにつれ、アクチビンが中胚葉形成に必須であるか否かは、結論が二転三転しています。重要であるかもしれませんが、これが唯一の必要十分な誘導因子とはいえなくなりました。事態はとても複雑だったのです。

実は、アクチビンのシグナル伝達にかかわるレセプターは、ひとつではありませんでした（前ページ図4－15A）。Ⅰ型とⅡ型の二種類のレセプターがあり、このふたつが相互作用する必要があるのです。さきほどお話ししたレセプターのｍＲＮＡを入れる実験では、Ⅱ型レセプターを使っていました。ところがその後、アクチビンのⅡ型レセプターが何種類もの他のＴＧＦ－βファミリーの因子とも反応することがわかったのです。ということで、アクチビンのドミナント欠損Ⅱ型レセプターが何を邪魔していたのか全然わからなくなりました。

しかし、中胚葉誘導因子を捕まえるには、とにかくＴＧＦ－βファミリーの因子のシグナル伝達因子を理解することが先決です。

誘導因子の相互作用

中胚葉誘導因子の研究が世界的に行われるようになってから、十数年が経過しました。誘導因子の正体がまったくわからなかったころに比べると、細胞増殖因子のいずれかという具体的な候補があがってからの進展は著しいものがあります。

さまざまな因子のシグナル伝達の機構が解明されるにつれて、胚の中で中胚葉を誘導するという現象の解釈は変化しています。どうも単純に一種類の物質では説明できないようなのです。

中胚葉を誘導すると最初に報告されたＦＧＦは、ｍＲＮＡ、タンパク質、レセプターのいずれも最初から卵細胞にあることが明らかになっています。またＦＧＦのドミナント欠損レセプターを用いた実験では、体の後部および側方部の形成が阻害されることが報告されています。どちらのことがらもＦＧＦが中胚葉をつくるために必要であることを強く示唆しています。また、アクチビンのシグナル伝達と、ＦＧＦのシグナルの相互作用が必要であることも報告されました。ＦＧＦとアクチビンが重複した経路を通って誘導を行っているということです。ですからＦＧＦとアクチビンは分離できない関係なのかもしれません。

そして、ここ数年の研究から、中胚葉形成にかかわる別なＴＧＦ-βファミリーの因子がいくつかわかってきました。ＢＭＰ（骨形成因子）とノーダル（ツメガエルのノーダルはXnr）です。いずれもアニマルキャップ検定での中胚葉誘導活性は低いのですが、インジェクション検定でその効果を見ることができます。ＢＭＰは、腹側の中胚葉をつくるのに必要なのですが、中胚葉を誘導するのではなく、中胚葉の性質を腹側に変える力をもっています。そしてノーダルは、後ほどお話ししますが、実際に背側の中胚葉を誘導できることから注目されている因子です。また、胚の後部の中胚葉形成に重要な役割を果たしているといわれるデリエール（Derriere）という因子も見つかっています。中胚葉のパターンは、このようにさまざまな因子が複合的に作用しなくてはできあがらないようです。これからまだまだいろいろ出てくる可能性もあります。

中胚葉誘導因子の正体は？　という問いに対して現時点（二〇〇三年）での答えを出しておくなら、「アクチビンやノーダルのようなＴＧＦ-βファミリーの因子とＦＧＦとが共同で働くことが必要である」というところになるでしょう。はじめに思っていたよりもこの現象ははるかに

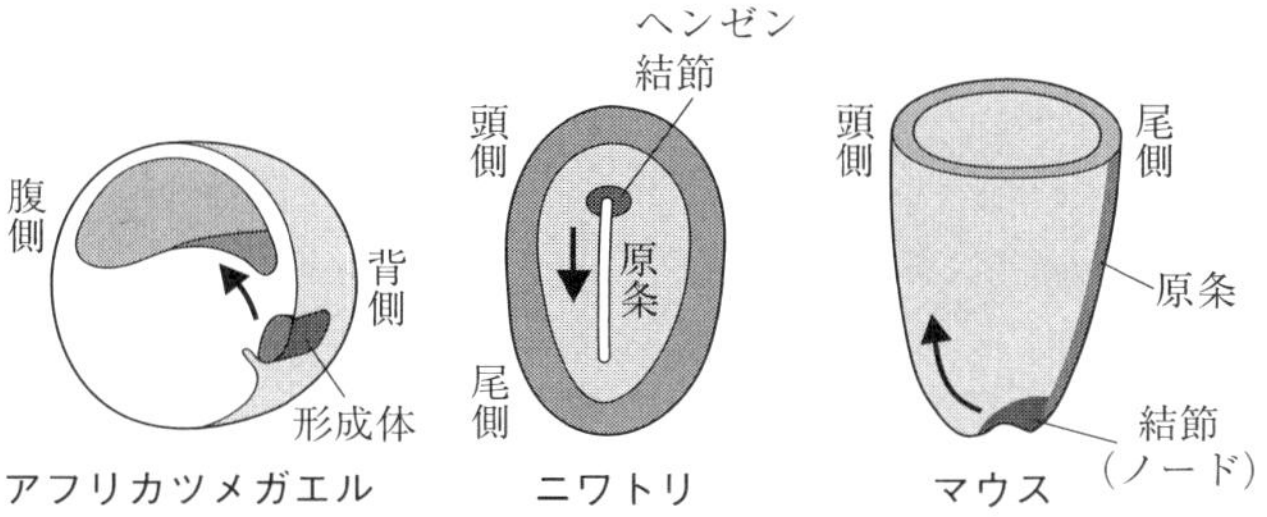
ヘンゼン
結節
頭側
尾側
原条
頭側
尾側
原条
結節
（ノード）
腹側
背側
形成体
アフリカツメガエル
ニワトリ
マウス

図４－16　脊椎動物の形成体
カエルの形成体に相当するのは、ニワトリのヘンゼン結節、マウスの結節（ノード）である。矢印は原腸陥入の方向を示す

複雑で、たくさんの因子がかかわっています。けれどもレセプターがどう関与するかがわかっていけば、いろいろなＴＧＦ－βファミリーの因子の機能の違いが明らかになっていくと思われます。

この本ではカエルの話しかしませんが、形成体に相当する部分はどの動物にもあります（図４－16）。ＴＧＦ－βファミリーの因子は、多くの動物の体づくりで同様に重要な働きをしていることがわかってきました。そういえば、ハエではＢＭＰに似たｄｐｐという因子が体軸形成にかかわっています。ＴＧＦ－βファミリーによる基本的な形態形成は普遍的なものといえそうです。

次の章では、このような誘導因子やレセプターが何をして、そこにどのような遺伝子がかかわっているかについて具体的にお話しします。いわば体づくりの「分子メカニズム」です。

質問！

問い…誘導因子の濃度が違うと、どうして違う組織になるんですか？　同じ物質を同じ細胞にかけるのだから、同じ組織ができあがるのが自然だと思うのですが。

答え…アクチビンには、Ⅰ型とⅡ型の二種類のレセプターがあると言いましたが、実際にはⅠ型が二種類、Ⅱ型が四種類もあります。まず低濃度では、「結合しやすい」タイプのレセプターに結合し、その下流のシグナル伝達が作動します。中濃度ではそれに加えて「やや結合しやすい」レセプターに結合し、高濃度になると、「結合しにくい」レセプターにも結合するようになります。各々のレセプターは、細胞内の異なるタンパク質と反応して、それぞれに対応した遺伝子の特異的な分化を引き起こすと考えられます。

また、同じ濃度のアクチビンに対して、細胞によって応答する能力の違いがあると思います。アニマルキャップの中の細胞は、必ずしもすべて均質な細胞が含まれているわけではありません。内側か外側か、かつ背側か腹側か、という少なくとも四種類の異なった細胞があります。ちょうど酵素に最適pHがあるように、おそらくそれぞれの細胞には、外からのシグナルに対して適応反応能があるのです。

誘導が起こるときに重要なのは、細胞外のレセプターの種類と量、細胞内ではレセプターと結びついたタンパク質の種類と量、さらにはシグナルを伝えるときに働く遺伝子群で、これも濃度によって働きが違うのです。つまり、細胞分化は細胞全体の応答能と質（レセプターと細胞内の状態）によって決まると考えられます。

第5章 体軸をつくる「分子」

5―1 背腹軸の決め方

背側と腹側を決める因子

この章では、動物の三つの体軸、すなわち背腹軸・頭尾軸・左右軸を決定する分子（遺伝子）について、研究の進んでいるカエルを主な題材としてお話しします。実は、このテーマは、発生生物学の最先端なので、簡単に説明するのはなかなか困難です。これまでの四章分に比べて、どうしても複雑な話になりますが、各項の最後に「まとめ」をつけますので、理解の助けとしてください。

話を始める前にはっきりさせておきたいのは、「○○因子（タンパク質）」の性質です。「分泌タンパク質」といったら、アクチビンのように、ある細胞が外へ分泌して、他の細胞のレセプターと結合するものです。そして、「転写制御因子」といったら、細胞質で翻訳されたあと核に入り、他の遺伝子の転写のスイッチを入れるものです。ですから他の細胞に直接働きかけることはありません。

では、三つの体軸のうち背腹軸の原型がどのような物質によってできるかということから始めましょう。

最初に確認します。中胚葉は、植物極側の細胞が帯域（赤道域）の細胞に誘導を行うことでつくられます。そして、その結果、背側と腹側の中胚葉が別々にできます。ここで重要なのが、ニューコープセンターという部分です。96ページで述べたとおり、背側の植物半球には、ニューコープセンターと呼ばれる背側を誘導できる特別な領域があって、これが形成体の誘導にかかわっていると考えられています。つまり、背側の誘導因子を含んだ細胞質が植物半球の背側にあるということです。以下では、この細胞質でいったい何が起こっているかを考えていきます。

そもそも、どうすれば背側と腹側の中胚葉を別々につくれるでしょう。可能性は三つ考えられます（次ページ図５－１）。もっとも単純なのは、①背腹で別々の中胚葉誘導因子があり、腹側誘導因子は腹側の、背側誘導因子は背側の中胚葉を誘導すること。次は、②すべての中胚葉を誘導できる、一種類の誘導因子の濃度分布が背腹で異なっていること。そして最後は、③分泌され

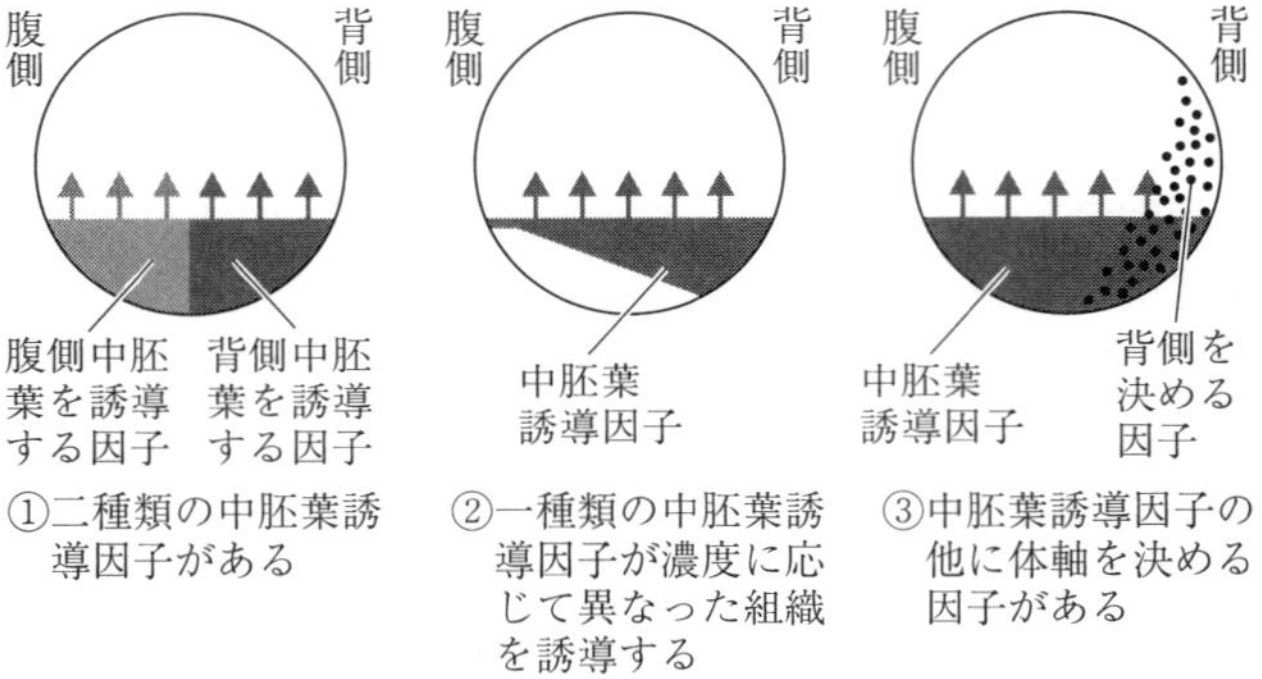
腹側
背側
腹側中胚葉を誘導する因子
背側中胚葉を誘導する因子
①二種類の中胚葉誘導因子がある
腹側
背側
中胚葉誘導因子
②一種類の中胚葉誘導因子が濃度に応じて異なった組織を誘導する
腹側
背側
中胚葉誘導因子
背側を決める因子
③中胚葉誘導因子の他に体軸を決める因子がある

図5－1　背腹軸をつくる3つのモデル

る誘導因子は種類も濃度も共通で、これ以外に「背中にする因子」もしくは「腹にする因子」といった体軸を決める因子がつくられていることです。

ここまで、ＦＧＦが腹側中胚葉を、アクチビンがすべての中胚葉を誘導できること、いずれも濃度が高いほど、より背側の組織を誘導することをお話ししてきました。とすると、①と②の可能性が十分ありうるように思えます。種類か量の違う誘導因子が卵の中でかたよって存在していれば、背腹のパターンがつくれるからです。けれども初期胚の中で、少なくともアクチビンやＦＧＦがかたよっているということは報告されていません。むしろ均一に分布しているようです。となると、すべきことは限られてきます。とにかく「背側でも腹側でもいい、かたよっているものを探せ」です。

では③の可能性、つまり片側でなんらかの体軸決定

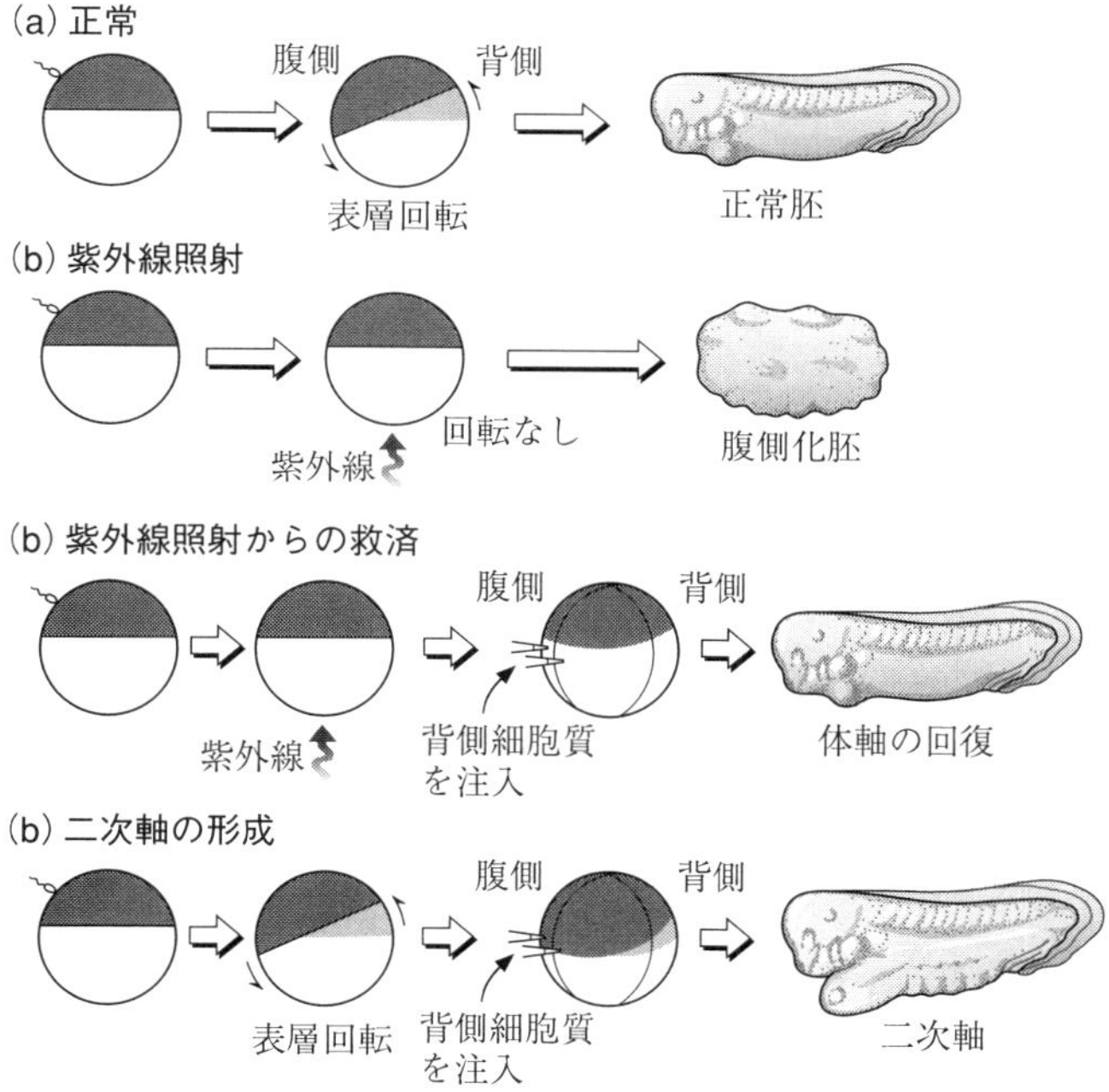
(a) 正常
腹側
背側
表層回転
正常胚
(b) 紫外線照射
回転なし
紫外線
腹側化胚
(b) 紫外線照射からの救済
腹側
背側
紫外線
背側細胞質
を注入
体軸の回復
(b) 二次軸の形成
腹側
背側
表層回転
背側細胞質
を注入
二次軸

図5－2　背側決定因子の作用

因子が働いているというのはどうでしょうか。これについては、現実的な候補を考えることができます。第4章のはじめにお話しした「背側決定因子」です。この因子は、第一卵割の前に表層回転によって植物極端から背側に運ばれ、そこで活性化されます。

どうしてそんなことがいえるのか説明しないといけませんね。受精した胚に、第一卵割の前に紫外線を照射すると表層回転が阻害されることはお話ししまし

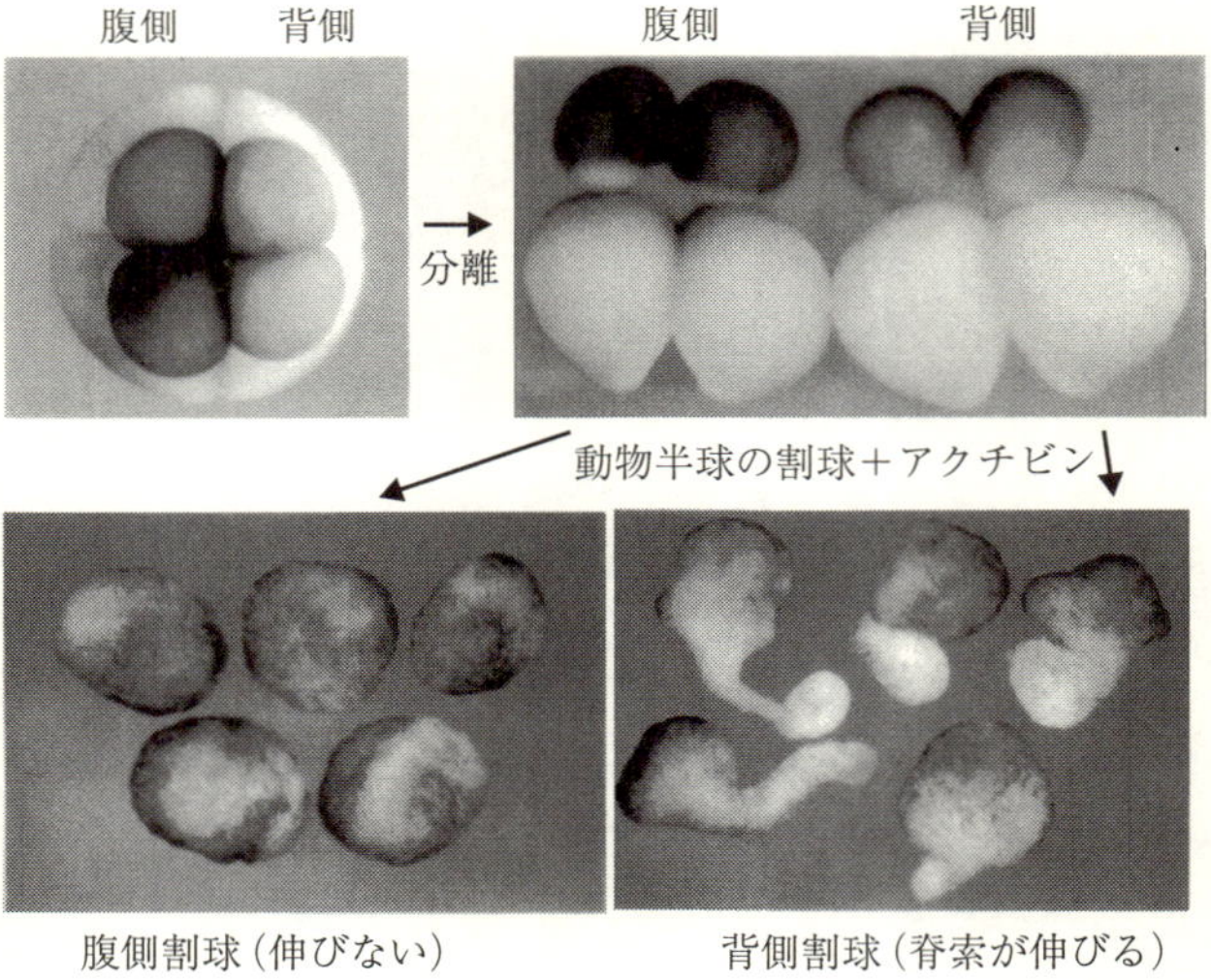

腹側
背側
腹側
背側
分離
動物半球の割球＋アクチビン
腹側割球（伸びない）
背側割球（脊索が伸びる）

図５－３　背腹の割球の応答の違い　（木下原図）

た。そうすると、背腹軸のない（腹側化した）ダルマのような形の異常胚に育つのです（前ページ図５－２）。ところがこの時期に他の胚から背側の細胞質を抜き取ってどちら側かに注入すると、背腹軸が回復します。また、この細胞質を他の正常な胚の「腹側」に注入すると二次胚ができるのです。この背側決定因子が体軸の決定にかかわっていることはおそらく間違いありません。

背側決定因子がどのような働きをしているかという手がかりが、アニマルキャップ検定で得られます。以前からアニマルキャップの細胞は未分化の細胞だと言ってきましたが、これは厳密に言うと正しくありません。未分化なのですが、何の決定もされていないわけではないからです。胞胚期のアニマルキャップを背側と腹側に切り分けてからアクチビンで処理すると、腹側中胚葉は両側の細胞からできてきますが、背側中胚葉は背側の細胞からしか分化しません。つまり背側の細胞は特別な反応をするのです。この現象は、背腹のパターンがあらかじめできているという意味で、**プレパターン**と呼ばれます。

私たちはこのプレパターンがいったいいつ胚にできるのかを知りたいと思いました。表層回転のときなのか、それとももっと後なのか。そこで発生段階をさかのぼり、８細胞期に動物半球の割球を背側と腹側に分けて、アクチビンで処理してみました（図５－３）。動物半球の割球だけでは中胚葉はできないはずですが、アクチビンによって、背側の割球だけが背側中胚葉をつくりました。このことから、プレパターンは「中胚葉の誘導はしないが背側の性質をもたせる」という背側決定因子が、受精のすぐ後に働いて生じたと考えられます。

この項のまとめ

背側の中胚葉を誘導するニューコープセンターの形成には、背側決定因子がかかわっている可能性がある。背側決定因子は受精する前は植物極付近にあり、受精直後の表層回転によって背側に移動する。

背側決定因子の正体

次に、この背側決定因子がどんな分子か、という問題を考えていきましょう。これは最初の体軸を決めるので、非常に重要な物質です。その正体をつきとめるために、いろいろな実験が行われました。インジェクション検定を用いて、「腹側に注入すれば二次胚をつくらせる何か」を胚から探していくのです。

本当のところ、背側をつくれる物質は何種類かあります。けれどもそのなかで注目を集めたのは、**ウィント**（Wnt）という分泌タンパク質でした。ウィントの遺伝子は、ショウジョウバエで体節の決定にかかわるウィングレス（Wg）という遺伝子やマウスの乳ガンにかかわるイント（int-1）遺伝子によく似たものです。

ツメガエルのウィントタンパク質の働きを調べるために、そのｍＲＮＡを人工的に合成し、初期胚の腹側に注入する実験が行われました。その結果、完全な二次胚ができました。頭部まできちんとあるものです（図５－４）。ちょっとすごいことだと思いませんか。一種類のｍＲＮＡをほんのちょっと入れると、頭のふたつあるオタマジャクシになるのですから。この実験によって、ウィントが背側を決定できることがわかりました。

このウィントをスタートとするシグナル伝達の経路のことを、ウィントシグナルと呼びます。その後ウィントの下流でシグナル伝達にかかわっている分子が次々と明らかにされましたが、そのなかの多くが腹側に注入すると二次胚をつくらせることができました。このような中間の分子は、シグナル伝達の経路の途中から割り込んで、つまりバイパスして先の反応を進ませることができるからです。

では、これでウィントが背側決定因子といえるでしょうか。問題は「初期胚の背側にかたよっているかどうか」でしたね。残念ながらウィントのかたよりはありませんでした。

けれどもその後、ウィントとは別に、背側に明確にかたよって存在している物質が浮上しました。それは**β－カテニン**というタンパク質で、古くから細胞の選別や接着にかかわる分子として知られていたものでしたが、実はこれが体軸の決定にかかわる重要なタンパク質だったのです。

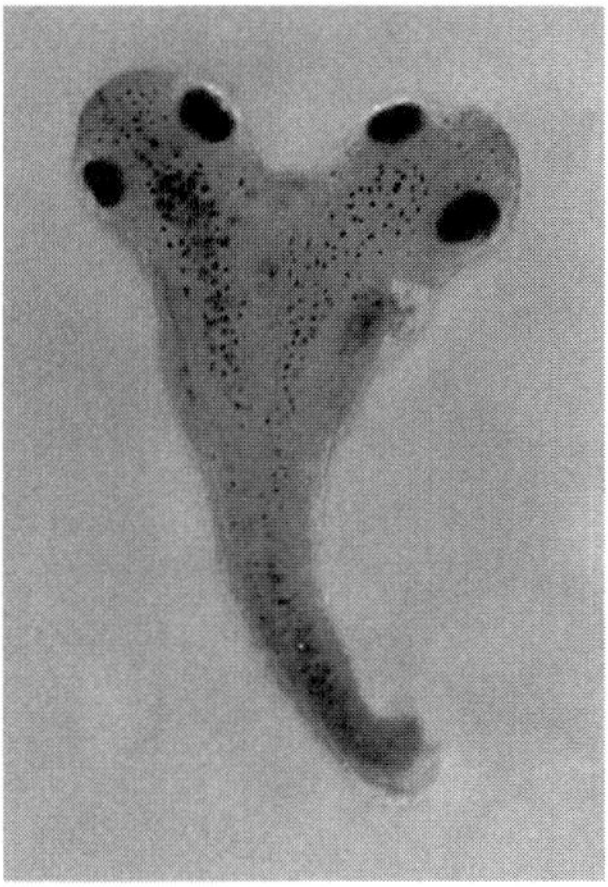

図５－４　ウィントmRNAのインジェクションで生じた双頭胚　（福井ら原図）

β－カテニンは、卵割期のあいだ徐々に胚の背側に増えていきます。そして卵割期のおわりにはニューコープセンターにだけ蓄積されています。何かありそうですね。そこで、β－カテニンのタンパク質を腹側に注入してみると、みごとに二次胚ができたのです。そして、もともと胚にあるβ－カテニンｍＲＮＡが働かないような処理をすると、背側の構造ができなくなりました。

実際には、β-カテニンは細胞の接着などのほか、核の転写因子としても働くことができる多機能のタンパク質です。そして、これがウィントシグナルに関与する物質だったのです。

ここでマウスの細胞などで見られる一般的なウィントシグナルの流れを説明します（図5-5）。あらかじめ次のことを覚えておいてください。**GSK-3**というものがありますが、これは酵素で、β-カテニンを分解してしまうものです。そして**ディシェベルド**というのは、GSK-3の阻害剤として働くタンパク質です。ということは、ディシェベルドが働けばGSK-3は働けないのでβ-カテニンが働く。ディシェベルドが働かなければGSK-3が働いてβ-カテニンが分解されてしまう、ということです。

順を追って図を見ると、まずウィント因子は細胞膜にあるレセプター（Frizzled（フリズルド）という名前がある）に結合して、細胞膜の下にあるディシェベルドにシグナルを伝えます。するとディシェベルドが活性化され、GSK-3が働かないのでβ-カテニンは分解されません。β-カテニンは転写制御の働きをもっているので核に入り、Tcfという転写因子と共同して新しい遺伝子の発現を引き起こします。この反応系が動かないときは、β-カテニンが分解されてしまい、転写反応は起こりません。

ところがカエルの胚の中は、この図と少し状況が違います。さきほど言ったように胚には背側

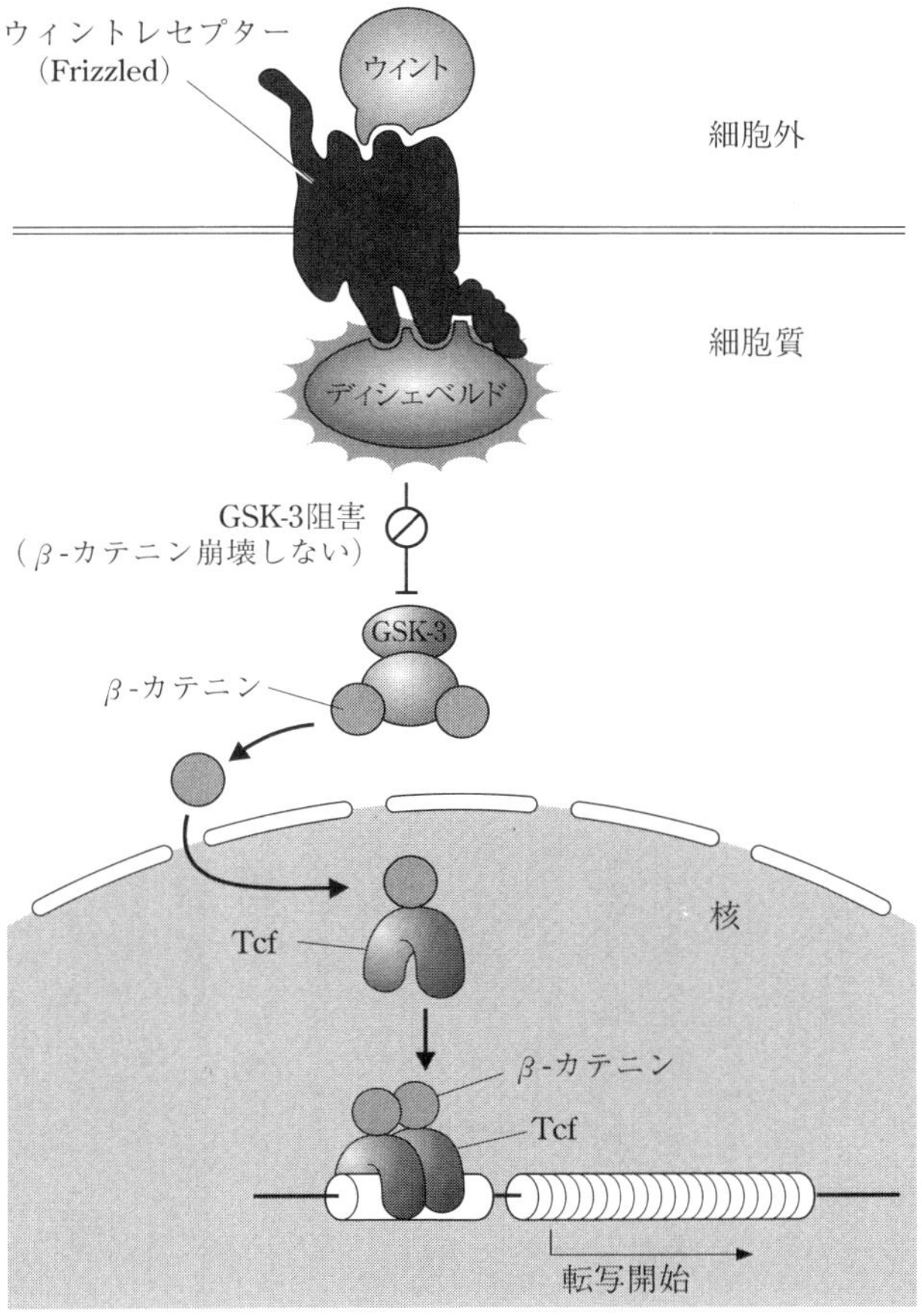
ウィントレセプター
（Frizzled）
ウィント
細胞外
細胞質
ディシェベルド
GSK-3阻害
（β-カテニン崩壊しない）
GSK-3
β-カテニン
核
Tcf
β-カテニン
Tcf
転写開始

図５－５　一般的なウィントシグナルの伝達経路

にかたよったウィント因子がありません。ですから反応のスタートは、ウィントではないと考えられます。それなら、β－カテニンが最初から背側にたくさんあってバイパスしているのかというと、そうではないようです。β－カテニンは、受精直後は胚全体で合成されているのです。ということは、どうやら、β－カテニンが胞胚期までに背側に集まるしかけに秘密があるようです。

さかのぼって調べていくと、背側決定の鍵になるのはディシェベルドらしいということがわかってきました（図5－6）。このタンパク質は、もともと未受精卵の植物極端の表層にある小さな袋の中に入っています。そして受精すると、表層回転で背側に運ばれます。これは、背側決定因子と同じ動きですね。

ディシェベルドはGSK－3の阻害をするので、これの豊富な胚の背側では、β－カテニンが分解されずに安定に蓄えられていきます。けれども腹側はディシェベルドが少ないので、β－カテニンがGSK－3に分解されてしまいます。それでβ－カテニンが背側にだけたくさん残るというわけです。背側のβ－カテニンは、Tcf-3という転写因子と共同で新しい遺伝子の転写を引き起こすと考えられます。

β－カテニンとTcf-3の複合体は、背側決定にかかわるいくつかの遺伝子のプロモーターに結合します。そのうちのひとつ、**シャモア**（siamois）**遺伝子**は重要です。受精した胚の表層回転を紫外線で阻止すると、背側ができなくなると言いましたが、その場合この遺伝子は転写されな

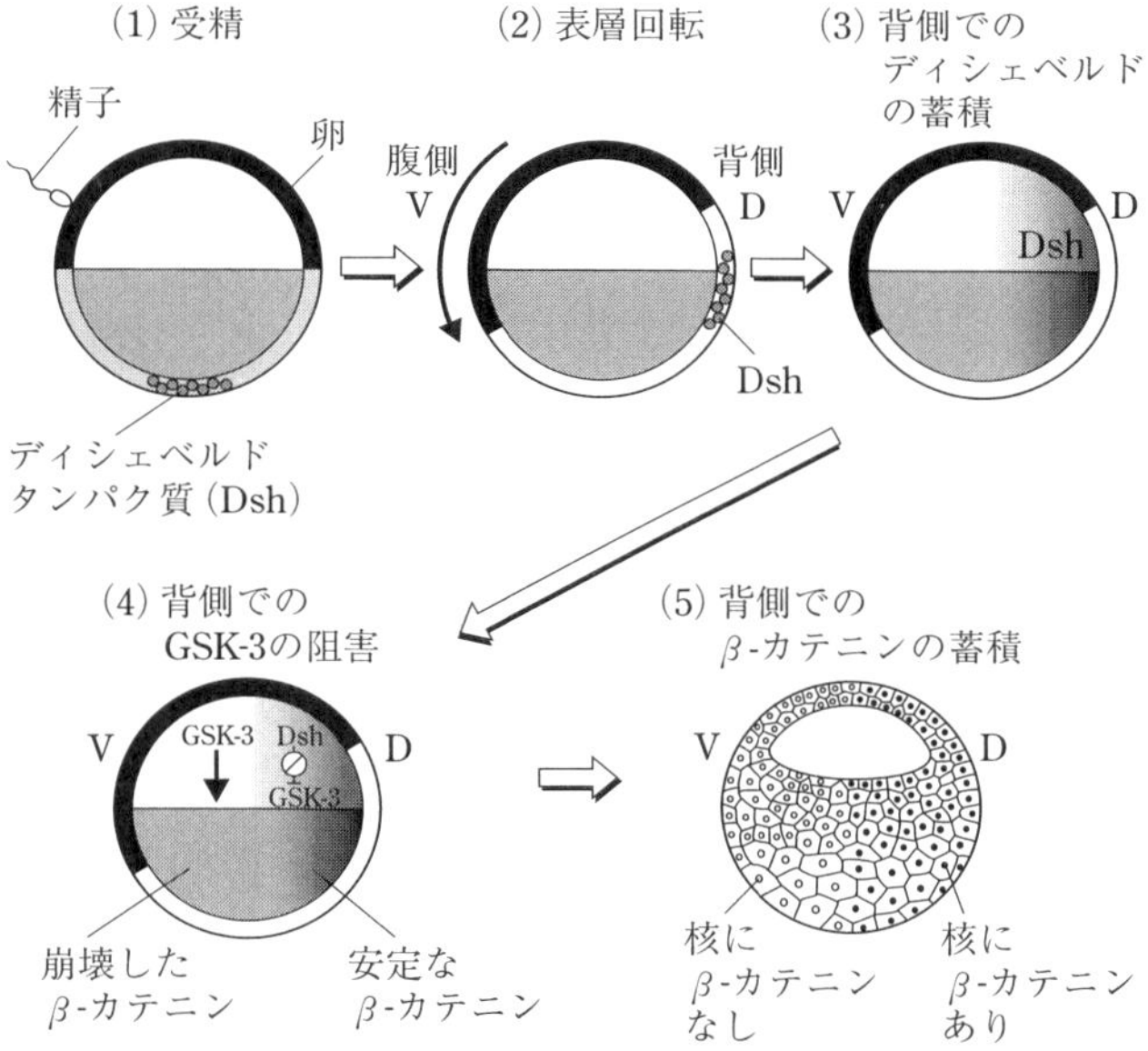
(1) 受精
精子
卵
ディシェベルド
タンパク質 (Dsh)
(2) 表層回転
腹側
背側
V
D
Dsh
(3) 背側での
ディシェベルド
の蓄積
V
D
Dsh
(4) 背側での
GSK-3の阻害
V
D
GSK-3
Dsh
GSK-3
崩壊した
β-カテニン
安定な
β-カテニン
(5) 背側での
β-カテニンの蓄積
V
D
核に
β-カテニン
なし
核に
β-カテニン
あり

図5－6　カエル胚でのウィントシグナル

くなります。これは、おそらくディシェベルドがβ－カテニンを働かせることができず、シャモアの転写を活性化しないためでしょう。そして、シャモア遺伝子のmRNAを腹側に注入すると二次胚ができます。シャモア遺伝子からつくられるタンパク質も転写制御因子なので、次の段階で形成体の働きをになう他の遺伝子の転写を引き起こすと考えられます。

これで一応背側のつくり方がわかったのですが、反対側、つまり腹側の形成については、TGF－βファミリーのBMPという因子が必要なこともわかっています。

インジェクション法で、ＢＭＰが背側でたくさん働くようにすると頭や脊索のない「腹側化」した胚になるからです。またＢＭＰが腹側で働かないような阻害を行うと、二次胚がつくられます。

ＢＭＰが何をするかは非常に重要です。ＢＭＰの遺伝子の発現は、腹側の植物極に限らず、「形成体以外の場所すべて」です。ということは、ウィントシグナルの働かない所。このことからは、「ウィントシグナルがＢＭＰの働きを阻害」して背側の決定をしていることがわかります。

この項のまとめ

背側決定因子はウィントシグナル系のどこかに関係している（らしい）。最初に背側にかたよっているのはウィントシグナルの下流のディシェベルドで、その後、背側化を実行するのはβ－カテニンである。

腹側の決定はＢＭＰが行う。ＢＭＰはウィントシグナルに阻害されるため、胚の中でウィントシグナルの少ない部分が腹側になる。

ニューコープセンターの正体

では、次に中胚葉誘導の話に進みましょう。

ひとりの日本人が
一生のあいだにする
ウンチの量は約５トン

ブルーバックス

円周率π

π =

3.1415926535897932384626433
832795028841971693993751058
209749445923078164062862089
986280348253421170679821480
865132823066470938446095505
822317253594081284811174502
841027019385211055596446229
489549303819644288109756659
334461284756482337867831652
712019091456485669234603486
104543266482133936072602491
412737245870066063155881748
815209209628292540917153643
678925903600113305305488204
665213841469519415116094330
572703657595919530921861173
819326117931051185480744623
799627495673518857527248912
279381830119491298336733624
406566430860213949463952247
371907021798609437027705392
17176293176752384674818……

シャモアタンパク質は、背側の中胚葉である形成体をつくるのに必要です。ところが実際には、シャモアだけでは形成体はできません。中胚葉をつくるためには、もちろん中胚葉誘導が必要だからです。背側を決定し、かつ中胚葉を誘導できる細胞が、植物半球の背側にあるニューコープセンターです。中胚葉誘導因子については、前章で延々とTGF－βファミリーの因子の話をして、ノーダルが有望だと言いましたね。では、どうしてノーダルなのでしょうか。

ことの始まりは母性mRNAです。卵形成のあいだにランプブラシ染色体からできたmRNAをこう呼ぶのでした。これらは発生の初期のあいだに必要なタンパク質のmRNAなので、非常にたくさんの種類があります。そしてそのなかには、形づくりの最初のきっかけとなる重要なものが必ず含まれているはずです。前章でアクチビンの母性mRNAを必死で探したり、Vg－1のmRNAに注目したのもそういう理由です。

転写された母性mRNAのほとんどは、卵成熟が終わったとき受精卵の植物極側の皮層に集まっています。このなかに、**VegT**という遺伝子のmRNAがありました。VegTのmRNAは受精後もずっと植物半球にあるのですが、実は、これがとても重要だったのです。

VegTタンパク質は、内胚葉の決定因子です。どういうことかというと、これがなければ内胚葉ができないのです。まず、もともと胚にあるVegTが働かないよう阻害をすると、内胚葉のない胚になります。そしてVegTのmRNAを動物極側にたくさん注入すると外胚葉になるはずの

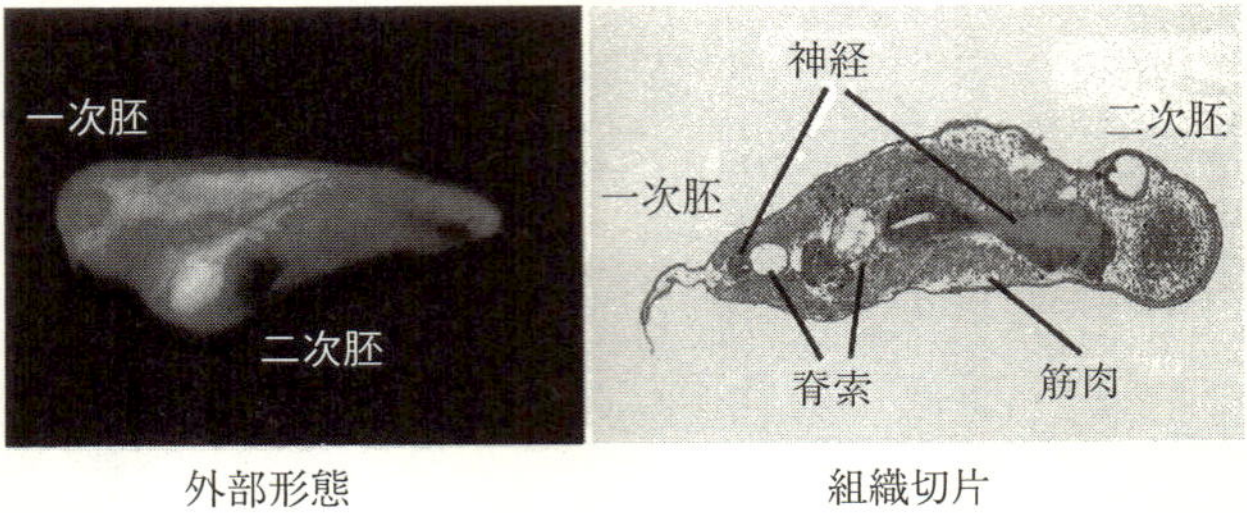
一次胚
二次胚
外部形態
神経
二次胚
一次胚
脊索
筋肉
組織切片

図5－7　Xnr mRNAのインジェクションで生じた二次胚
Xnrは背側中胚葉を誘導できるので、注入すると二次胚ができる

（高橋ら原図）

部分が内胚葉と中胚葉になってしまいます。

ということは、これが中胚葉誘導因子ではないのかと思う人もいるかもしれませんが、ちょっと違うのです。VegTのタンパク質は、核の中で働く転写因子なので、分泌されて他の細胞に働きかけることはできません。ですから考えられるのは、この転写因子によって直接、もしくは間接的に転写させられ、翻訳されたタンパク質が中胚葉誘導因子だということです。それが、TGF－βファミリーのノーダル（Xnr）やデリエール（Derriere）なのです。

ノーダル因子はたくさんの種類があり、私たちはそのなかで、**Xnr5**, **Xnr6** というものの遺伝子を取りました（図5－7）。ノーダルの遺伝子は、中胚葉誘導をするのにぴったりの時期（胞胚期）に、ぴったりの場所（植物半球）で発現しています。そして中胚葉誘導の活性があり、ノーダルの阻害剤を入れておくと中胚葉ができなくなってしまいます。ノーダルは、アクチビンと同じレセプターを使い、

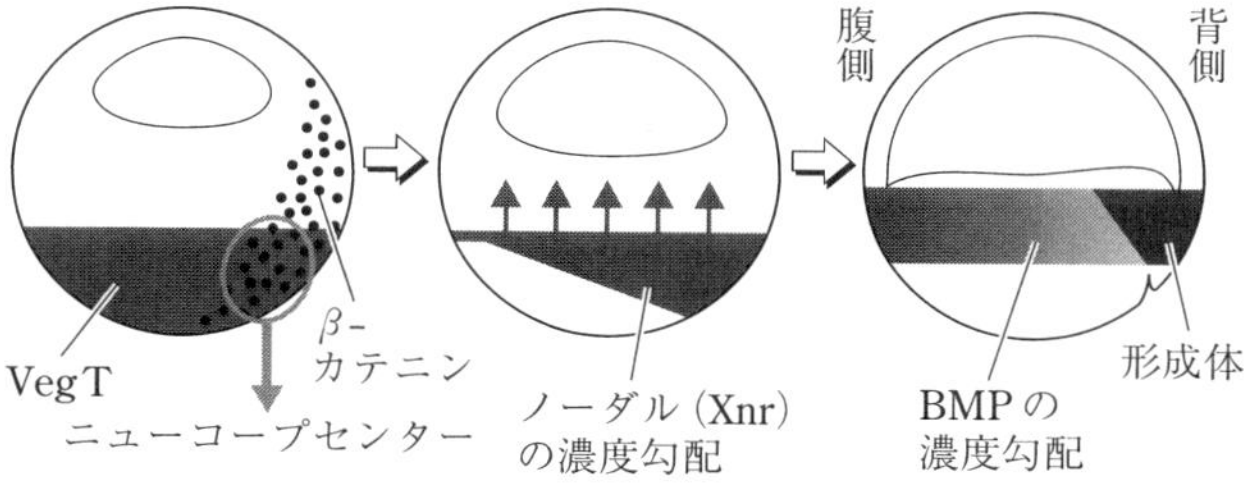
(A) 初期胞胚
(B) 後期胞胚
(C) 初期原腸胚
腹側
背側
β-カテニン
VegT
ニューコープセンター
ノーダル(Xnr)の濃度勾配
BMPの濃度勾配
形成体

図5－8　VegTとβ-カテニンによるノーダル（中胚葉誘導因子）の局在化

同じシグナル伝達の経路を使うので、アクチビンがそっくりの作用を示したのは当然のことだったのです。

また、一番新しく報告された**デリエール**因子はVg－1に似たものですが、ノーダルと協調して中胚葉誘導をしているといわれています。デリエールの発現の仕組みは複雑で、他のTGF－βファミリーやFGFの反応系を介した調節を受け、胚の後部の形成に必要だといわれています。

ノーダルが有力な中胚葉誘導因子であるという根拠は、後期の胞胚で背側から腹側にかけて濃度勾配をもって発現していることにあります。これは前々項（123ページ）で言った、背腹軸形成のモデルの「②すべての中胚葉を誘導できる、一種類の誘導因子の濃度分布が背腹で異なっていること」にぴったり相当するではありませんか。

そこで、ノーダルの濃度勾配がどうやってできるかということがポイントです。実は、これはVegTとβ－カテニンとの共同作業なのです（図5－8）。β－カテニンがたくさんある背側ではVegTがノーダルをたくさん発現させ、β-カテニンが少ない腹側では少ししかノーダルが発現しない。だから背腹で発現量の勾配ができるということです。つくられたノーダルは、少ししか発現していなければ腹側中胚葉を、たくさん出ていれば形成体（背側中胚葉）をつくるようになります。つまり、このβ-カテニンとVegTがちょうど両方含まれているところこそ、ニューコープセンターに相当するというわけです。

この項のまとめ

中胚葉誘導に主要な役割をしている因子はアクチビンによく似たノーダルである可能性が高い。ノーダルは濃度に依存して背腹の中胚葉をつくることが可能で、背側の植物半球でたくさんつくられ、腹側では少量しかつくられない。ノーダルのたくさんつくられているところがおそらくニューコープセンターであると考えられる。ここには内胚葉決定因子のVegTと背側を決定できるβ-カテニンの両方がふんだんに含まれている。

中胚葉誘導のシグナル伝達

次は、中胚葉誘導が起こったらどうなるか、を見ていきましょう。

繰り返しますが、誘導には誘導する細胞と応答する細胞の二種類が必要です。誘導する細胞から分泌された誘導因子（リガンド）は、応答能をもつ細胞の膜にあるレセプターに結合します。するとやがて、核の中で遺伝子の発現（転写と翻訳）が新しく始まります。ここでは、中胚葉誘導因子の可能性が高いＴＧＦ－βファミリーの因子がレセプターに結合してから起こることについて話しましょう。

ＴＧＦ－βファミリーは細胞の増殖、分化などの多様な生命現象に関与しています。働きはそれぞれ異なっているのですが、すでに述べたように、そのメンバーはどれも同様な方法でシグナルを細胞内へ伝えると考えられています。ＴＧＦ－βファミリーのレセプターが機能するには、いずれもⅠ型とⅡ型の二種類のレセプターの相互作用が必要です（115ページ図４－15Ａ）。そしてレセプターの働きとは、タンパク質をリン酸化して活性化することです。

はじめにアクチビンなどの因子がⅡ型のレセプターに結合すると、Ⅱ型レセプターはⅠ型レセプターをリン酸化します。そしてリン酸化されたⅠ型レセプターは細胞内の何らかのタンパク質をリン酸化して活性にします。これに引き続いて細胞内でさまざまな反応が連鎖的に進行し、結果的に新しい遺伝子の転写が開始されるのです。中胚葉誘導では、因子が働いてからすぐに発現が起こる遺伝子を「**初期応答遺伝子**」と呼びます。

ＴＧＦ－βファミリーのシグナル伝達の研究の目的は、Ⅰ型レセプターの下流にあるシグナル

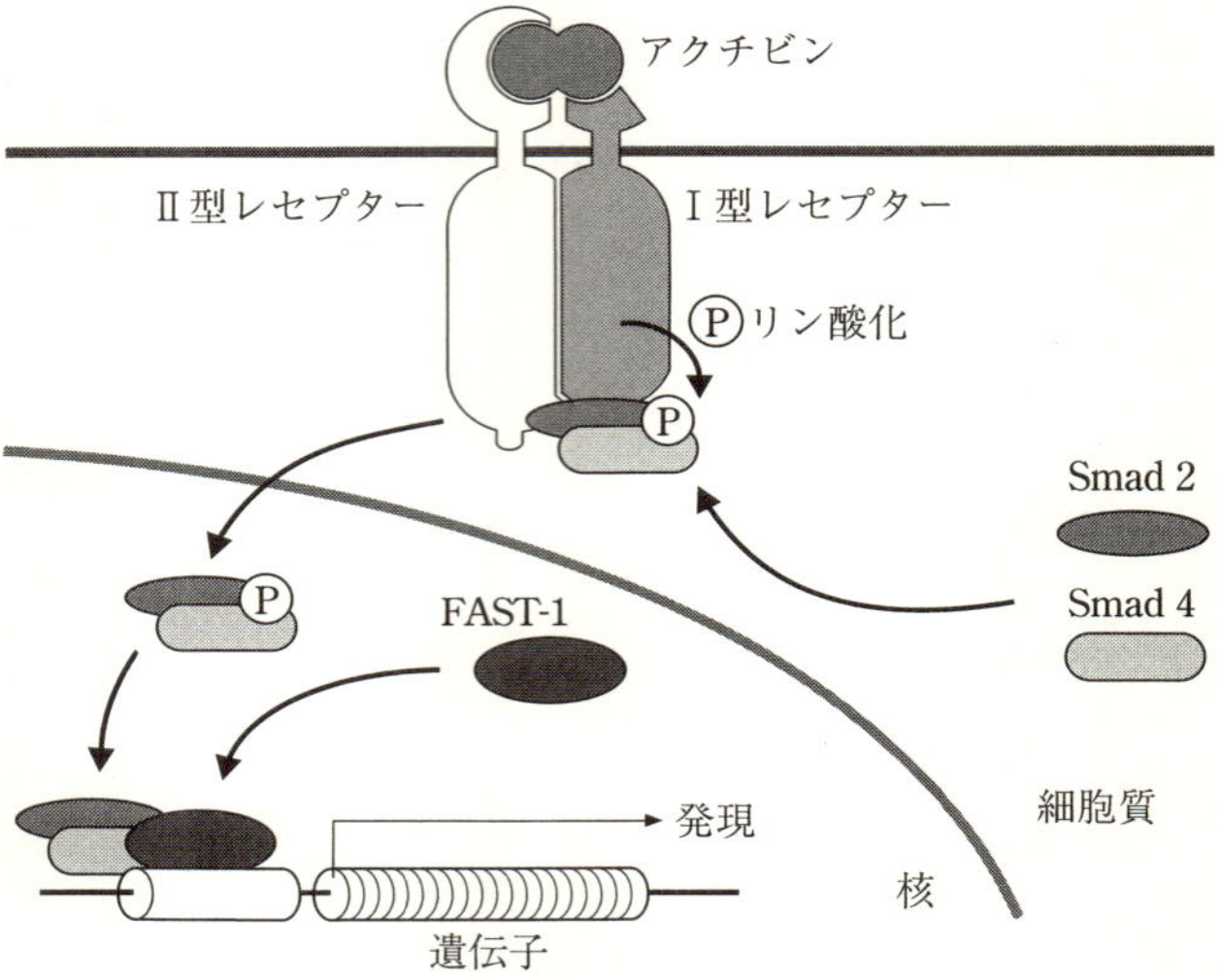
アクチビン
Ⅱ型レセプター
Ⅰ型レセプター
Pリン酸化
P
Smad 2
Smad 4
P
FAST-1
発現
細胞質
核
遺伝子

図5－9　Smadを経由するシグナル伝達

分子をつかまえることです。ここには、ウィントシグナルで見たのと同じようにたくさんの分子がかかわっていますが、なかでも重要なのは、**Smad**（スマッド）という一群のタンパク質です。

Smadの遺伝子は、ショウジョウバエのMad（マッド）遺伝子に相同な遺伝子としてツメガエルから取り出されました。ハエのMadは、ハエのTGF－βファミリーに含まれるdpp（decapentaplegic）因子のシグナルを伝えるタンパク質と考えられています。

そこで、Smadをツメガエル卵に注入してみました。すると、案の定、アクチビン処理をしなくてもアニマルキャップに中胚葉が形成されたのです。これは、おそらくレセプターを介さずシグナル伝達がバイパスされ、Smadが核に情報を伝えて遺伝子の転写を引き起こしたものと考えられます（図5－9）。

Smadタンパク質の特徴は、異なった種類のSmadが異なった種類の誘導を仲介することです。Smad1はBMPのシグナルと同様に腹側の中胚葉を誘導し、Smad2はアクチビンやノーダルのように背側中胚葉を誘導します。いまではたくさんの種類のSmadが報告されており、相互に複合体をつくり、FAST-1（ファスト）という因子と共同で働くこともわかってきました。

ひとつのリガンドがレセプターに結合して始まったシグナルの伝達は、きわめて多様な影響を及ぼしていきますが、この経路にかかわる因子も莫大な種類を含んでいることがわかってきました。シグナル伝達で起こるさまざまな反応系について、現在着々と解析が行われています。

この項のまとめ

TGF－βファミリーの因子がレセプターに結合すると、下流でさまざまな分子の活性化が起こり、「初期応答遺伝子」の発現を引き起こす。この経路に含まれるSmadという因子が、直接的に中胚葉を誘導することができることがわかった。

中胚葉誘導で発現が起こる遺伝子

さあ、誘導因子がレセプターに結合し、新しい遺伝子の発現が始まりました。遺伝子発現は、細胞分化の始まりです。

胚の中で新しい転写制御因子が合成されると、このタンパク質は次の遺伝子の転写を始めさせます。そしてまた新しいタンパク質が次の転写を制御する……というように、細胞の分化は、多段階的な遺伝子発現がドミノ倒しのように起こって進行します。このような調節が全身において順次起こり、最終的に筋肉、神経、内臓といったさまざまな器官の形成を引き起こしていると考えられます。

では、体づくりのはじめのころ、どの時期の胚のどの部分にどんな遺伝子が発現しているかを見ていきましょう。発現の時期と位置は胚から直接ｍＲＮＡを検出できるインシトゥハイブリダイゼーションという方法で調べられました（第２章58ページ参照）。

胚にはもともと母性ｍＲＮＡが豊富に蓄えられていて、初期の卵割のあいだはあまり転写が起こりません。胚の中で転写が盛んに始まるのは、胞胚の中期からあとです。胚が自分でつくる、この新しいｍＲＮＡはゲノムｍＲＮＡと呼ばれます。ひとたびゲノムｍＲＮＡの転写が始まると、それ以降、固有の時期に固有の場所で遺伝子の発現が入れ替わり立ち替わり起こるようになります。これらの遺伝子の研究も盛んに行われ、たくさんの種類が知られていますが、詳しい話をし

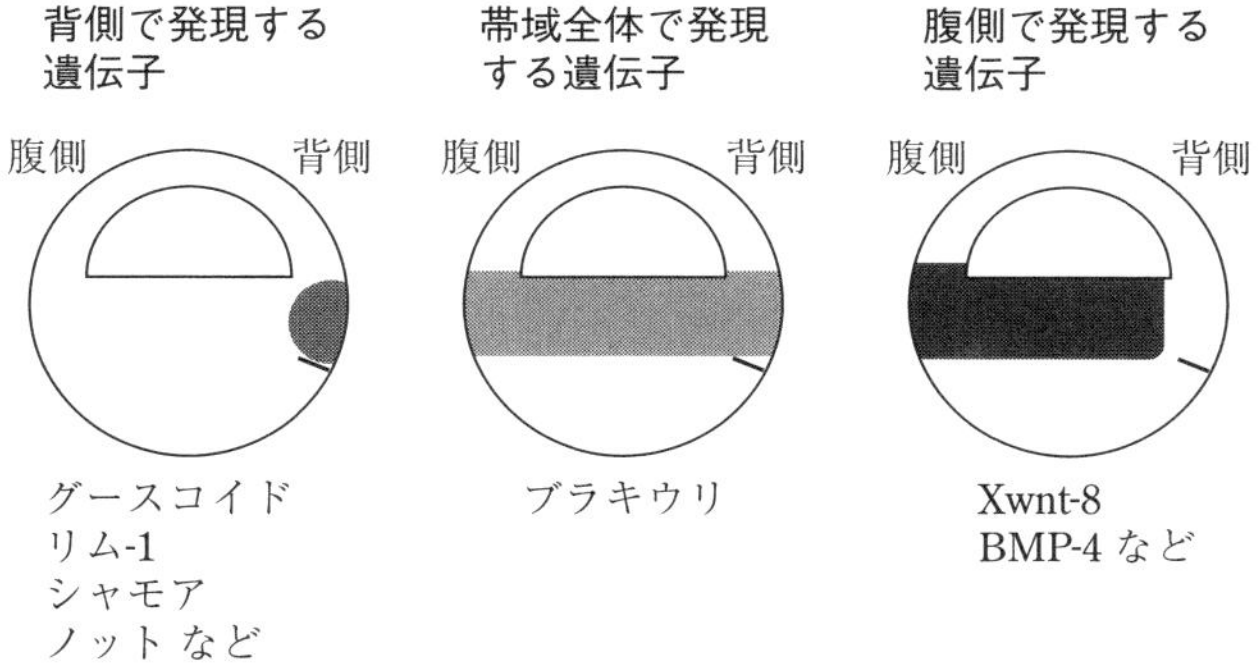
背側で発現する遺伝子
帯域全体で発現する遺伝子
腹側で発現する遺伝子
腹側
背側
腹側
背側
腹側
背側
グースコイド
リム-1
シャモア
ノット など
ブラキウリ
Xwnt-8
BMP-4 など

図５−10　胞胚期における部域マーカー遺伝子の発現

ていくと複雑になってしまうので、ここではごく一部についてだけお話しします。

胞胚期に新しく転写されるｍＲＮＡの多くは、帯域、つまり誘導を受けて中胚葉になる部分で見られます（図５−10）。これらは帯域全体で見られるもの、形成体の領域（背側）だけで見られるもの、形成体以外の領域（腹側）だけで見られるもの、に大別されます。転写されたｍＲＮＡは、細胞がこれからどのようなものに分化していくかというマーカー（目印）になります。

帯域全体で転写の起こる初期応答遺伝子には**ブラキウリ**（Xbra）があります。ブラキウリタンパク質も、遺伝子の発現を引き起こす転写因子ですが、中胚葉形成に直接的にかかわっているためにたいへん重要です。

実験でブラキウリのｍＲＮＡを胚に注入すると、少量では間充織（かんじゅうしき）のような腹側の中胚葉を、多量では筋肉を誘導できます。これはちょうど中胚葉誘導因子の濃度を変えて作用させたときと同じことが起こっているわけで、ブラキウリの発現量が中胚葉誘導の強さに直接比例することを示しています。つまり、中胚葉誘導では、因子の働きの強さがブラキウリの量に一度変換され、それからさまざまな中胚葉組織の形成が起こることを示しています。

ブラキウリが出れば一応中胚葉はできるのですが、一番背側の中胚葉である脊索、そして形成体をつくるには背側の遺伝子が必要です。胚の背側で転写の起こる初期応答遺伝子には、さきほどお話ししたシャモアの他に、**グースコイド（goosecoid）**、**リム－1（Xlim-1）**、**ノット（Xnot）**などがあります。これらはいずれも転写制御因子の遺伝子です。そして、胚の腹側にそのmRNAを注入すると二次胚を誘導することができます。形成体の位置に現れることからして当然のような気もしますが、いずれも形成体との関連が予想される重要な遺伝子です。

ここで、背側を決める遺伝子の関係を簡単に説明しましょう（図5－11）。さきほど、胚の背側でβ－カテニンがTcf-3タンパク質と共同してシャモアの発現をうながすと言いましたが、シャモアタンパク質も転写因子なので、今度はシャモアがグースコイド遺伝子のプロモーターに結合してその発現をうながすことになります。ところが、シャモアだけではグースコイドの発現は引き起こせません。グースコイドが発現するには、シャモアに加えてTGF－βのシグナルも必要です。このシグナルによって、いくつかの転写因子が活性になり、シャモアと一緒にグースコ

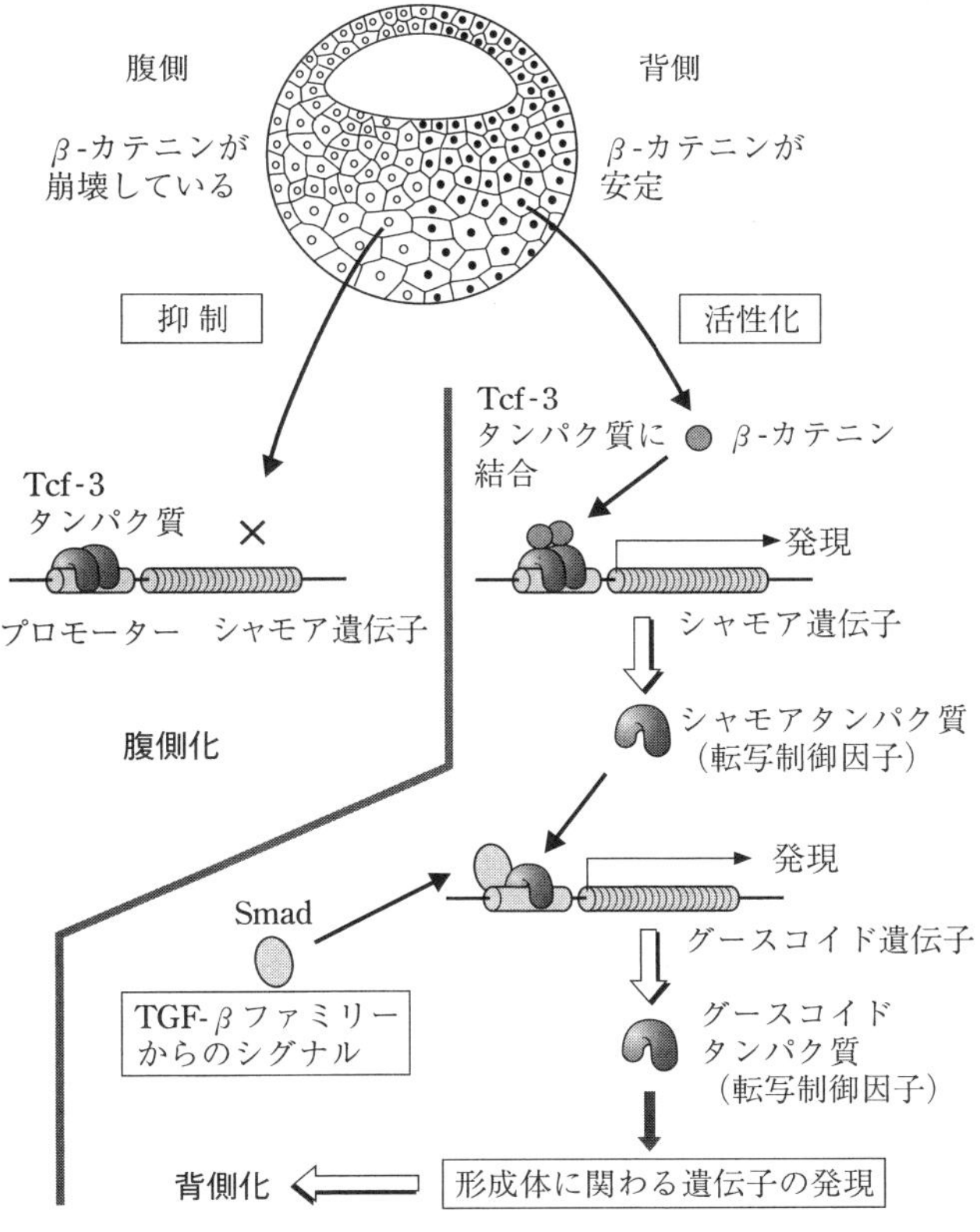
腹側
背側
β-カテニンが
崩壊している
β-カテニンが
安定
抑制
活性化
Tcf-3
タンパク質に
結合
β-カテニン
Tcf-3
タンパク質
発現
プロモーター
シャモア遺伝子
シャモア遺伝子
シャモアタンパク質
（転写制御因子）
腹側化
発現
Smad
グースコイド遺伝子
TGF-βファミリー
からのシグナル
グースコイド
タンパク質
（転写制御因子）
背側化
形成体に関わる遺伝子の発現

図５―11　体軸を決める遺伝子のながれ

イドのプロモーターに結合していると考えられます。グースコイドは、これ以降に起こる形成体でのさまざまな遺伝子の活性化に重要な働きをします。シャモア、グースコイド、リム－1などのmRNAは、形成体のマーカーに使うことができます。

ここで「マーカー」について説明を補足しておきます。ひとつのたとえ話として、動物の骨を見つけたとします。土の中に埋まっていて、何の動物の、どの部分の骨だかわからない。でも、ケヅメが見つかったらトリの肢(あし)だと思うでしょう。このような場合、ケヅメはトリの肢の「マーカー」(目印)の役目を果たしています。遺伝子を調べるときも考え方は同じです。たとえば、グースコイドは形成体のマーカーです。アニマルキャップでつくった何だかよくわからない細胞の塊でも、グースコイドのmRNAが現れたら、形成体の働きをもつと考えることができるのです。

やがて原腸胚の時期をすぎると、遺伝子発現のドミノ倒しの何枚目かがはじまります。これらはいずれも初期応答遺伝子の下流に位置するものと考えられます。はじめは頭部、尾部、腹部、神経系といった比較的大きな領域に一様に現れるのですが、このなかには第3章でお話ししたHox遺伝子に含まれるホメオボックス遺伝子がたくさんあります。

さて、中胚葉誘導が起こり、胞胚の中には中胚葉に背側と腹側の区別がはっきりできたはずです。けれどもこの時点で胚を見ても背と腹の区別などまだつきません。背腹軸が最終的に決定されるのは、この先に起こる原腸陥入と神経誘導のプロセスなのです。ということで、次に神経誘導のことを話します。

この項のまとめ

胞胚の中期から、中胚葉誘導に応答して胚ではさまざまな初期応答遺伝子の発現が始まる。このうち中胚葉誘導に直接かかわっているものに、ブラキウリという遺伝子がある。

初期応答遺伝子の多くは転写制御因子であり、その発現に続いて多くの遺伝子の発現が雪崩現象的に起こって組織をつくっていく。背側の帯域に出るシャモアやグースコイドは、そのｍＲＮＡを腹側に注入すると二次胚ができることから、形成体づくりに関与している可能性が高い。

神経を誘導する因子はなにか

カエルの胚で神経系を誘導するのは形成体です。形成体がどうやってできるか、しつこいですがもう一度復習します。胚の背側の背側決定因子と植物極側の内胚葉決定因子（VegT）の両方があるところがニューコープセンターになります。ニューコープセンターが中胚葉誘導因子をたくさん分泌して、帯域に形成体を誘導し、形成体が予定外胚葉に働きかけて神経系ができるのでした。では、この項では、形成体から分泌される「神経誘導因子」についてお話ししていきましょう。

神経誘導の研究の歴史は古く、シュペーマンの時代からですから、もう八〇年近くも続いています。けれども、その実態はなかなかわかりませんでした。神経誘導因子の分子生物学的な研究が軌道に乗り始めたのは中胚葉誘導よりも遅く、一九九〇年代の半ばに入ってからです。

進展が遅くなった理由のひとつとして、神経誘導の定義自体が確立されていないことが挙げられます。たとえば私たちは、神経誘導を、シュペーマンの実験で示されたとおり「脳や神経管を含む中軸構造がつくられること」と考えています。つまり、眼も鼻も脳もある頭全体ができることです。ふつうに考えても、これにはとてもたくさんの現象が含まれていると思うでしょう。まず、どういう実験をして、何が起こったら誘導されたといえるか、から決めていかなくてはなりません。これを調べるのは非常に困難です。

けれども、もっとシンプルなやり方がないわけでもありません。神経系の細胞ができたら神経誘導が起きていると考えることにするのです。

実際には、まずオタマジャクシの神経系だけで発現している遺伝子を探し出し、そのｍＲＮＡを神経のマーカーに決めます。そして、神経誘導因子と思われるものを作用させたアニマルキャップに神経マーカーが出るかどうかを見るのです。このようにして調べた結果、神経誘導因子の候補としていくつかの因子が挙がってきました。

前節でも少し触れましたが、グースコイドやノットのタンパク質による転写制御によって、形成体領域にたくさんの遺伝子の発現が新しく引き起こされます。新しく発現する遺伝子は、いずれも形成体の働きに関係があると思われますが、なかでも気になるのが**ノギン、コーディン、フォリスタチン**、という遺伝子です。これらの遺伝子がコードしているのはいずれも細胞外に分泌されるタンパク質で、転写因子ではありません。ですから他の細胞に対して、誘導因子として働くことができるのかもしれません。

そこで、これらの因子を用いてインジェクション検定が行われました。すると、いくつかの神経特異的なマーカー遺伝子の発現が起こることがわかったのです。つまりノギン、コーディン、フォリスタチンは「**神経誘導因子**」の可能性をもっているということです。

この項のまとめ

転写制御因子であるグースコイドやノットの働きで、形成体の領域に、ノギン、コーディン、フォリスタチンという分泌タンパク質の遺伝子が発現する。これらのタンパク質は神経細胞を誘導できるので、長く発見が待たれていた「神経誘導因子」の可能性がある。

ところがこういった研究のなかで、神経誘導のメカニズムそのものについての新しい解釈ができたのです。

表皮に分化させる誘導

シュペーマンの実験の結果を、あなたはどう思ったでしょうか。外胚葉の細胞は未分化で、そのまま培養すれば表皮のようなものになってしまいますが、これに神経誘導因子を与えると脳に分化できます。「誘導なくして神経なし」、とみんなが思っていました。ところが、最新の仮説では、この認識自体がまったく逆であるというのです。

ことの起こりは、中胚葉を腹側化する因子として紹介したBMPです。

まず胞胚の時期、BMP遺伝子は形成体以外のところ全部で発現しています。そして、そのなかには、予定外胚葉の部分（アニマルキャップ）も含まれるのです。ここがミソです。原腸胚期になると、BMP遺伝子は外胚葉の予定表皮領域にだけ発現するようになります。だったら、表皮をつくるのにかかわっているのかもしれない、と思うわけです。

アニマルキャップを切り出してそのまま培養すると表皮だけが分化することは最初にお話ししました。そこで、アニマルキャップの細胞を培養液の中でお互いが接触しないよう、バラバラに培養するということをしてみました。すると、これらの細胞は、なぜか表皮ではなく神経細胞に分化してしまったのです。

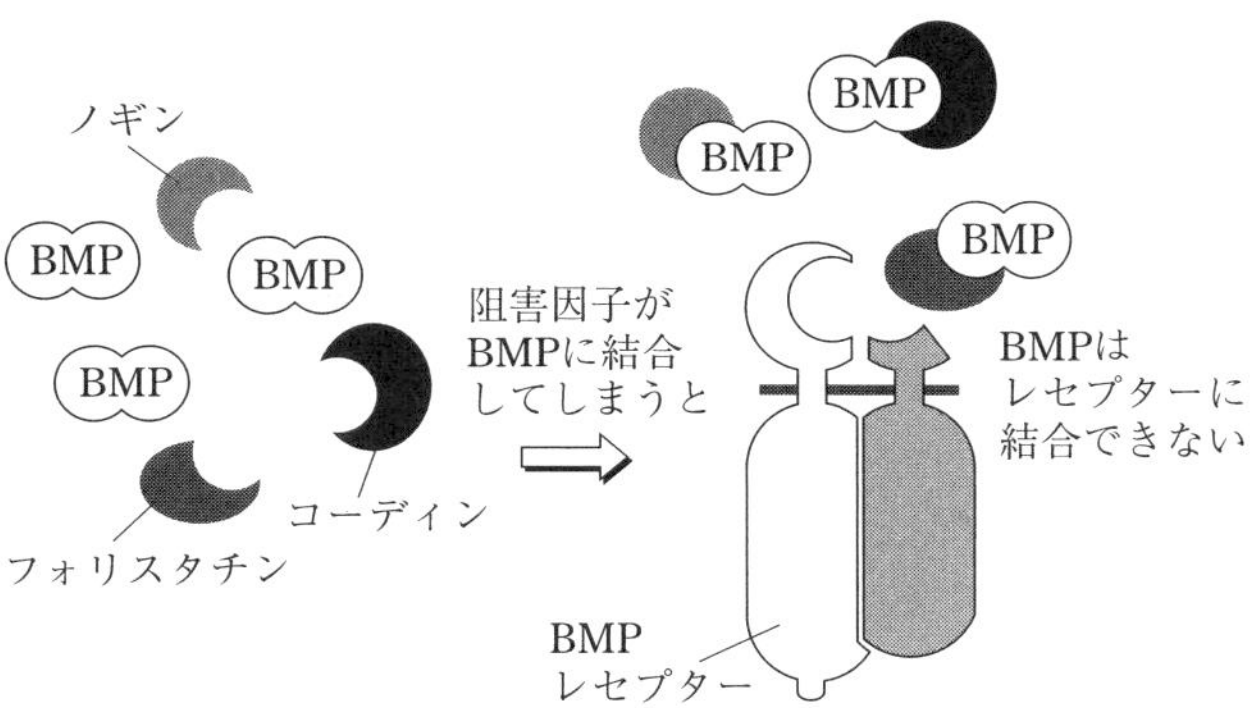
ノギン
BMP
BMP
BMP
フォリスタチン
コーディン
阻害因子が
BMPに結合
してしまうと
BMP
BMP
BMP
BMPは
レセプターに
結合できない
BMP
レセプター

図５―12　ノギン、コーディン、フォリスタチンによるBMPの阻害

これをどう考えるか。バラバラにするというのは、いままで自分のまわりの細胞からもらっていたなんらかの誘導因子が届かなくなることを意味します。誘導が起こらないと皮膚ができない。皮膚をつくらせていそうな因子といえば、ＢＭＰではないか。というわけで、バラバラにした細胞にＢＭＰを作用させてみると、神経ではなくみごと表皮になったのです。

　これはアニマルキャップの細胞が、解離されてなんの誘導もされなければ神経細胞に分化するもので、表皮に分化するにはＢＭＰが必要だということを示しています。つまり、ＢＭＰは、ほうっておけば起こるはずの神経の分化を抑制し、積極的に「**表皮誘導**」をしているらしいのです。ね、逆でしょう。

　そこで、ＢＭＰと先の三つの因子、ノギン、コーディン、フォリスタチンとの関係が調べられました。その結果、いずれの分子も、ＢＭＰにがっちり結合して複合体をつくってしまい、そのためBMPがレセプターに結合できなくなることがわかりました（前ページ図5－12）。ということは、ノギン、コーディン、フォリスタチンがあると、BMPは表皮を誘導できない。だから神経になってしまうと考えることができるのです。

ノギン、コーディン、フォリスタチンの三つが行っていることは、表皮分化の阻害です。少なくともこれらの阻害剤によって、神経をつくるしかない、という環境が整えられるわけです。結果として神経を分化させるので、神経誘導因子といってよいかもしれません。

けれどもここで考えなければならないことは、「神経誘導」といったときの分化の程度、「いかに構造と機能の両方を備えているか」の問題です。先に述べたように、もともと神経誘導とは「眼も脳も含む頭をつくる誘導」のことを指しています。三つの因子が、はたして形成体としての条件を満たすものといえるかどうかは慎重に考える必要があります。この現象もそう簡単に説明できるものではありません。

この項のまとめ

アニマルキャップの細胞は、神経誘導因子が働かないと表皮になると考えられていたが、実際には、その逆で、BMPによる「表皮誘導」が働かないと自動的に神経細胞に分化することがわかった。ノギン、コーディン、フォリスタチンが神経誘導因子の活性をもつのは、BMPに結合して阻害剤として働くためと考えられる。

質問！

問い…神経細胞が誘導される、ということと頭全体が誘導される、ということはどこが同じでどこが違うのですか？

答え…脳は神経細胞からできていますが、きちんとした器官としての構造と機能をもっています。ところが、神経細胞が集まっただけでは、機能できません。生物の器官は、構造をとるということが極めて重要なのです。

小さな神経組織ができたといったとき、発現が起こるマーカー遺伝子を見ると、たしかに神経細胞全体のマーカーは出ます。けれども脳の構造をもつまでは、頭の部分に当たるマーカーはなかなか発現しません。頭全体の構造ができれば神経全体のマーカーはもちろん、脳形成に関係する約二〇〇の遺伝子の発現が起こります。

神経分化といっても段階の違いがあり、単に神経細胞の分化が起こっても、それは脳への分化のごくごく初期段階であって、決して脳とはいえないのです。たとえるなら、白紙の画用紙に黄色い点を落とした状態で、風景などの絵として完成するまではまだまだ先があるようなものです。

器官としては、最初に構造ありきなのです。

5-2　頭尾軸（前後軸）の決め方

神経系のパターン形成

とても長い話でしたが、なんとか背腹軸の説明は片がついたようです。その次の段階に進みましょう。

ツメガエル胚で原腸陥入が進むと、背腹軸に加えて前後軸（頭尾軸）が完成してきます。前後軸というと、直立するヒトの場合はどの方向のことかわからなくなってしまうので（背腹軸と間違える）、いままでずっと頭尾軸という言葉を使ってきました。けれどもこの節ではオタマジャクシの話をしますので、前後軸と呼ばせてください。なぜかというと、頭尾軸という言葉ではたとえば頭のてっぺんをうまく表現できないのです。頭の端なのに「もっとも頭側」では何かおかしいでしょう？「もっとも前方」なら、なんとか意味がわかります。

カエル胚の前後軸が外から見てはっきりわかるのは、神経胚という時期になってからです。この後どんどん体が伸びて、頭部と胴尾部からなる細長い体制ができます。このあいだに体の背側では、中枢神経系が「神経板」から「神経管」となって棒状につくられていきます。

脊椎動物の神経系は、一ヵ所に局在する器官ではなく、またヨウカンのようにどこを切っても同じものではありません。ヒトなら前後軸に沿って、大脳、小脳、間脳、延髄、脊髄という働きの違ういろいろな脳（中枢神経系）が神経管に部域化されています。ここではこのような神経管の前後軸パターンがどのようにしてできるかをお話ししましょう。

神経系のパターンをつくるのは、基本的に形成体です。このことに注目したのはシュペーマンのお弟子さんだった**オットー・マンゴルド**です。若くして亡くなってしまったヒルデ・マンゴルドのご主人で、彼もイモリの形成体の移植実験を続けていました。彼は、後期の原腸胚からいろいろな部分の原腸蓋（陥入してできた原腸の背中側で、予定脊索の部分）を取り出して他の原腸胚に移植をしたのです。すると、頭側の部分からは頭側の構造をもった二次胚が誘導され、尾側からは尾側の二次胚ができたのです（一九三三年）（次ページ図５－13(A)）。

そこで、これは移植された原腸蓋に含まれる形成体に質的な違いがあるのではないかと考え、もう少し早い時期にさかのぼって形成体そのものを移植する実験が行われたのです。その結果、初期原腸胚の形成体からは頭側のある二次胚が、より後期の形成体からは尾側のある二次胚が誘導されました（次ページ図５－13(B)）。ということは、形成体は時期によって質的に違った誘導をすることになります。

（A） 原腸蓋の一部を初期原腸胚に移植 (Mangold, 1933 より)

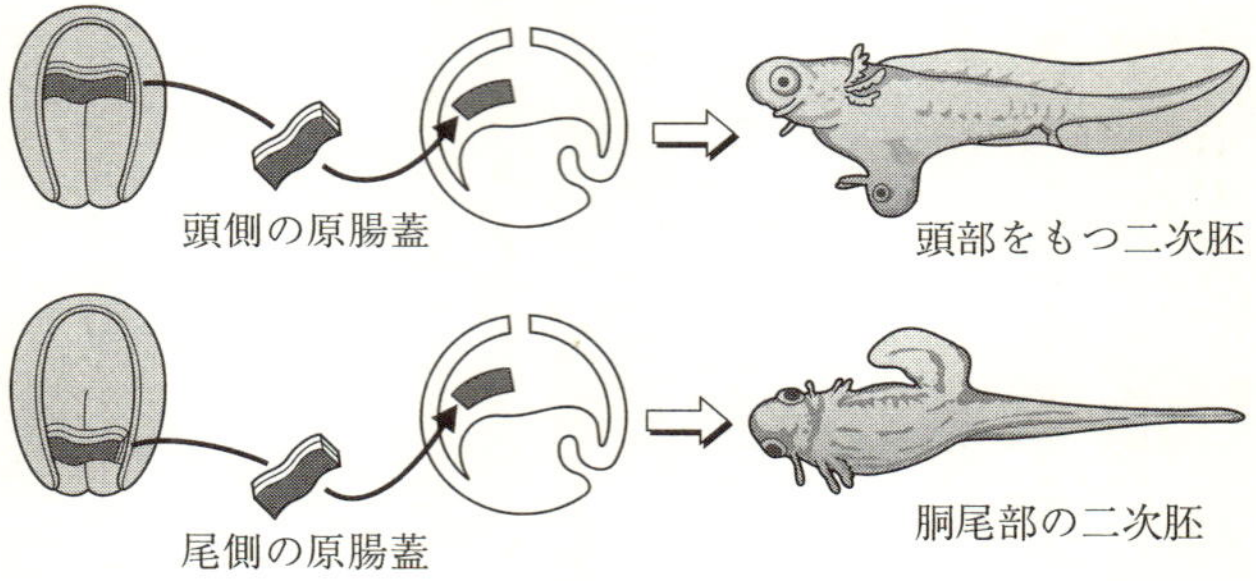
頭側の原腸蓋
頭部をもつ二次胚
尾側の原腸蓋
胴尾部の二次胚

（B） 時期の異なる形成体を初期原腸胚に移植（複雑な実験なので概念のみ示す） (Saxen と Toivonen, 1962 より)

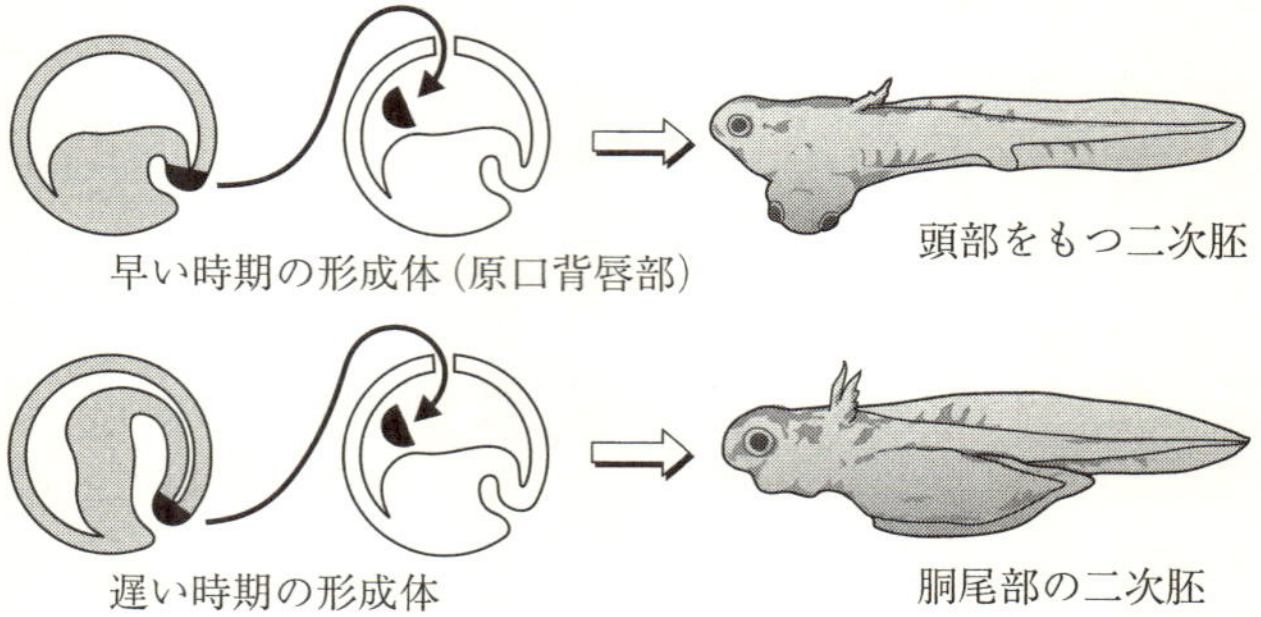
早い時期の形成体（原口背唇部）
頭部をもつ二次胚
遅い時期の形成体
胴尾部の二次胚

図５－13　頭部形成体と胴部形成体

こうして、形成体は大きく分けて二種類あると考えられるようになりました。早い時期の形成体は頭部を誘導するので「**頭部形成体**」、遅い時期の形成体は胴尾部を誘導するので「**胴部形成体**」と呼ばれます。そして二種類の形成体から起こる誘導の作用がさらに場所によって異なり、その強さのかねあいで違う脳ができると考えられたのです。

ここで「時期の違う形成体」という言葉をしっかりと理解してください。これは違う原腸陥入の段階に原口の背唇部に位置する細胞、ということで、早いものと遅いものは違う細胞です。ややこしいのですが、頭部形成体（早い）はもともと「より原口の近くにあった形成体」で、原腸陥入が進むにつれてさっさと前方に移動し、途中で接触した外胚葉に早くから誘導を始めて頭の先までいきます。そして胴部形成体（遅い）は「より動物極側にあった形成体」で、原腸胚の後期になってからやっと陥入するものです。ですから「より赤道に近い形成体＝頭部形成体→前方」となり、「より動物極に近い予定中胚葉＝胴部形成体→後方」となります。

この項のまとめ

カエル胚の神経系の前後軸をつくるときには、体の前方の脳をつくる形成体と、後方をつくる形成体のふたつが働くと考えられる。頭部を誘導するのは「頭部形成体」で、胴尾部を誘導するのは「胴部形成体」と呼ばれる。

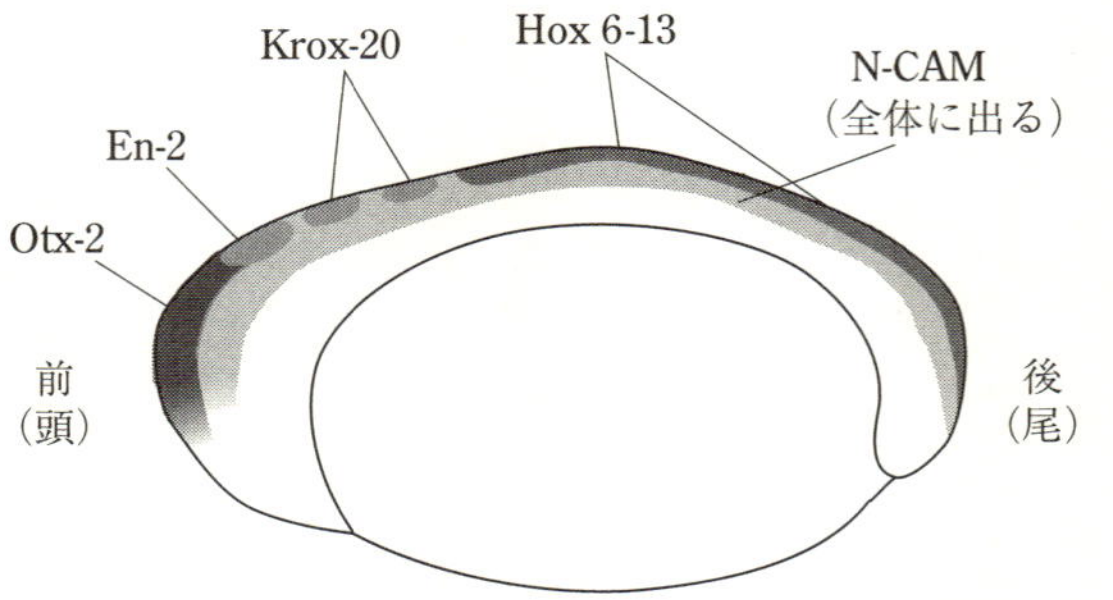
Krox-20
Hox 6-13
N-CAM
（全体に出る）
En-2
Otx-2
前
（頭）
後
（尾）

図５－14　神経胚における部域マーカー遺伝子の発現

「前方誘導」と「後方化」

では、この二種類の形成体は、質的にどう違うのでしょうか。この答えはまだ確定していないのですが、どのような可能性が考えられるかというモデルを紹介しましょう。

まず以前に胞胚で見たのと同じように、神経胚のどこでどんな遺伝子の転写が起こるのかを見てみましょう（図５－14）。このような遺伝子は、神経領域を示すマーカーになります。この情報があれば、何かの神経誘導因子を作用させて遺伝子発現を調べる実験をしたとき、その因子がどの部分の神経をつくらせたのかわかるのです。

カエルにはヒトの大脳の代わりに前脳という部分があり、後方に向かって中脳、後脳、延髄、脊髄と並んでいます。もっとも前方で転写される遺伝子はOtx-2（前脳と中脳）で、後方にいくにしたがってEn-2, Krox-20, Hox6-13（ホメオボックス遺伝子）などが発現するようになります。そして神経全体にはN-CAMが発現します。

簡単に結論を言ってしまうと、神経のパターンをつくるときには、前節で話した神経誘導に加えて、「前方誘導」と「後方化」というプロセスが存在すると考えられます。

最初、原腸胚になるまでに、理由はわからないのですが頭部形成体と胴部形成体ができます。そして、頭部形成体の中には、実は中胚葉だけでなく「頭部の内胚葉」も含まれています。

原腸陥入のあいだに形成体は全体が胞胚腔の中に入りますが、このとき頭部形成体が先頭に立ってどんどん進んでいきます（次ページ図5－15）。神経誘導はこのとき起こり、外側にある外胚葉に向かって頭部形成体から神経誘導因子が分泌されます。この神経誘導因子がさきほどお話ししたノギン、コーディン、フォリスタチンと考えられます。ところが、神経誘導が外胚葉全体に起こっただけでは神経管は端から端まで同じになってしまうので、このあと前後軸パターンがつくられます。

まず、より前方の器官をつくるために、前方の外胚葉には頭部内胚葉から「**前方誘導**」という誘導が起こります。この「前方誘導」で働いているのは、サーベラス（Cerberus）、ＢＭＰ、ノーダル、ディッコップ（Dickkopf）などの分泌因子と考えられます。中間部の外胚葉は神経誘導を受け、そのまま分化します。

そしてより後方の外胚葉には、神経誘導のあと、胴部形成体から「**後方化因子**」が分泌されます。後方化とは、もっと後ろの組織になりなさい、という命令で、これには、ＦＧＦやレチノイ

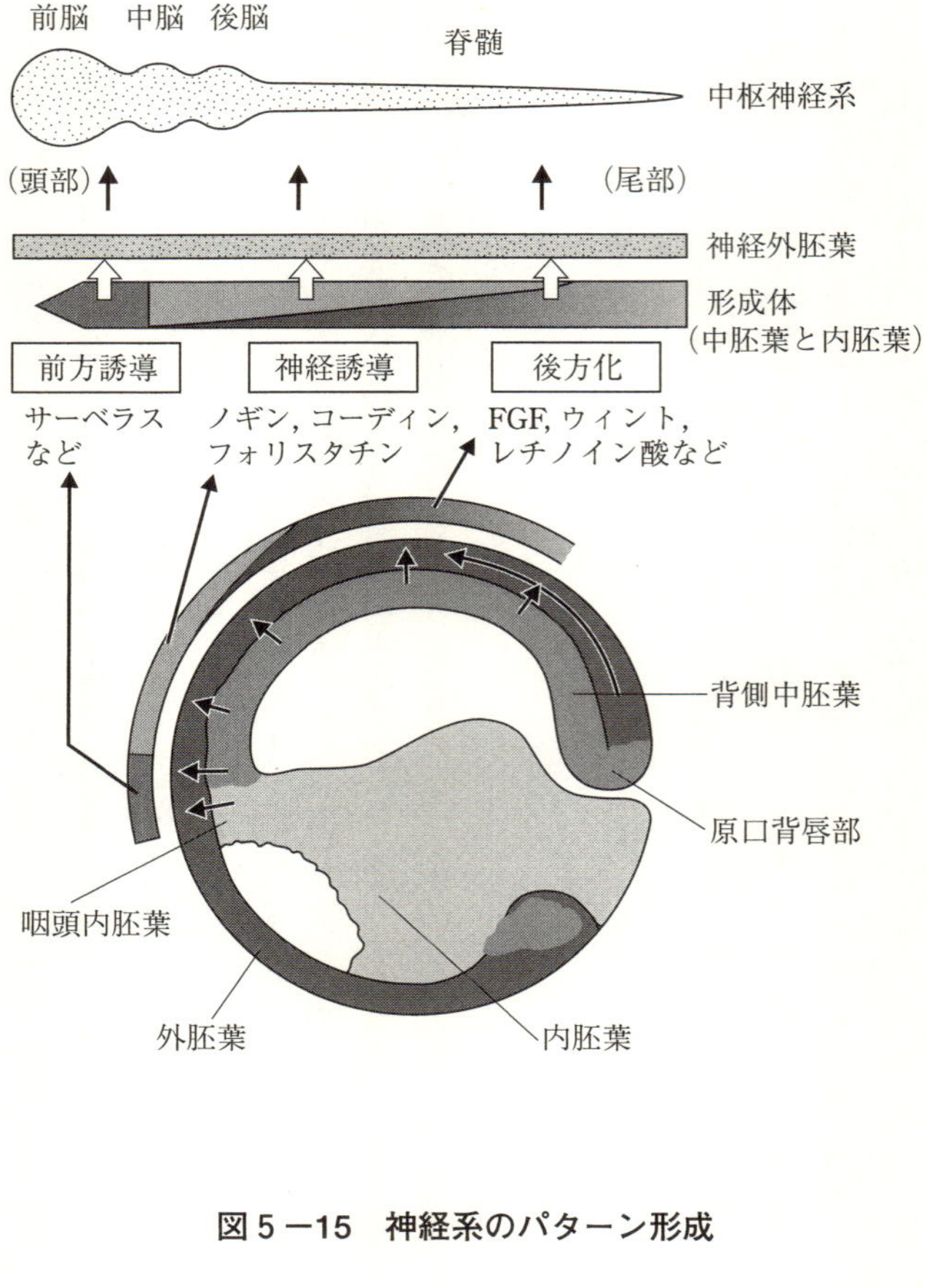
前脳
中脳
後脳
脊髄
中枢神経系
(頭部)
(尾部)
神経外胚葉
形成体
(中胚葉と内胚葉)
前方誘導
神経誘導
後方化
サーベラスなど
ノギン, コーディン, フォリスタチン
FGF, ウィント, レチノイン酸など
背側中胚葉
原口背唇部
咽頭内胚葉
外胚葉
内胚葉

図5−15　神経系のパターン形成

ン酸、ウィント、デリエールがかかわっているると考えられています。

このように、前方誘導と後方化が起こり、その強さに応じて神経管の中にはいろいろな部分の神経の構造が誘導されます。この結果として、中枢神経系は前後軸のパターンをもつようになると考えられます。

因子の名前がたくさん出てきましたので、補足して説明しましょう。

まず、後方化因子です。FGFのことは最初にみつかった中胚葉誘導因子として、第4章で紹介しました。この因子は、後部の中胚葉をつくるのに必要なのですが、加えて後部の神経系の形成にも働いているらしいのです。神経誘導の項でお話ししたように、アニマルキャップの細胞はバラバラにされると神経細胞に分化して、このとき発現するのはおおむね前方型の神経マーカーです。ところがこの細胞にFGFを加えると、発現するマーカーが後方型に移行するのです。

このFGFだけではなく、**ウィントシグナル**や**レチノイン酸**との共同作業が後方化には必要だといわれています。ウィントと聞いて疑問に思った人がいるかもしれません。背側決定因子と混乱しがちですが、ここで出てくるウィントは胞胚期から新しく腹側で発現する遺伝子なのです。FGFもウィントも、やや腹側の中胚葉から送り込まれて働いているようです。

そして前方誘導についてですが、サーベラスの働きを見てみましょう。**サーベラス遺伝子**は、**ノギン**やコーディンと同様に形成体のところで最初に発現し、原腸陥入が始まると頭部内胚葉に

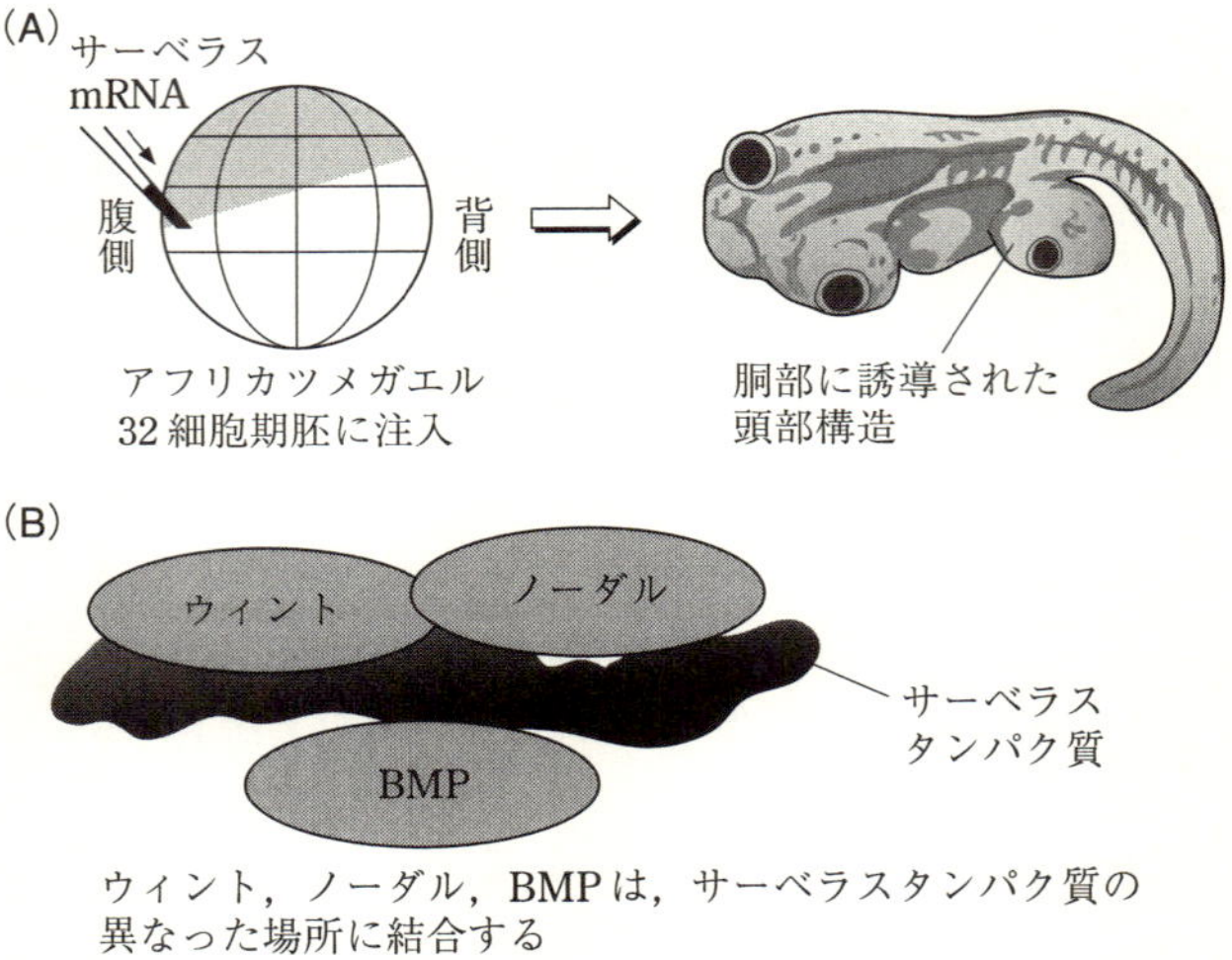
(A)
サーベラス
mRNA
腹側
背側
アフリカツメガエル
32細胞期胚に注入
胴部に誘導された
頭部構造
(B)
ウィント
ノーダル
サーベラス
タンパク質
BMP
ウィント，ノーダル，BMPは，サーベラスタンパク質の
異なった場所に結合する

図5－16　サーベラスの作用

だけ発現するようになります。ノギンなどと大きく違うのは、そのｍＲＮＡを初期の胚にたくさん注入すると、胚の体のどこにでも「頭」ができるのです。ノギンも立派な二次胚をつくらせるのですが、サーベラスのほうは口の先や目もある頭だけがぽこっとできます。サーベラスはいったいどのように作用したのでしょうか。

最近の研究で、サーベラスがＢＭＰ、ノーダル、ウィントにがっちり結合していずれも阻害してしまうことがわかってきました（図５－16）。

サーベラスがＢＭＰに結合すると、ノギン、コーディン、フォリスタチンと同じように、表皮分化を妨げて神経を分化させるという神経誘導因子そのものの働きをします。次に、ノーダルと結合すると、中胚葉誘導を妨げます。こうすれば間違って外胚葉が中胚葉に分化してしまうことが起こりません。そしてウィントと結合すると、ウィントによる「後方化」を抑えることができます。より前方の構造をつくるためには、後方化が起こっては困るのです。

サーベラスは、このような複合的な働きによって、外胚葉が前方の神経にならざるを得ない状況をつくっているといえます。ちなみに、サーベラス（Cerberus）とは、ギリシャ神話に出てくるケルベロスという犬のことです。ケルベロスは死者の世界の門を守っており、複数（一般的に三つ）の頭と、蛇の尾をもっています。

このようにして、前後軸に沿ってだいたいのパターンが決まりました。神経パターンのマーカーになる遺伝子の多くはホメオボックス遺伝子です。これ以降、神経管の中でそれぞれの領域ごとにさまざまな遺伝子が発現して、各部に細かい構造をつくっていきます。

この項のまとめ
神経系の前後軸をつくるときには、ノギン、コーディン、フォリスタチンによるいわゆる神経誘導のほかに、サーベラスなどによる「前方誘導」と、ウィントやＦＧＦなどによる「後方化」が起こっていると考えられる。

いて考えてみます。

「頭部」と「胴部」の形成体をつくる

さきほど「頭部形成体」と「胴部形成体」のでき方がわからないと言ったのですが、これについて考えてみます。

可能性はいくつかあって、最初から動植物軸に沿った何らかの物質のかたよりがあったからかもしれませんし、卵割のあいだに何か違いをつくるような誘導が起こったからなのかもしれません。

そこで、私たちはアニマルキャップをアクチビン処理して形成体をつくらせ、どうすれば二種類の形成体をつくれるかという実験をしてみました（図5－17）。この実験では、イモリのアニマルキャップを切り出してから一定時間アクチビンで処理します。そしてその後、異なった時間培養してから、別のアニマルキャップと結合させるのです。

何を考えたかというと、背腹の形成体の違いが中胚葉誘導を受けてからの「時間」に依存するかもしれない、ということです。アニマルキャップの細胞はいずれも年齢（受精してからの時間）が同じです。すぐに再結合というのは、中胚葉誘導を受けてから時間のたっていない形成体に神経誘導をさせるということです。そしてしばらくしてから再結合ということは、時間のたった形成体に誘導させるということです。

結果は、すぐに再結合した外植体では胴尾部が、長く置いてからのものでは前方の頭部がつく

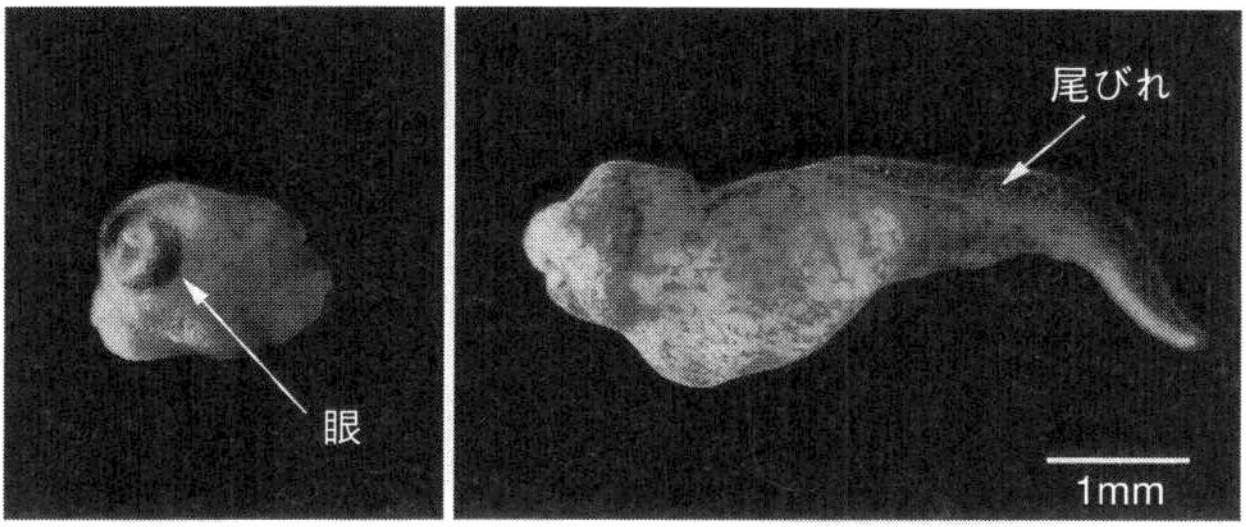
尾びれ
眼
1mm

12時間前培養：頭部構造　　　0時間前培養：胴尾部構造

図5－17　アクチビン処理したアニマルキャップの組み合わせでつくられた頭部構造と胴部構造

（有泉ら原図）

られました。このことからわかるのは、二種類の形成体は、少なくとも中胚葉誘導を受け、予定脊索となってから経過した時間を変えることで、つくりうるということです。

これを胚の中の状態と照らして考えてみます。最初に陥入する頭部形成体は、胞胚期のはじめから中胚葉誘導を受け続けていたはずです。長く置いた外植体が頭部を誘導したというのは、この状況に相当するのかもしれません。そしてすぐに再結合というのは、胴部形成体がついいま、陥入する前にはじめて中胚葉誘導を受けたことに相当するのかもしれません。ということは、尾側をつくるには、中胚葉誘導から時間が経過していてはだめなのです。もしかすると、そのあいだに後方化が起こりにくくなる何かの現象が起こるのかもしれません。それはまだわからないので、これからのお楽しみです。

この項のまとめ
「頭部」と「胴部」の形成体ができるには、動物極側の細胞が中胚葉誘導を受けてから経過した時間が関係している可能性が高い。

5-3 左右軸の決め方

左右を決めるのも遺伝子

さて最後は左右軸です。ヒトの体が左右対称だと思っている人も多いかもしれませんが、厳密にはそうではありません。たとえば、内臓を見ると、ひとつしかないものは、必ず非対称な配置になっています。そしてほとんどの人に関して、同じ臓器は同じ場所にあります。心臓は左に、大腸は時計回り、肝臓は大きいのが右葉で小さいのが左葉というふうになっています。

けれども一万人に一人くらいの割合で、この配置が逆になっていることがあり、その場合は「内臓逆位」と呼ばれます。すべてが逆に配置されていれば健康に影響はありませんが、数個の器官だけに逆転が起こった場合は、心臓が肺に押しつけられたり、腸に結び目ができたりという問題が起こります。

左右軸形成の過程も古くから研究されてきましたが、ようやく最近になって、仕掛けが少しずつわかってきました。左右を決定する過程にも、頭尾軸や背腹軸と同じように多くの遺伝子がかかわっています。そしてそのなかには、いままでお話ししてきた体づくりにかかわる遺伝子の多くと、それ以外に左右軸形成に特有な遺伝子が含まれています。体内の左右非対称の構造は、これらの遺伝子が協調的に働くことによってつくられるようです。

左右軸についても、他の二軸と同じように、カエルを使ってお話ができないわけではないのですが、ここでは、研究の早く進んだニワトリとマウスを例に説明していきましょう。

右だけもしくは左だけ

左右の違いは、形態に現れる以前に遺伝子発現の非対称性として現れます。まずは、次ページ図5－18を見てください。真ん中の線が正中（背骨）。そして右側と左側に発現する遺伝子が書いてあります。

ニワトリの左右軸決定にかかわる遺伝子を探すにあたって、まず発現パターンに明らかな左右差が見られたものがいくつか取り出されました。そのなかには、脳のパターン形成に必要な分泌

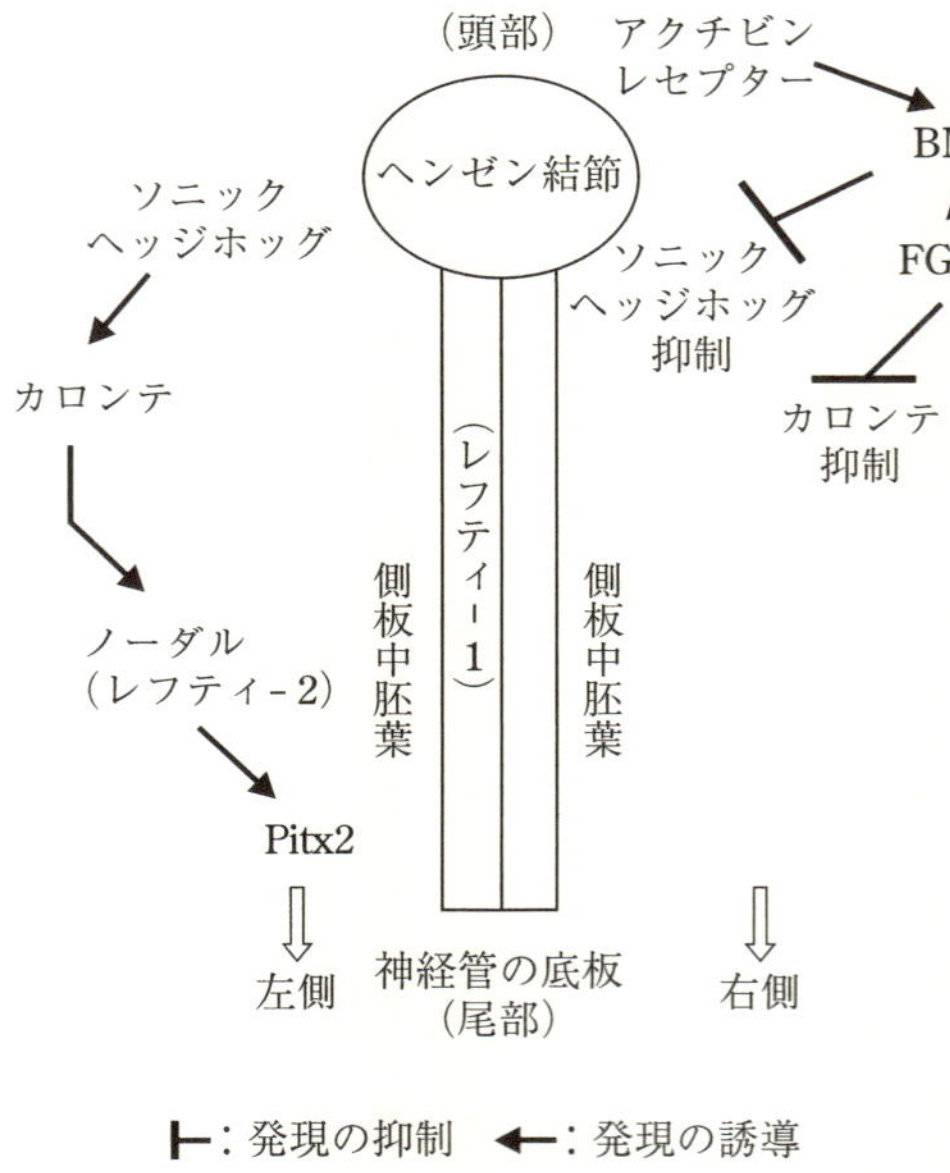
（頭部）
アクチビン
レセプター
BMP4
ヘンゼン結節
ソニック
ヘッジホッグ
ソニック
ヘッジホッグ
抑制
FGF8
カロンテ
カロンテ
抑制
（レフティ-1）
側板中胚葉
側板中胚葉
ノーダル
（レフティ-2）
Pitx2
左側
神経管の底板
（尾部）
右側
：発現の抑制
：発現の誘導

図5－18　ニワトリ胚の左右軸決定に働く遺伝子
（カッコ内はマウス）

因子である**ソニックヘッジホッグ**（Shh）、ノーダル関連の因子（Cnr-1）、アクチビンⅡ型受容体のひとつ（cAct-RIIa）などが含まれていました。

ニワトリには初期原腸胚の形成体に相当するものとして**「ヘンゼン結節」**（119ページ図4－16）がありますが、その右側周辺にアクチビンレセプターが、左側にそれ以外の遺伝子がかたよって発現していたのです。ノーダルは少し後で、側板中胚葉の左に出ます。ノーダルにアクチビンレセプターって、なんだか聞いたことがありますね。

このような遺伝子が体の片側でどのように働いているかを調べるために、ニワトリの胚のあちこちで人為的に発現させる実験が行われました。アクチビンレセプターを右だけでなく左でも発現させたところ、ソニックヘッジホッグとノーダルが左側で発現しなくなりました。そして心臓の向きがランダムになったのです。ランダムというのは、心臓が右にくるニワトリと左にくるニワトリの個体数がどちらも五〇パーセントずつになった、ということです。このような結果は、ソニックヘッジホッグを両側で発現させた場合も同じでした。

そしていろいろな脊椎動物で左右軸にかかわる遺伝子が調べられるようになりました。その結果、ニワトリでも、マウスでも、ツメガエルでもゼブラフィッシュ（魚類）でも、ひとつの共通した答えが出ました。とにかく左右軸の決定に重要なのは、「左側の側板中胚葉で、ノーダル遺伝子が発現すること」なのです。ノーダルの発現が起こった側が将来の左になり、起こらなかった側が右になる。もし両側でノーダルが発現してしまうと、いろいろな器官の配置がランダムになるということです。

ノーダルで左側が決められると、それから心臓や腸がちゃんとした位置と方向でつくられていくのですが、このプロセスで働いている重要な遺伝子がPitx2です。この遺伝子は、ノーダルによって胚の左側で発現が引き起こされます。ノーダルと同じようにPitx2を右に注入すると、心臓も腸の巻きもランダムになってしまいます。Pitx2の特徴は、胚の左側に出るだけでなく、心臓や腸が発生するあいだ、心臓のループや腸のコイルができあがるまでずっと左側にありつづけることです。つまり器官の左側の構造を左らしくつくる、「左側決定因子」として働いているようです。

近年、左右軸に関与するいろいろな因子の相互関係が徐々にわかってきました。左右軸決定の流れを説明しますので、もう一度、図5－18をじっくり見てください。

発生のはじめの頃、左側のヘンゼン結節ではソニックヘッジホッグ（Shh）が発現し、ソニックヘッジホッグによって左の側板中胚葉にノーダルが誘導されます。ところが両者のあいだには距離があるので、中間の中胚葉にあるカロンテ（Car）という分泌性のタンパク質がソニックヘッジホッグの情報を仲介しています。そして、ノーダルがPitx2を発現させて、実際に左側の器官をつくらせるのです。

一方右側では、アクチビンレセプターからのシグナルでＦＧＦ８が発現します。ＦＧＦ８はカロンテの抑制をするので、右側ではノーダルやPitx2の発現が起こりません。だから右側ができるということです。

ＴＧＦ－βファミリーは重宝で、マウスではノーダル以外にも左側で発現しているものがあります。**レフティ**（lefty-1とlefty-2）というとてもわかりやすい名前です。レフティ－１は、レフティ－2とノーダルのタンパク質が胚の左側にだけ存在するようにさせているといわれます。どういうことかというと、正中のあたりで防波堤のようにブロックをしているのです。遺伝子を操作してレフティ－1が働かないようなマウスの突然変異をつくると、レフティ－2とノーダルが両側で発現します。そしてPitx2が体の両側で出てしまって、左右の決定ができなくなってしまうのです。

左右を決めるという現象にも、いろいろな遺伝子が複雑にかかわっています。そのなかでTGF－βファミリーやFGFなど、体づくりのほかの現象にかかわっているものが使い回しされているのはおもしろいですね。

左右を決める最初のきっかけ

こうして、左右軸にかかわる遺伝子は明らかになってきました。では、さかのぼって「そもそも、最初の最初はなにがかたよっていたか」を知りたいところですが、これはまだわかりません。けれどもツメガエルでは、ノーダル（Xnr-1）が胚の左側に出るきっかけは、受精のときの表層回転だという可能性があげられています。というのは、表層回転が起こらないようにすると左右の軸が現れなくなるからです。

では、ニワトリやマウスの最初はどうなのでしょう。ニワトリやマウスでは表層回転は起こりません。

マウスでは、胚の体のまわりの液体の流れが体の左右非対称性を決めているという可能性が報告されています。マウスの胚の中央部（原始結節）には、繊毛と呼ばれるごく微小な毛が生えており、これが高速に回転運動することで体のまわりの液体に左向きの流れ（ノード流）を起こしています。この流れがあることで、胚が非対称になるのです。

その根拠となるのは、胚をふつうの培養液中に置き、液が繊毛の動きより強く反対向きに流れるようにした実験です。この胚では、心臓は正常と左右逆の位置に発生し、遺伝子の発現パターンも左右逆になりました。さらに、繊毛が動かない突然変異のマウスで器官の配置がでたらめになること、この突然変異胚を人工的な流れの中に置くと、器官が正常につくられるようになることも報告されています。体のまわりの液体には左側を決めるなんらかの物質があり、繊毛はそれを運んでいるのかもしれません。

この説明は、すべての脊椎動物に当てはまることではないでしょうし、今後どのように評価されるかもわかりません。けれども、このような物理現象で体軸が決まっていくというのは、とてもおもしろいことだと思います。

この節のまとめ

左右軸の決定に重要なのは、初期胚の左側にノーダルが発現することらしい。これに引き続いて、左側特有のPitx2が働いて左右非対称な器官が形成される。けれども左右決定の最初のきっかけは、ノード流などが候補にあがっているものの、いまだ不明である。

第6章 器官形成——部分のパターンをつくる誘導

6-1　誘導で目をつくる

誘導の連鎖

前の章では、動物の体の大枠となる三つの体軸が決まる仕組みをお話ししましたが、この章では、体づくりの次の段階として、器官が形づくられるプロセスを見ていきましょう。

中胚葉誘導は、体制を決めるためのごく初期の重要な現象です。第1章でお話ししたように、この現象の結果、脊椎動物では外胚葉、中胚葉、内胚葉が生じます。けれども三胚葉の細胞はまだ完全にその運命を決定されたわけではありません。この時点で細胞をばらばらにしてしまうと

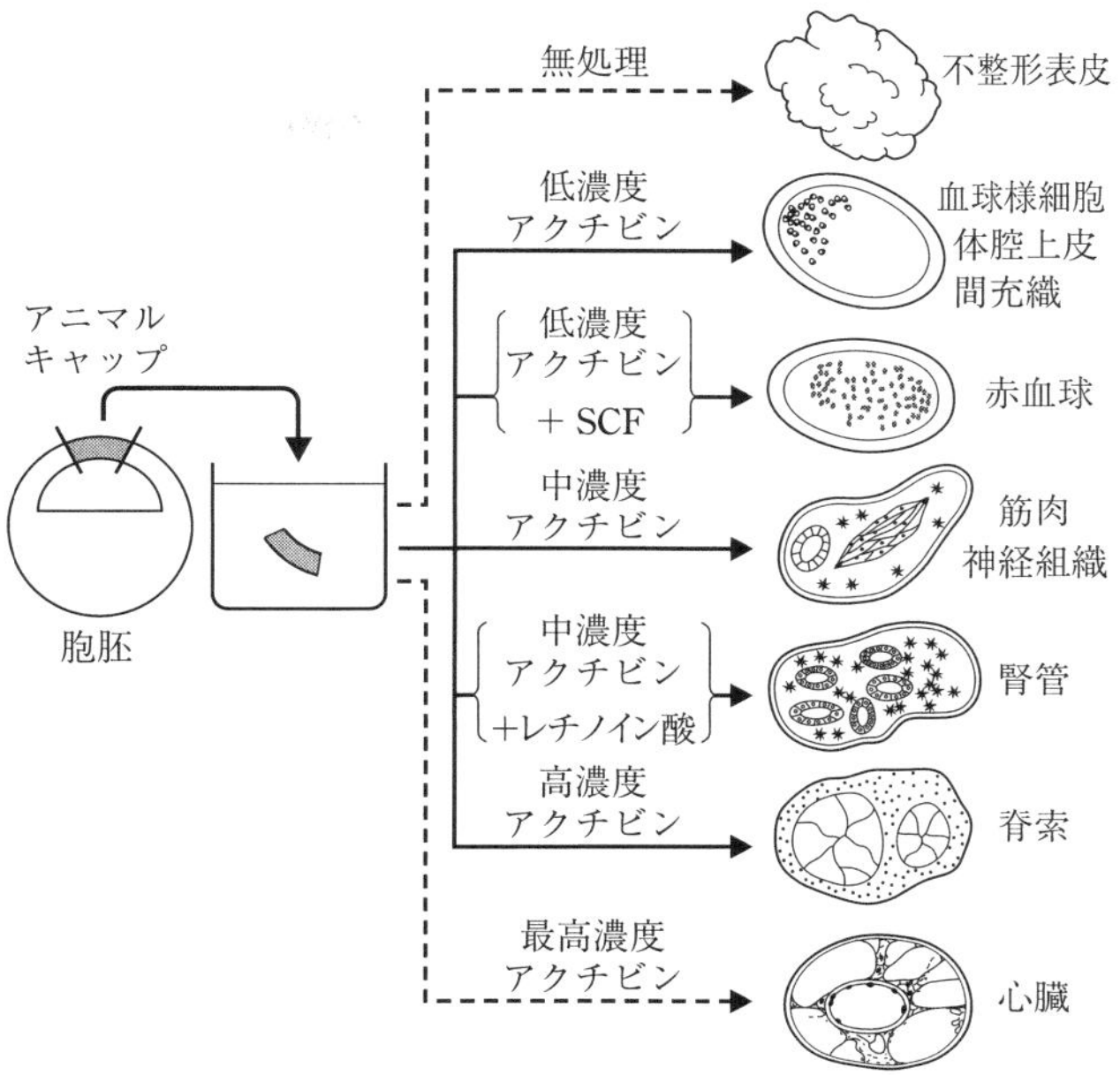
無処理
不整形表皮
低濃度
アクチビン
血球様細胞
体腔上皮
間充織
アニマル
キャップ
低濃度
アクチビン
＋SCF
赤血球
中濃度
アクチビン
筋肉
神経組織
胞胚
中濃度
アクチビン
＋レチノイン酸
腎管
高濃度
アクチビン
脊索
最高濃度
アクチビン
心臓

図６－１　濃度の違うアクチビンと各種の因子によって誘導される組織

いずれもあまりいろいろな器官にはならないのです。

　では器官ができるときにはどのようなことが行われているのでしょうか。ここでも中胚葉誘導因子と同じように、さまざまな誘導と位置情報が多段階にかかわっているのです。

　ツメガエルのアニマルキャップをアクチビンで処理すると中胚葉ができることは、耳にタコができるほどお聞かせしてきました。アクチビンの濃度が薄ければ腹側の、濃ければ背側の中胚葉が、そして、

原腸胚	神経胚	成体
外胚葉	表皮	表皮（毛・腺など） 感覚器の一部（嗅覚器・内耳・目の水晶体・角膜）
	神経冠	感覚神経・交感神経 副腎髄質
	神経管	脳・脊髄 運動神経・副交感神経 網膜・視神経
中胚葉	脊索	多くの脊椎動物で退化
	体節	真皮 骨格筋 脊椎・肋骨
	腎節	腎臓・生殖輸管
	側板	胸膜・腹膜・腸間膜 心臓・血管・血球 生殖巣 内臓筋（平滑筋）
内胚葉		呼吸器の上皮 消化管の上皮 肝臓・膵臓 ぼうこう 内分泌器官

表6－1　脊椎動物の胚葉の分化

さらに濃ければ内胚葉ができるのです（前ページ図6－1）。ところが処理するアクチビンをとても濃くして、同時にレチノイン酸というものを培養液に入れておくと、腎臓が分化してきます。この結果からは、アニマルキャップがアクチビンでひとたび中胚葉系に運命づけられたはずなのに、レチノイン酸による別な誘導によって方向転換が起こったことが考えられます。

中胚葉誘導と神経誘導は、胚で最初に起こる誘導現象であるため、一次誘導と呼ばれることがあります。腎臓形成の場合のように、いろいろな器官をつくるためにあとから起こる誘導は二次の誘導ということになります。そしてさらに二次誘導でつくられた組織のあいだでまた相互作用が起こるようになり、三次、四次の誘導が起こります。何段階もの誘導現象が体の隅々で起こり、ようやく最終的にすべての器官が正しい位置に、正しい形でつくられるようになります。

表６－１に三胚葉から分化する組織の一覧を挙げました。外胚葉からは神経系、表皮などが、中胚葉からは脊索、体節、側板中胚葉を経て内臓筋、血管系、結合組織などが、そして内胚葉からは消化管や呼吸器の上皮、膵臓などが分化します。いずれの場合も、はじめに大まかな部分の決定が行われ、それに引き続いて行われる多段階の誘導が細かい器官や組織を決定しています。

この章では、こうした器官形成のうち目と肢(あし)に絞ってお話をします。

目ができるまで

目をつくる一連のプロセスは、器官形成の仕組みを理解するうえでよいモデルになります。誘導が連鎖的に起こって器官をつくる例として頻繁に引用される「水晶体誘導」についてここでお話ししましょう。

動物にとって、光を見るという働きは時に生死を分けるほど重要です。ですから、非常にシンプルな構造の動物でも、ちゃんと何らかの形で光を受容する器官をもっており、その器官はたとえ小さくても精巧にできています。

目がどうやってできるか見ていく前に、まず目がどういうつくりになっているかを確認しておきましょう。脊椎動物の目が位置するのは頭蓋骨の中で、眼窩（がんか）という穴の中に入っています。小さな器官ですがその構造はとても複雑で、何層もの膜、水晶体（レンズ）、神経、筋肉などさまざまな組織が含まれています。ものを見るとき、外から来た光は角膜、水晶体、ガラス体を通ってから網膜へ到達します。網膜には光を受容する細胞があり、届いた光の信号が神経を通して大脳へ送られると像として認識されます。このプロセスでは、どの組織が壊れてもちゃんと像を見ることができません。

さて、目がどうやってできるか見ていきましょう。脊椎動物の目は外胚葉を起源とします。このなかで水晶体と角膜は表皮から、網膜は神経管から生じます。前章でお話ししましたが、神経管というのは形成体が神経誘導を行って外胚葉を誘導したものです。神経管の前のほうはふくらんで脳になり、後方は脊髄になるのでした。では、図6－2を見てください。

まず神経管の前方で、前脳の一部が両側に向かって袋状にせり出し、これが眼胞になります。生じた眼胞は外胚葉と接し、ややくぼんだカップ状の構造になります。これを眼杯と呼びます。眼杯は、接している表皮の厚くなった部分（水晶体プラコード）をぎゅっとくびり取って、取れたも

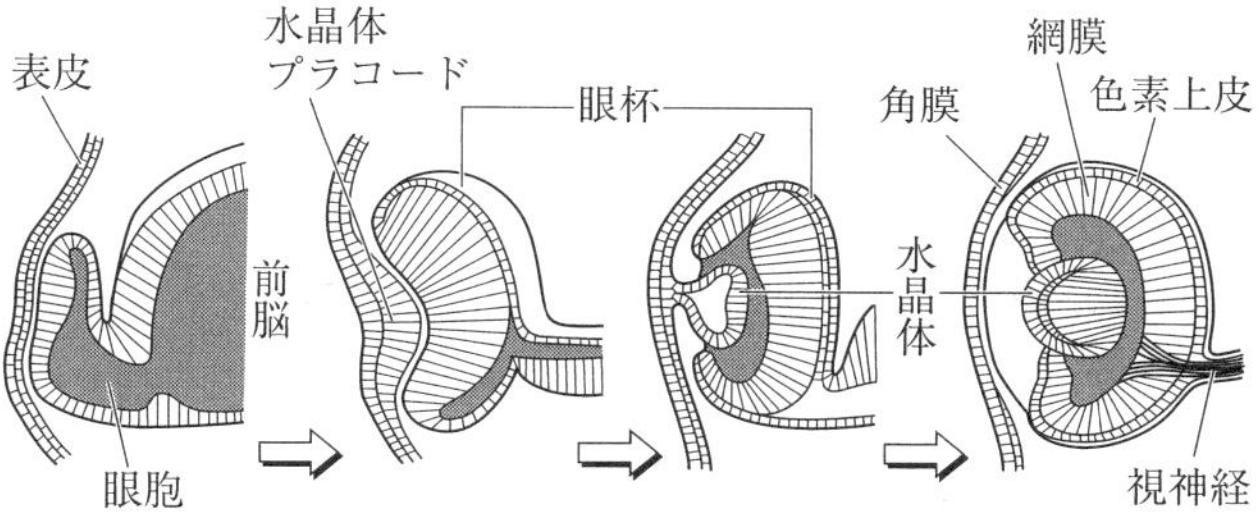
表皮
水晶体
プラコード
眼杯
網膜
角膜
色素上皮
前脳
水晶体
眼胞
視神経

図6－2　脊椎動物の目の発生

のが水晶体（レンズ）になります。そしてできた水晶体が、残った外胚葉に接し、この部分が角膜になります。眼杯のほうはさらにくぼみ、外側が色素上皮層、内側が網膜となっていきます。

実は、発生における「誘導」という考え方が提唱され、確立したのは、この目の形成過程の解明を通してでした。形成体を発見するよりも前に、シュペーマンらは、水晶体プラコードの研究をしていました。あるとき彼らは「この部分の外胚葉は、ほっておいても水晶体になるのか？」と思ったようです。一九〇一年、シュペーマンらはカエルの胚を使って、眼胞と水晶体との関係を明らかにする実験を行いました。カエルの眼胞の外側にある外胚葉を開き、眼胞を取り除き、また外胚葉をかぶせて発生させたのです。すると、水晶体どころかその前にできるはずの水晶体プラコードもできていませんでした。しかし眼胞を外胚葉に接触させると、外胚葉が水晶体に分化しました。ということは、本来水晶体になるはずの外胚葉でも、自動的に水晶体になることはなく、眼胞が必要なのです。そこで彼は、外

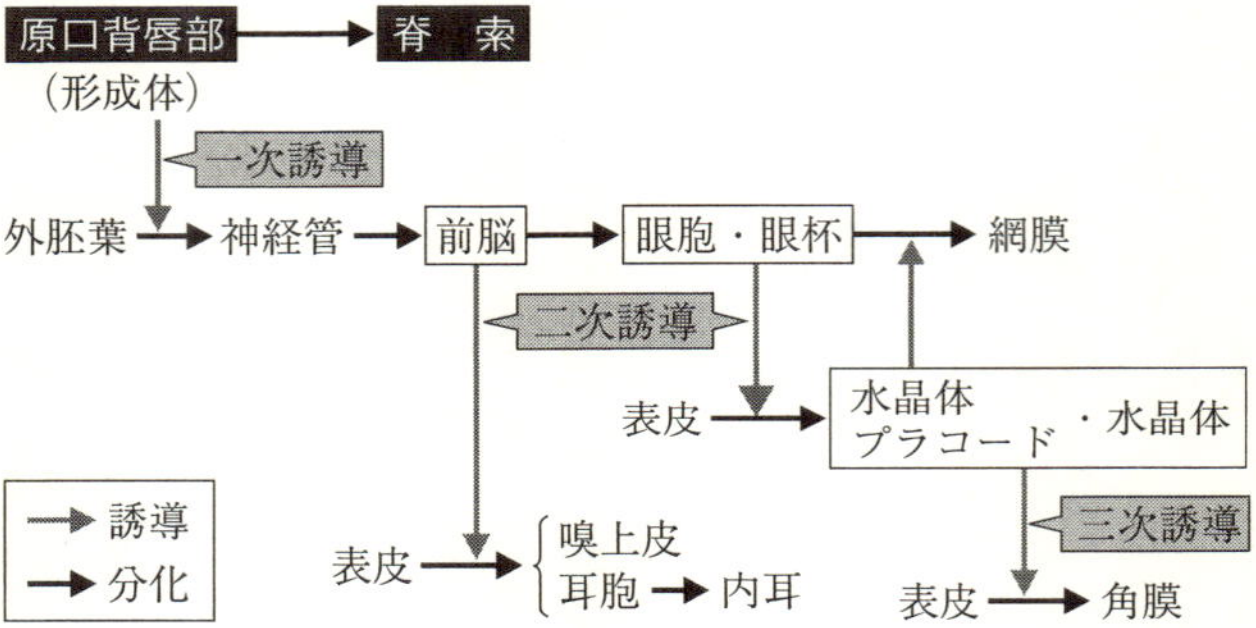

原口背唇部
脊索
(形成体)
一次誘導
外胚葉
神経管
前脳
眼胞・眼杯
網膜
二次誘導
表皮
水晶体
プラコード
・水晶体
三次誘導
表皮
嗅上皮
耳胞
内耳
表皮
角膜
誘導
分化

図6－3　目の発生過程における誘導の連鎖

胚葉が水晶体になるためには、眼胞による「誘導」が欠かせないと結論したのです。

話が長くなってしまうので、目の誘導のプロセスを図にまとめます（図6－3）。前脳からできた眼胞が外胚葉に水晶体プラコードを誘導します。そして水晶体プラコードから水晶体が分化し、分化したレンズが今度は外胚葉に角膜を誘導します。つまり誘導の連鎖が起こっているのですね。目の形成の最初が形成体による一次誘導とすると、水晶体は二次誘導で、角膜は三次誘導でつくられたことになります。

そして、もうひとつ。水晶体ではなく網膜をつくるほうですが、眼胞に誘導された水晶体プラコードが逆に眼胞の側に誘導をすることで、眼杯から網膜が分化します。要するに何かの組織が誘導されると、今度はそれが他のものを誘導していくということです。

目の形成で働く遺伝子

では、この現象にかかわる分子のことをお話ししていきましょう。

まず最初に、目の場所は神経板の前方に決められます。このとき、内側にある中胚葉（脊索前板）から外胚葉の目の予定領域に向かって何らかの働きかけが起こっています。誘導ですね。このとき、脊索前板からのシグナルは、目をふたつに分けるという働きをしています。というのは、脊索前板を取ってしまうと目がひとつ（単眼）になってしまうのです。このプロセスでは、やはりいくつかの遺伝子が働いているのですが、そのなかで注目されるのは、左右軸決定のときにも出てきた分泌因子ソニックヘッジホッグで、これは脳のパターン形成に重要な役割を担っている遺伝子です。ソニックヘッジホッグ遺伝子の突然変異を起こしたマウスでは、神経板の真ん中の構造をうまくつくれず、程度が悪ければ単眼になってしまいます。つまりこの遺伝子がちゃんと働かないと、目の領域が分断できないのです。けれども、これだけでは神経管の部域化は十分でなく、ノーダルに似たTGF-βファミリーの**サイクロップス**（Cyclops　ギリシャ神話の一つ目の巨人の名前）遺伝子に突然変異があると単眼になるという報告もあります。サイクロップスはソニックヘッジホッグの発現を調節して、神経板をきちんとつくる働きをしているようです。

そしてちゃんと目の位置が決まると、眼胞は、いくつかの転写制御因子の遺伝子が神経板の一番前方に発現することでつくられていきます。第3章で、Pax-6というどんな動物にも目をつくらせる遺伝子の話をしました（81ページ）。この遺伝子を覚えている人は、いまの話とどうかかわっているか気になったはずです。眼胞から出る誘導因子？　違います。ホメオボックス遺伝子なので、転写制御因子にしかなりません。

シュペーマンは、さきほどお話しした研究の中で、本来水晶体になるはずの外胚葉の部分を取り除き、かわりに胚の目にならないはずの部分の表皮を移植する実験も行っていました。すると結果は、眼杯に接触すればどんな表皮でも必ずレンズを形成したのです。では、眼杯はどんな外胚葉にもレンズを誘導できるのかというと、そうではありませんでした。実際には、眼杯を頭部でない部域の表皮の下に移植しても、水晶体は誘導されません。移植される表皮は何でもいいわけではなく、応答能をもっている表皮だけが応答できるのです。シュペーマンの実験で移植した表皮はあらかじめなんらかの形で応答能を獲得していたと考えられます。Pax-6はこのあたりのこととかかわっています。

ニワトリやほ乳類の目ができるとき、Pax-6遺伝子が発現している場所は、頭部の外胚葉に限られています。レンズができる場所です。胴体の外胚葉には出ないし、もちろん眼杯自体にも出ないのです。つまり、Pax-6の働きは外胚葉に応答能を与えることなのです。地味ですが、たいへん重要な仕事です。そして、さきほどお話ししたソニックヘッジホッグは、真ん中でPax-6の発現を抑制して、目の領域をふたつに分けているといわれています。

さて、Pax-6の発現した外胚葉に、眼胞からの誘導が起こります。このとき眼杯は、少なくともBMPを分泌しているといわれます。そして、Sox 2, Sox 3そしてL-Mafという遺伝子が発現し、水晶体が誘導されます。

L-Mafは、水晶体特異的に発現する転写因子の遺伝子で、クリスタリン遺伝子の発現を制御します。そして、培養細胞やニワトリ胚の細胞を水晶体へと分化させることができ、その機能を阻害すると水晶体の分化が阻害されます。これらのことから、L-Mafは水晶体分化決定因子であると考えられています。

このような目の形成過程では、組織同士が相互に誘導を行うことによって、さらに網膜や角膜のようなすべての部分がきちんとできてきます。これらのシグナル伝達系や、目の形成で起こる連続的な遺伝子発現の全体を調べるための研究がまだまだ続いています。

6-2　誘導で肢をつくる

上皮と間充織のあいだで起こる相互作用

突然ですが、**間充織**（かんじゅうしき）って知っていますか？　これは中胚葉が起源の組織で、いろいろな上皮組

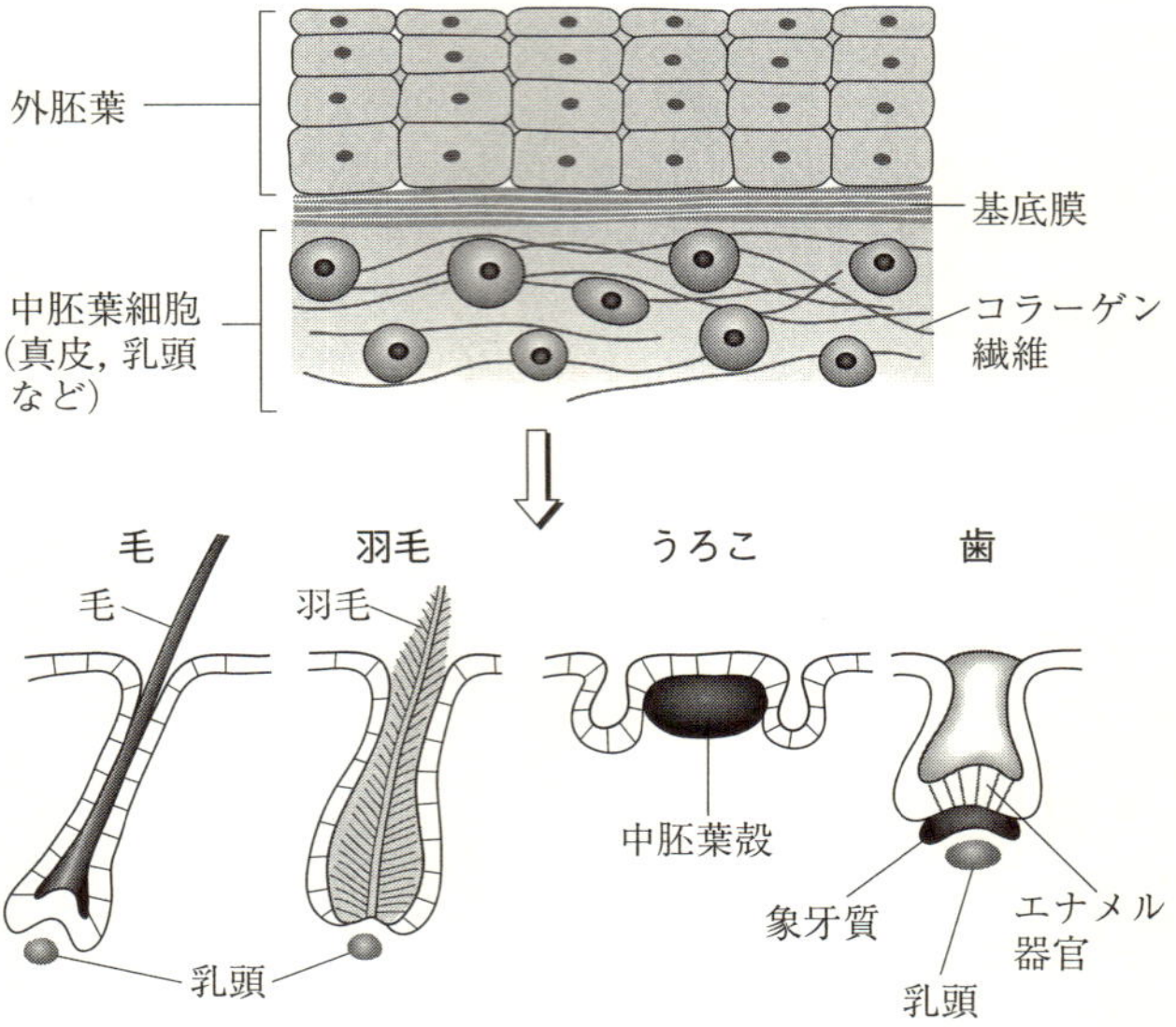
外胚葉
基底膜
中胚葉細胞
(真皮, 乳頭
など)
コラーゲン
繊維
毛
羽毛
うろこ
歯
毛
羽毛
中胚葉殻
象牙質
エナメル
器官
乳頭
乳頭

図６－４　上皮―間充織相互作用

織のあいだにある、星状の細胞と細胞間物質からできた、結合組織のようなものです。間充織は上皮組織を結合させたり栄養補給をするだけでなく、上皮の細胞分化、組織形成に重要な役割を果たしている組織です。このような上皮と間充織とのかかわりを、上皮―間充織相互作用といいます。

肺、肝臓、膵臓などの組織は、内胚葉に由来する前腸の上皮と、間充織との相互作用を介してつくられます。肺を例にとると、肺のもとになる器官（原基）の上皮（肺芽上皮）を単独で培養しても細胞分化は起こりません。けれども、特定の間充織

(肺器官原基組織）と接触させると、管腔の構造をつくって気管支がつくられます。肝臓や膵臓でも原基の上皮と間充織との相互作用によって同様な管腔構造ができてきます。このような現象からは、少なくとも中胚葉に由来する間充織から上皮への誘導が起こっていると考えられます。ということは、間充織がつくる何らかの誘導因子がかかわっているに違いありません。

このような上皮―間充織相互作用はたくさん報告されています（図6－4）。ここでは、なかでももっともドラマティックな現象である四肢（手足）の形成がどのようにして起こるかお話ししましょう。

肢のパターン

脊椎動物の四肢、つまり前肢と後肢の形成は、発生の過程でのパターン形成がどのようにして起こるかということを調べるために古くから研究が行われてきました。というのも、ここには、軸の形成、誘導、組織間相互作用、細胞の増殖と分化という一連の現象がすべて含まれているからです。

四肢は、変態したカエル、は虫類、ほ乳類に見られますが、これは魚類の胸びれと腹びれに相当する器官と考えられます。そしてもちろん、鳥類では翼が前肢に相当します。四足動物の四肢の骨は基本的には共通のパターンをもっていますが、ここでは主にニワトリ胚の前肢で明らかになってきたことをお話しします。

その前に、まず、ヒトの腕を例にとって、前肢の軸について簡単に説明しておきましょう。腕を真横に水平にもち上げ、親指が上を向くように手を広げてみてください。この体勢で腕の三つの軸を定義します。いま親指と小指を結ぶ軸は、体の頭尾の軸と平行です。ですからこれが前後軸です。また、手の甲と掌を結ぶ軸は体の背腹（はいふく）の軸と一致しています。そしてもうひとつは肩から指先にかけての軸で、肩に近い側を基部、指先に近い側を先端部と呼びます。

では、ニワトリの肢がどうやってできるかという話を始めましょう。

肢のもとになる細胞の塊のことを「**肢芽**」と呼びます（図6－5）。前肢の肢芽は「翼芽」、後肢の肢芽は「脚芽」に相当します。ニワトリの胚では、卵が産み落とされてから三日すると前肢の肢芽が胴体の両側の側部に二対の突起としてつくられます。肢芽から肢がつくられていくときは、この三つの軸に対して常に正しい位置関係で、正しい大きさと正しい数の骨、筋肉、神経、血管などが配置されます。ニワトリの前肢にはヒトの人差し指、中指、薬指に相当する三本の指があり、これを第2指、第3指、第4指（Ⅱ、Ⅲ、Ⅳと表記）と呼んでいます。

肢芽の内部は脇腹の中胚葉からできた間充織からなり、表面は後に表皮に分化する外胚葉に覆われています。発生が進むと肢芽が伸長し、筋肉や骨がつくられ、関節や個々の指のパターンができていきます。このとき間充織は軟骨と結合組織に分化しますが、筋肉や神経はあとで胴体か

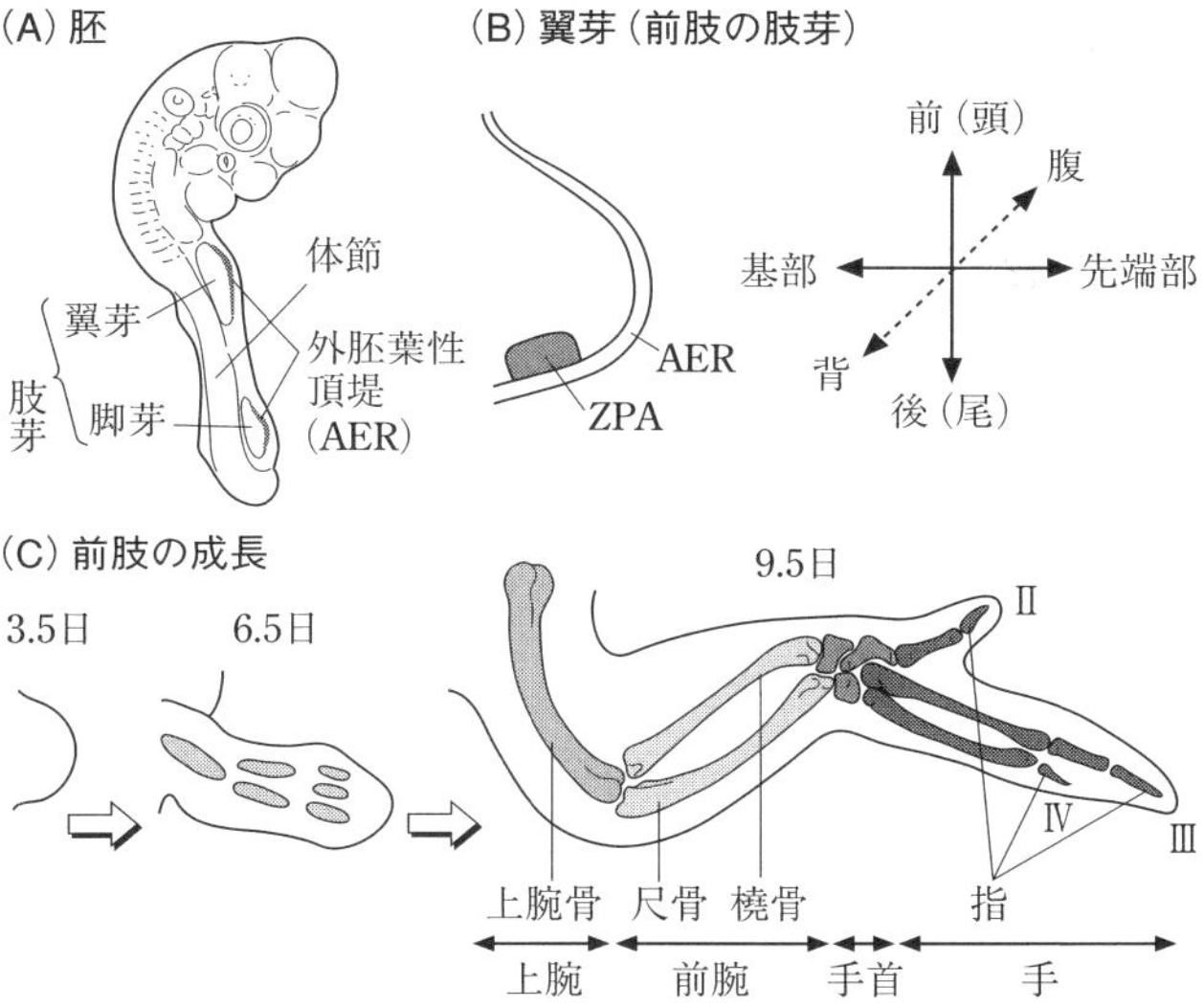
(A) 胚
体節
翼芽
肢芽
脚芽
外胚葉性
頂堤
(AER)
(B) 翼芽（前肢の肢芽）
AER
ZPA
前（頭）
腹
基部
先端部
背
後（尾）
(C) 前肢の成長
3.5日
6.5日
9.5日
Ⅱ
Ⅳ
Ⅲ
上腕骨
尺骨
橈骨
指
上腕
前腕
手首
手

図６－５　ニワトリの四肢形成

ら肢芽に入りこんでつくられます。

肢芽を構成しているそれぞれの細胞は、最初は何に分化していくか決まっていません。成長していくあいだに、どこに位置し、将来何になるかがまわりの細胞とのコミュニケーションによって決められていきます。ですから、四肢の形成は上皮―間充織相互作用によっており、そこでは基本的に何らかの誘導が起こっていると考えられます。

肢芽の軸のつくり方

肢芽の先端部で背側と腹側の境界面にあたる部分の表皮は少し厚くなっていて、**外胚葉性頂堤**（AER）と呼ばれます（細胞の塊にこういう名前をつけているのです)。AERは肢芽の形成にとても重要で、この部分を肢芽から切り取ってしまうと肢の成長が止まってしまいます。そして、いつごろ切り取ったかということで、できる肢の部分が変わります。早い時期に切り取るとより基部(胴に近い側)の構造だけがつくられるし、遅くなるとより先端側の構造までできるようになります。このことから、肢ができるときには全体のパターンのミニチュアが伸長していくのではなく、はじめに上腕部の構造ができてから前腕部が、そして指が、というように段階的につくられることがわかります。肢芽は体から切り出して培養しても、ちゃんとパターン形成が起こります。この場合は、体から神経や筋肉が入ってきませんので完全な肢にはなりませんが、骨のもととなる軟骨が一定のパターンでできてきます。AERはその直下にある内側の間充織(PZ)との相互作用によって、基部から先端部にかけてのパターンをつくっていることがわかっています(図6-6(A))。

また、肢芽(翼芽)の後端部(小指側)の間充織は**極性化活性帯**(**ZPA**)という細胞でつくられています。古くから、実験的にニワトリのZPAを別な肢芽の前端部(親指側)に移植すると、重複肢が形成されることが知られています(図6-6(B))。このためZPAは、肢芽の前後パターンを決定するといわれています。

そして背腹軸ですが、主に表皮に近いところに特徴が見られます。ヒトの手でいえば、毛の生えている側と指紋のある側のことですね。このパターンは、初期に肢芽の表皮を逆さまに貼り替

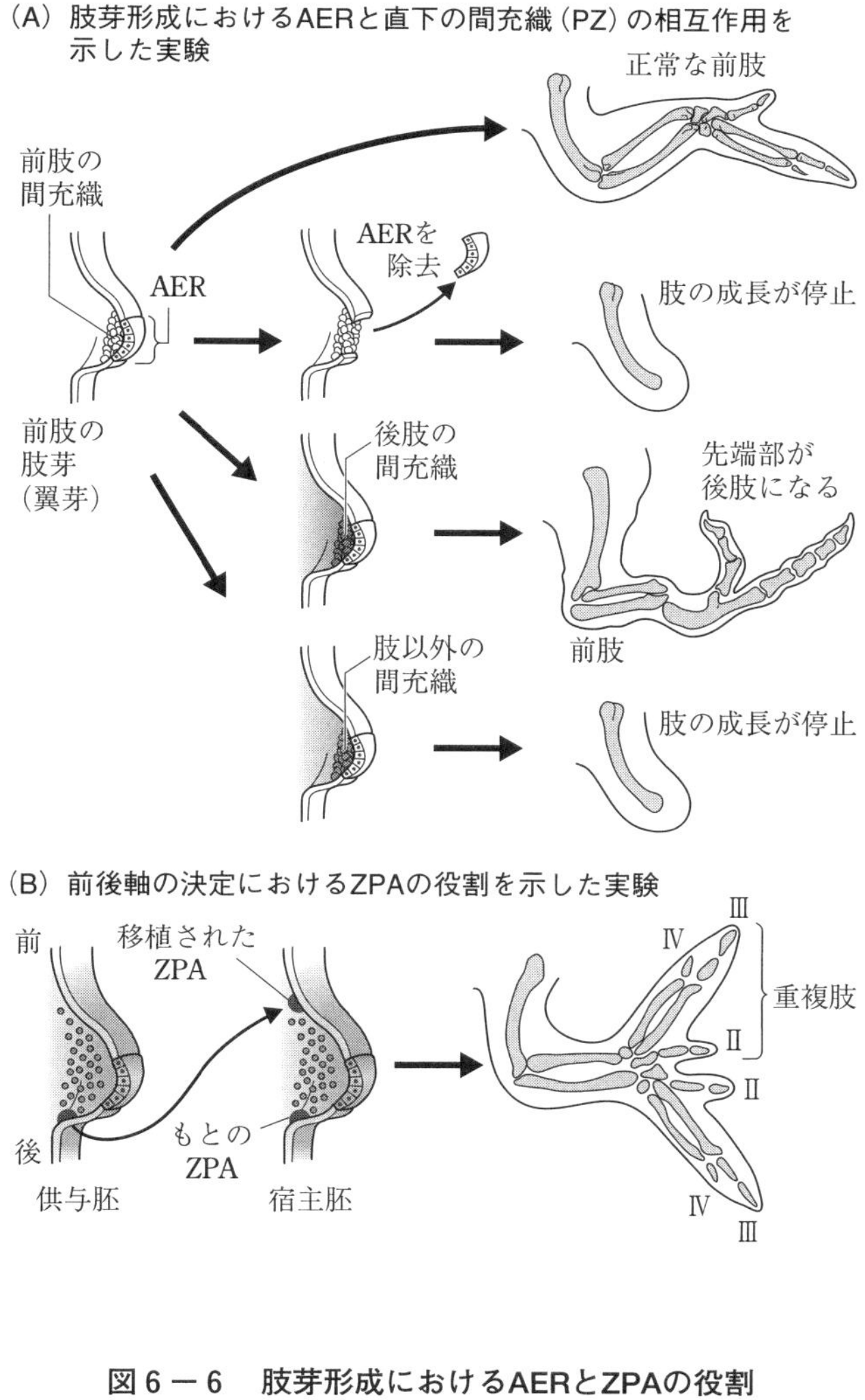
(A) 肢芽形成におけるAERと直下の間充織（PZ）の相互作用を示した実験
前肢の間充織
AER
前肢の肢芽（翼芽）
正常な前肢
AERを除去
肢の成長が停止
後肢の間充織
先端部が後肢になる
前肢
肢以外の間充織
肢の成長が停止
(B) 前後軸の決定におけるZPAの役割を示した実験
前
後
移植されたZPA
もとのZPA
供与胚
宿主胚
Ⅲ
Ⅳ
重複肢
Ⅱ
Ⅱ
Ⅳ
Ⅲ

図６－６　肢芽形成におけるAERとZPAの役割

えることで反対にできます。つまり表皮が背腹を決めるわけです。

以上のように、肢のパターン形成はＡＥＲ（基部―先端部）とＺＰＡ（前―後）の作用で行われると考えられています。では、ＡＥＲとＺＰＡ、そして背側の表皮ではどのような分子が働いているのでしょうか。

ご想像のとおり、肢芽の初期パターン形成でも、働いているのは細胞増殖因子と転写制御因子です。

肢芽形成で誘導を実行する因子

組織の中で遺伝子の発現が起こっている場所を直接知る方法といえば、そう、インシトゥハイブリダイゼーションです。この方法を用い、肢芽の一部でだけ転写の起こっている遺伝子がいくつかわかってきました。

まず、そもそも肢芽ですが、体の側面にある中胚葉の一部としてできます（図６－７(A)）。これは体節による誘導によるものですが、ここで働いているのは、ＦＧＦファミリーのメンバーでＦＧＦ－10というものです。実験的に、本来なら肢のはえない前肢と後肢のあいだにＦＧＦ－10を入れてみます。するとと過剰な肢がその位置にはえてきました。この肢はdasoku（蛇足）と呼ばれます。そしてマウスでは、ＦＧＦ－10のノックアウトマウスに肢芽がつくられません。この

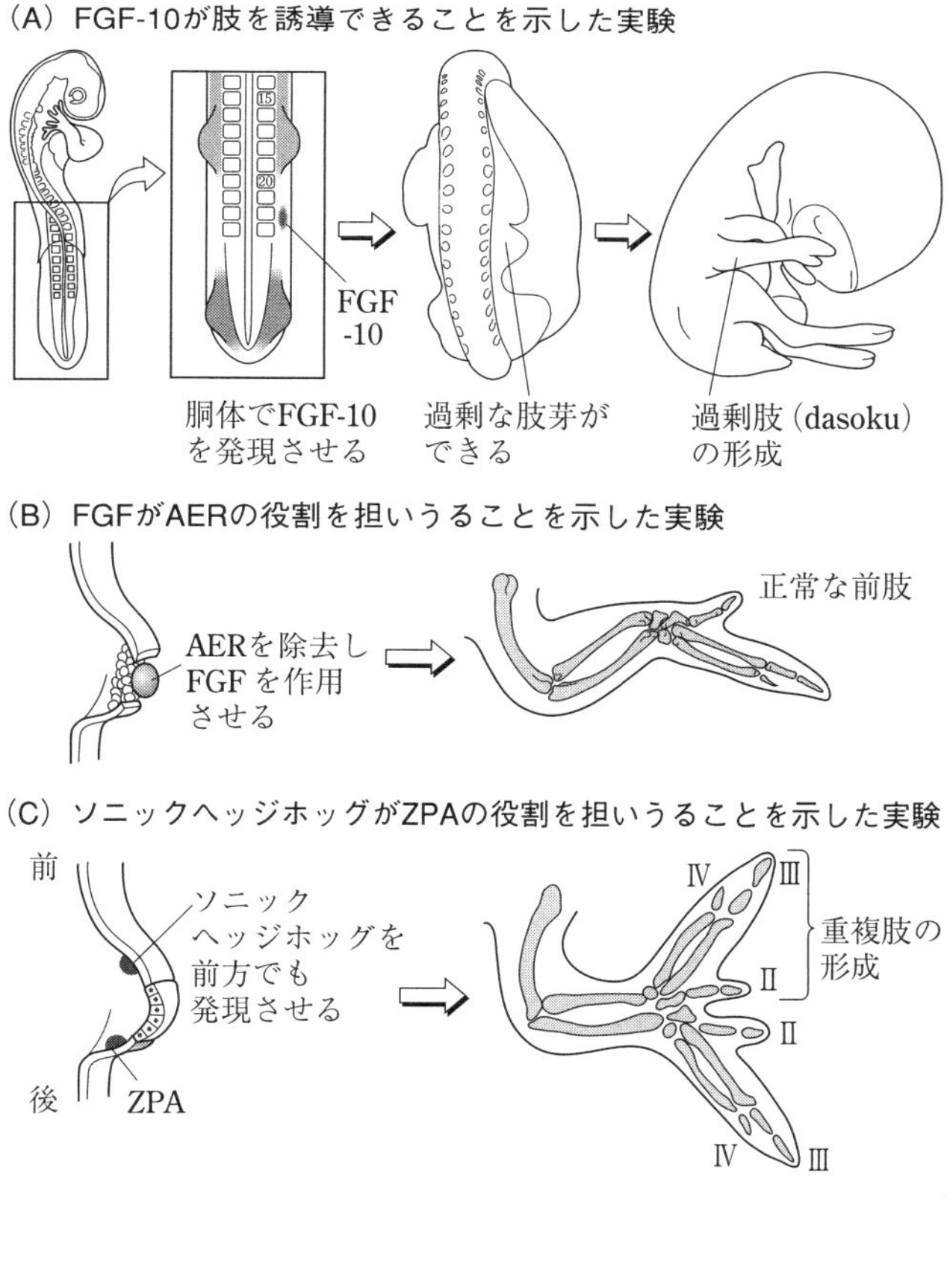
(A) FGF-10が肢を誘導できることを示した実験
15
20
FGF
-10
胴体でFGF-10
を発現させる
過剰な肢芽が
できる
過剰肢 (dasoku)
の形成
(B) FGFがAERの役割を担いうることを示した実験
AERを除去し
FGF を作用
させる
正常な前肢
(C) ソニックヘッジホッグがZPAの役割を担いうることを示した実験
前
後
ソニック
ヘッジホッグを
前方でも
発現させる
ZPA
Ⅳ
Ⅲ
Ⅱ
重複肢の
形成
Ⅱ
Ⅳ
Ⅲ

図6－7　肢芽形成へのFGFとソニックヘッジホッグの作用

ようなことから、四肢の形成にはＦＧＦ－10が必要であることがわかります。

そして、できた肢芽の中にあるＡＥＲの機能の役割を担っているもののなかには、ＦＧＦ－２、ＦＧＦ－４、ＦＧＦ－８というＦＧＦファミリーのメンバーが含まれています。ＦＧＦの遺伝子は、肢芽形成の初期に発現が始まり、次第に発現量が増えていきます。どうやらＦＧＦはＡＥＲ直下の間充織（ＰＺ）を増殖させて肢芽の成長をうながしているらしく、ＡＥＲから出る誘導因子の役割を担うことができます（前ページ図６－７Ⓑ）。

次にＺＰＡです。古くから、ビタミンＡに類似した化合物であるレチノイン酸がＺＰＡと同じように重複肢を誘導することが知られています。けれどもこのときレチノイン酸は、直接に誘導因子として働くのではなく、肢芽の前端部にＺＰＡを誘導することにより重複肢形成を行うと考えられています。ということはＺＰＡで何らかの誘導因子がつくられていることになります。それはいったい何でしょうか。

さきほどのＦＧＦで過剰な肢ができる実験のなかで、ＺＰＡで発現している分泌因子の遺伝子がわかってきました。これは、ソニックヘッジホッグです。この遺伝子からつくったタンパク質を肢芽に入れると、ＺＰＡと同じように過剰な肢が誘導されたのです（前ページ図６－７Ⓒ）。このため、現在ソニックヘッジホッグがＺＰＡ因子の本体と考えられています。ニワトリ肢芽ではＦＧＦとソニックヘッジホッグは互いに発現を誘導し、維持しあって間充織の分化をうながしていると考えられます。

そして背腹を決める表皮。これは背中側の表皮からWnt7aという因子が分泌されることで決定されています。ウィントファミリーのひとつですね。マウスでこの遺伝子を強制的に発現させると、二重背側の肢になり、このノックアウトマウスでは、爪のない二重腹側の掌が生じます。たとえば、自分の手の両面から毛が生えているような感じを想像してみてください。

それにしても、現れるのはいつも同じような細胞増殖因子ばかりです。そのなかでソニックヘッジホッグはいつも重要な場面に現れて、びしっとキメています。この名前はもちろん、ゲームキャラクターからつきました。頑張って遺伝子を捕まえているのが、とても若い人たちだということがわかります。

プログラム細胞死で指をつくる

ここまで四肢の形成の話をしてきましたので、指がどうやってできるかもお話ししましょう。

プログラム細胞死（**アポトーシス**　ギリシャ語で落葉のこと）という言葉を聞いたことがありますか。これは細胞が遺伝的なプログラムに従って自殺する現象のことです。

一番わかりやすい例を挙げると、オタマジャクシがカエルになるとき、尻尾が縮んでいくことがこれにあたります。プログラム細胞死の遺伝子は、細胞を増殖させるのではなく、もっぱら死なせるように調節します。決まった時期が来ると、遺伝子の命令によって細胞が死んでいくということです。損傷などによる単なる細胞の崩壊でなく、能動的でかつ本質的にプログラムされた現象です。これに対して毒物に触れたり、栄養が足りなくて仕方なく細胞が死ぬことは壊死（ネクローシス）と呼ばれます。

プログラム細胞死は体の中にいろいろな器官をつくる現象として近年大きな注目を集めています。プログラム細胞死が起こるときは、まず核が凝縮し、核に収められているDNAが分解酵素で壊されます。それから細胞膜と細胞質がバラバラにされ、その中でその細胞自身がつくるタンパク質分解酵素が働いて自らを分解していきます。

手足の指がつくられるときも、このプログラム細胞死が重要な役割を担っています。手ができるプロセスにおいて、最初のうちは、手の原基はうちわに似て、平べったい皮の中に指の骨（軟骨）が入っているような感じです。ここからどのように指ができてくると思いますか？　骨がぐんぐん伸びて一本一本飛び出す様子をイメージする人が多いでしょう。たしかに骨が伸びるには伸びるのですが、しかし、それだけではありません。骨と骨のあいだにある膜の部分の細胞がだんだんと死んでいき、そのために隙間が生じて指になるのです（図6－8(A)）。

ニワトリには水かきがないのにアヒルやガチョウなどさまざまな水鳥の肢にはあります。これは、単純に水鳥のほうがプログラム細胞死の程度が低いためといわれています。このような鳥は

(A) プログラム細胞死による指の形成 (Garcia-Martinez,V. 他, 1993より)

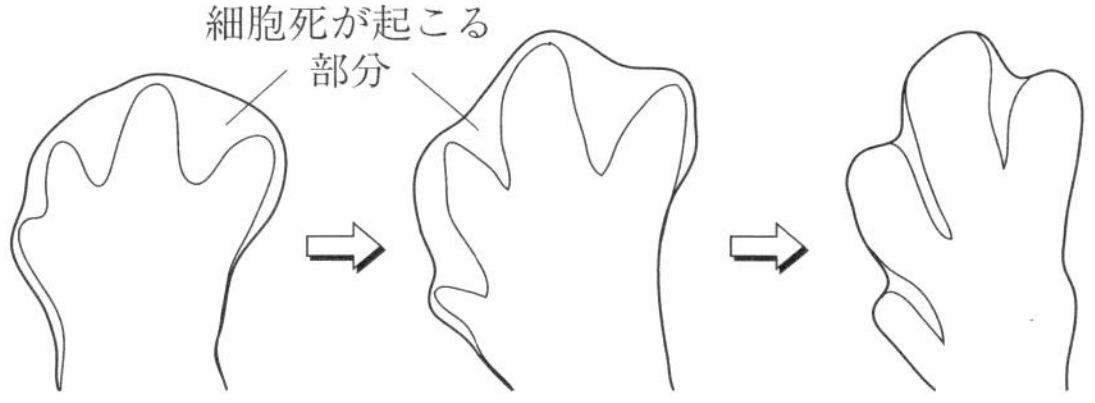
細胞死が起こる
部分

(B) 細胞死は中胚葉によって誘導される

外胚葉	ニワトリ		アヒル	
中胚葉	ニワトリ	アヒル	ニワトリ	アヒル
できる肢の形	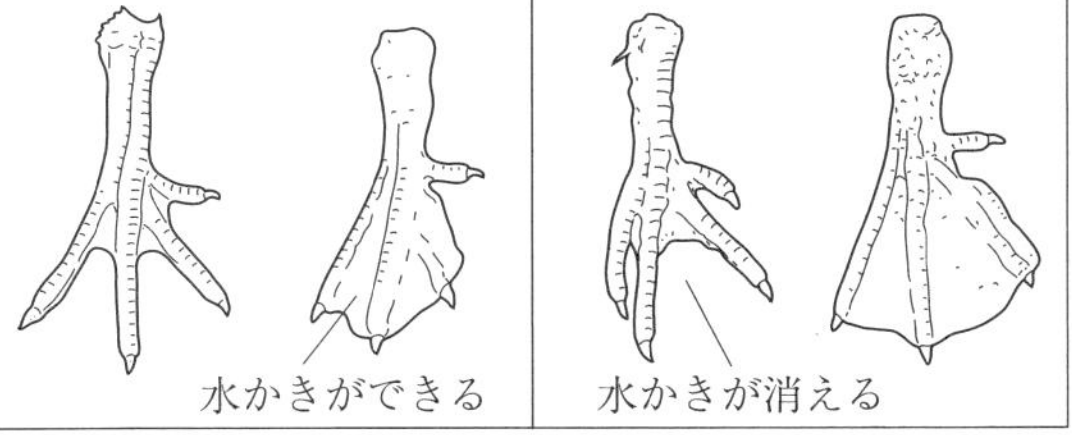 水かきができる 水かきが消える			

図6－8　水かきを消すプログラム細胞死

プログラム細胞死について調べるのに格好の材料となります。そして、鳥の実験から、プログラム細胞死に中胚葉からのなんらかの誘導がかかわっていることがわかりました(図6－8Ⓑ)。ニワトリの肢の中胚葉をアヒルの肢の中胚葉と置き換えてみたら、ニワトリの肢に水かきができてしまったからです。

ここで中胚葉から出される命令には、BMPがかかわっているといわれます。BMPのmRNAは肢の中胚葉で発現しています。ニワトリの肢で人為的にBMPのレセプターが働かないようにする

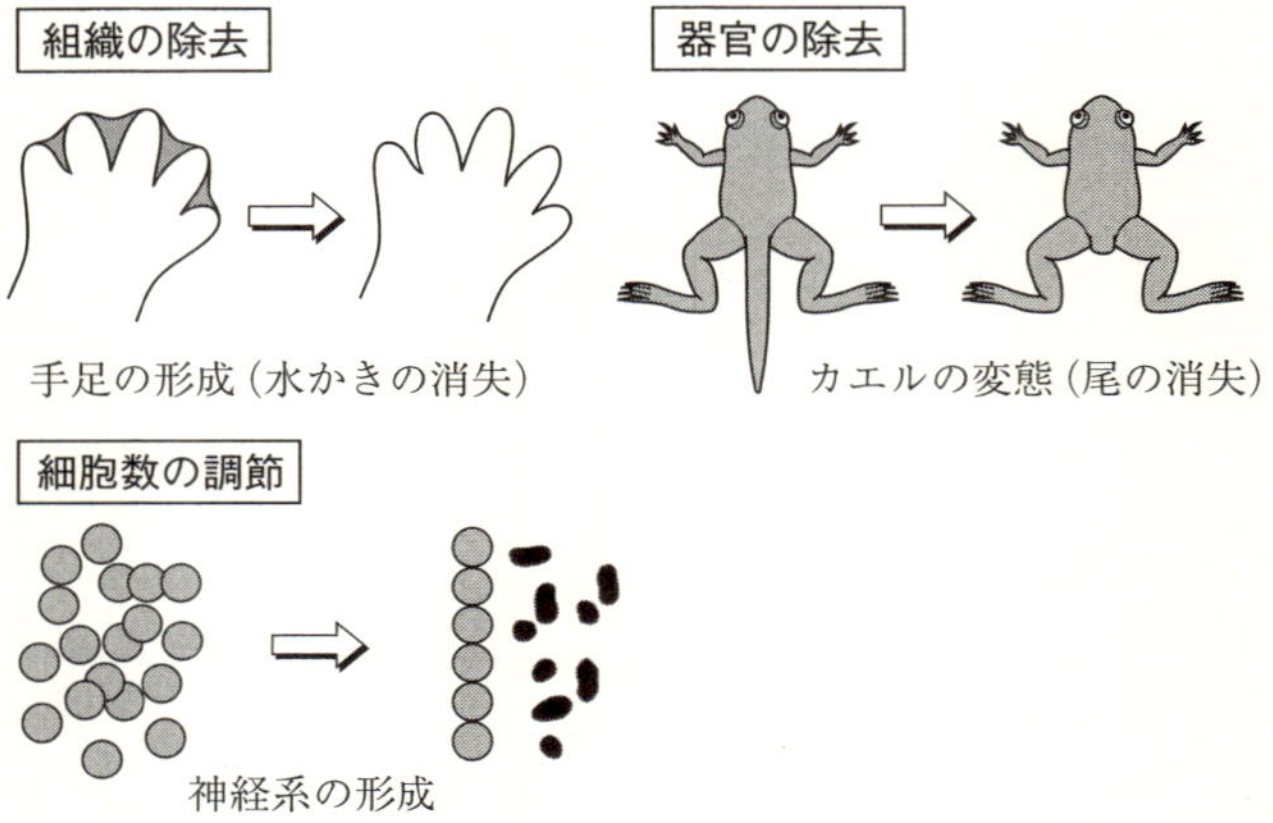
組織の除去
器官の除去
手足の形成(水かきの消失)
カエルの変態(尾の消失)
細胞数の調節
神経系の形成

図6－9　発生におけるプログラム細胞死の役割

と、細胞死が起こらなくなり、指にはアヒルのように水かきが残ります。ＢＭＰがプログラム細胞死の誘導因子だということでしょう。

ところがＢＭＰの発現そのものは肢のどの部分の中胚葉でも起こっています。ですから、おそらくプログラム細胞死自体は何もしなくても起こり、そこへＢＭＰの働きを積極的に邪魔する何かが働くと細胞が生き残るということのようです。このときＢＭＰを阻害する働きをするのが、指のまわりで発現しているノギンです。もしノギンが肢全体で働くと、細胞死は起こらないことになります。ＢＭＰとノギンの関係を思い出してください。ＢＭＰはノギンが結合すると、その働きを抑制されます。

プログラム細胞死は、胚でいろいろな器官をつくるときや変態するとき、形そのものをつくるために起こります（図６－９）。細胞をつくるだけでなく、壊すことによってはじめて生物に統一のとれた器官と全身の形がつくられるのです。これはとても生物らしい現象です。脳ができる途中では神経のつながりに間違いが起こらないように、不要な神経細胞が自殺していきます。免疫では、自分の体を攻撃して病気を起こす危険な細胞が自殺させられます。プログラム細胞死は、どんな生き物の体内でも体を維持するために起こっている重要な現象で、組織や体の状態を一定に保つための防御機能としていつでも働いていると考えられています。

さて、この章では、目と肢という、たったふたつの器官について説明したのですが、器官をひとつつくるのにもたいへんな数の因子と、何段階もの誘導が起こるのがおわかりいただけましたか。これと同じような現象が、体中のあらゆる器官で起こっています。全部を解明するのはたいへんですが、決して不可能ではありません。どうか一〇年後を楽しみに待っていてください。

遺伝子の名前を聞くのは飽きたでしょうから、次の章からちょっと違う話をします。

第7章 ガンと老化

7－1　ガン細胞の特性

細胞社会からの逸脱

さて、前章まで卵で起こる形づくりの話をしてきましたが、ここからは大人になってからの細胞のコミュニケーションについて考えます。ガンと老化です。いずれも現代の高齢社会に生きる私たちにとって他人事ではない、重要な問題ですが、実は、発生生物学の視点から見ても、ガンと老化は、非常に興味をひかれる現象なのです。

ガンとは一般に、ある種の細胞が無秩序に増殖を続けたことが原因で、その個体が死にいたる重大な病変を指します。いまも日本人の死因の第一位です。ですからガンは医学上の大問題ですが、その研究は非常に困難です。なぜかというと、ガン細胞の基本的な性格が増殖と分化という細胞と生命の本質に直接かかわっているからです。つまり、細胞そのものが「なぜ増えるのか」「なぜ増えるのをやめるのか」という問題から考え始めなくてはなりません。

ガンの治療が難しいのは、ガン細胞が正常細胞とあまり変わらず、同じように健康に生きているためです。ガン細胞を殺そうとすれば、程度の差はあれ、正常な細胞にも影響を及ぼします。また体内に異物が侵入してきたときにはふつう免疫が働くのですが、ガン細胞に対しては自己の細胞と大差ないために異物として認識されず、なかなかうまく免疫が作動しないのです。

細胞が性格を変えてどんどん増えることはガンでなくてもあることで、これらは一般に「腫瘍」と呼ばれます（次ページ図7－1）。このうち、増えただけでおとなしく袋（被膜）に包まれた塊になるものは「**良性腫瘍**」と呼ばれ、生命の危機をもたらすことはあまりありません。これに対して、ガンは「**悪性腫瘍**」のことを指します。

ガンで問題なのは、まず「**浸潤性増殖**」と呼ばれる現象で、きちんとした被膜をつくらずに細胞がまわりの組織の隙間などに入り込んで手足を伸ばすように増えていくことです。そして次の問題は、ガン細胞が生じた場所（原発部位）に留まらずに血流などに乗って他の臓器へ移動し、そこでまた増殖することです。これは「**転移**」と呼ばれる現象です。つまり腫瘍が良性か悪性か

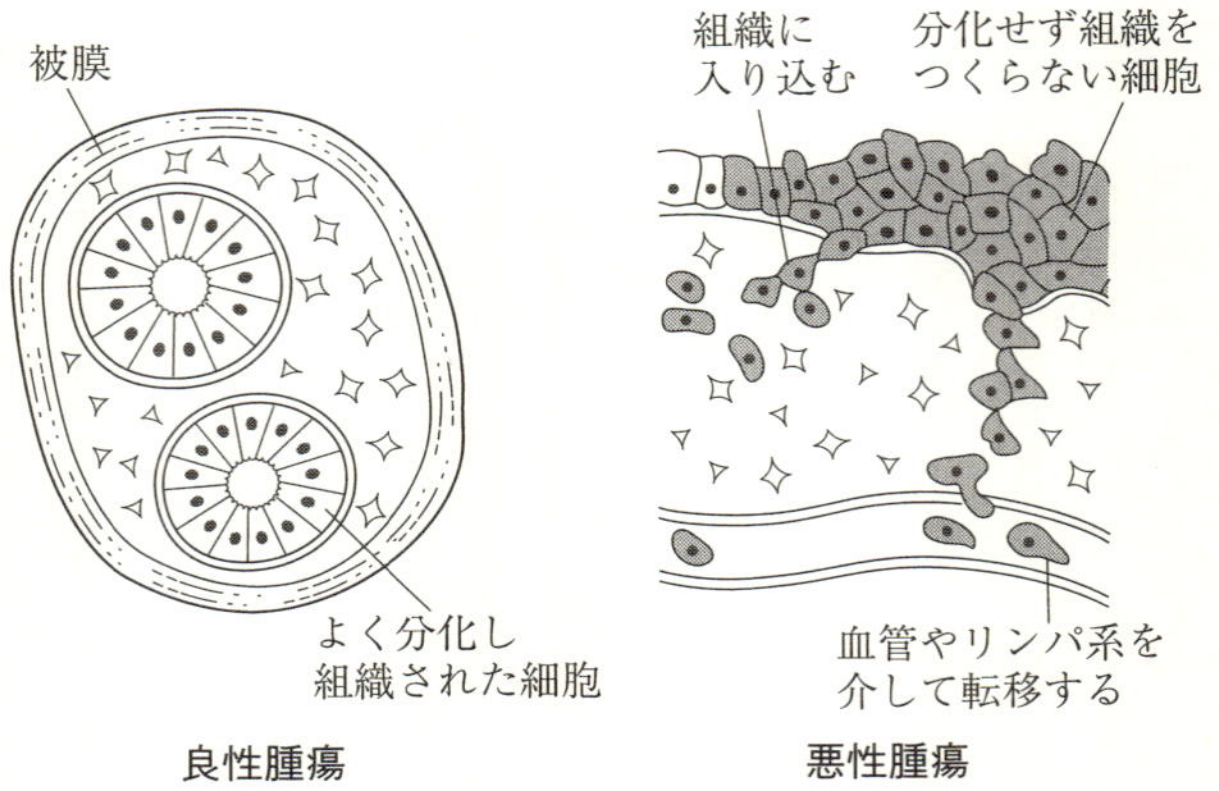
被膜
よく分化し
組織された細胞
良性腫瘍
組織に
入り込む
分化せず組織を
つくらない細胞
血管やリンパ系を
介して転移する
悪性腫瘍

図7－1　良性腫瘍と悪性腫瘍

は、もととは違う組織に細胞が移動し、入り込んで増える能力があるかどうかで区別できるのです。

ガンで亡くなるのは、何の役にも立たないガン細胞が組織内に広がることでその器官が機能しなくなり、さらに転移して全身の器官の機能を妨げていくためです。ひとたび転移を始めたら、全身からガン細胞を取り除くことはとても困難です。

前章までに見てきたように、細胞は生物体の中でさまざまな組織や器官、そして個体を正しい形に保っています。これは各々の細胞がかかわり合い、全体としての調和がとれるように増殖や分化をしているためです。細胞の社会がきちんとつくられているということですね。そしてガンとは、この社会に相容れない細胞の集団です。ガン細胞の最大の特徴は、細胞同士のコミュニケーションを行わないことにあります。実際のところ、ガン細胞は毒素をつくるとか、他の細胞を食い荒らすといった特別なことは何もしていません。ただ周囲からの働きかけを無視して増殖を続けるだけです。また、通常の細胞はたった一個にしておくと死んでしまうのですが、ガン細胞が遊離して転移、増殖していけるということは、そもそも生存するのに他の細胞の助けが不要であることを示しています。

正常な細胞がガン細胞になることを発ガンと呼びますが、その原因は多様です。たとえば、ホルモン、化学物質、ウィルス、放射線、寄生虫などで、互いにまったく脈絡がないと感じるでしょう。またガンの性質も、悪性化の程度やもとの細胞の性格によってさまざまなので、ガンをみな同じものとして扱うことはできません。けれども細胞がまわりとコミュニケーションしないという点が共通しています。

では、ここでいう「コミュニケーションをしない」とは具体的にどういうことでしょうか。

ガン細胞はどこが変？

細胞として異常がないといっても、ガン細胞のふるまいは正常細胞とはかなり違っています。正常な細胞は培養皿の中で育てると動きまわり、二個の細胞が接触するとどちらも方向を変えて離れていきます。ところがガン細胞を培養すると、細胞同士がぶつかっても運動はとまらず、したがってお互いにのこのこ乗り越えていきます。これは、ガン細胞が正常細胞がもっている「運

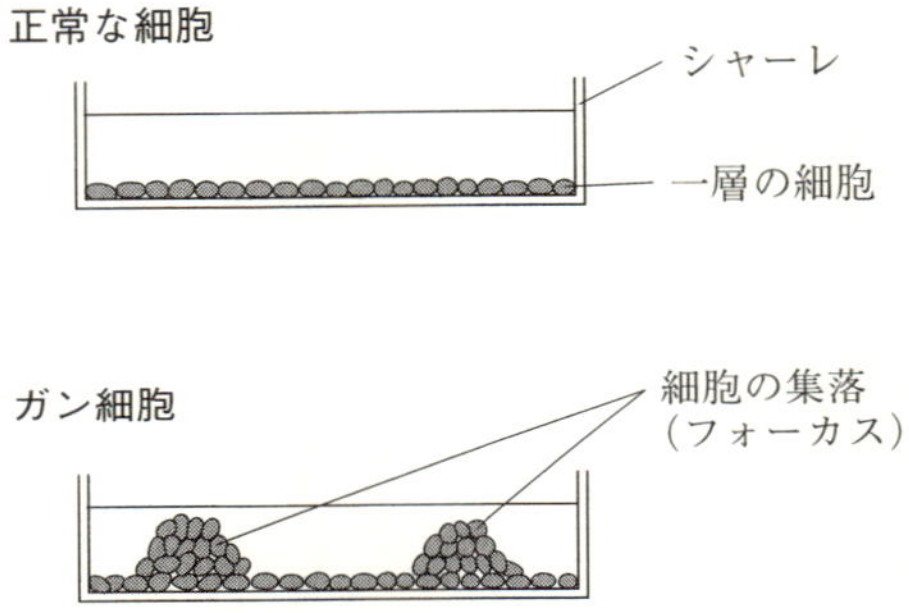
正常な細胞
シャーレ
一層の細胞
ガン細胞
細胞の集落
（フォーカス）

図7－2　ガン細胞の形質転換

動の接触阻止」の性質を失っていることを表しています。

また、細胞の培養を続けていくとふつう培養皿は一面に細胞で敷き詰められたようになります。ここで正常細胞は、それ以上増殖しなくなります。つまり皿の中に一層の細胞しか増えないということです。これに対して、ガン細胞は増殖を止めません（図7－2）。細胞は幾重にも重なって盛り上がり、フォーカス（細胞増殖巣）という特徴的な塊をつくります。ガン細胞は「**分裂の接触阻止**」の性質を失っているのです。培養細胞では、正常な細胞がこのように変化することを「**形質転換**する」といい、ガン化の目印になります。

細胞の運動と分裂の接触阻止は、器官の形づくりに関与する重要な性質です。もしも接触阻止が正常に働かないと、器官の中で組織が秩序正しく配列することや、器官が一定の大きさを保つことがうまくできません。ガン細胞が無制限に増殖し、組織を壊していくのはこの性質が失われているからです。

さて、どうしてガン細胞では正常な細胞の性質が失われたのかを考えていきましょう。前章まで誘導の話をしてきましたが、これを含めて、細胞間ではさまざまな情報交換が行われています。おそらくこのコミュニケーションには、細胞の最外層にあるさまざまな構造が重要な役割を担っているのでしょう。**細胞膜**は、さまざまな機能をもつ糖やタンパク質を含んだゼリーのようなものでできており、レセプターなども含まれています。ガン細胞の場合、たとえばこの細胞膜が、正常細胞と何か違っているとは考えられないでしょうか。

まず、一般に細胞の表面には「糖鎖」というものがありますが、ガン細胞では正常の場合よりもＤ－マンノースやＤ－グルコースを多く含む糖鎖が増加しています。そして、フィブロネクチンというタンパク質が正常細胞に比べて減少しています。フィブロネクチンは細胞と細胞のあいだの隙間に存在しており、**細胞外基質**と呼ばれるもののひとつです。細胞外基質には他にコラーゲン、ラミニンなどもあり、いずれも正常細胞の機能の維持に重要な役割をもっています。隣同士の細胞は、正常ならこのような物質を介して互いにうまくコミュニケーションを行っています（次ページ図７－３）。けれどもガン細胞ではこれらの細胞外基質が減少しており、その結果、細胞間のコミュニケーションがうまくいかなくなると考えられます。そして細胞外基質の減少は、細胞内で形を支えているタンパク質、たとえば細胞骨格のアクチンフィラメントなどにも影響を

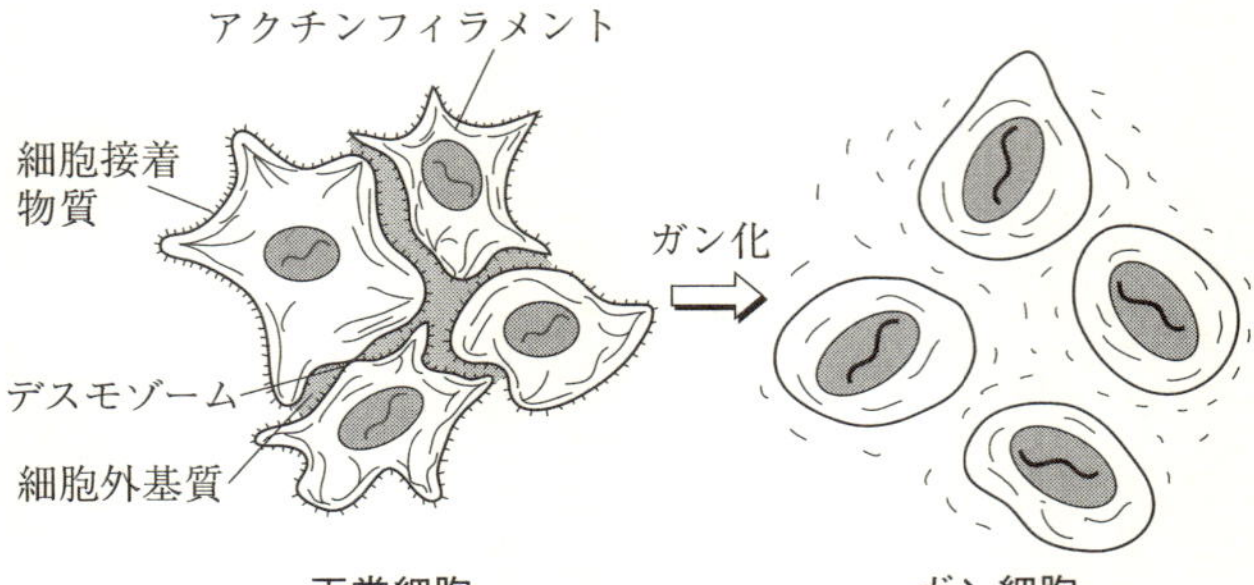
アクチンフィラメント
細胞接着
物質
デスモゾーム
細胞外基質
ガン化
正常細胞
ガン細胞

図7－3　ガン細胞における細胞間コミュニケーションの喪失

及ぼしていることが知られています。

では、このようなガン化した細胞にそのフィブロネクチンを加えてやるとどうなるでしょうか。思ったとおり、正常細胞と同じアクチンフィラメントの配列を取り戻し、細胞間のコミュニケーションも回復します。どうやらフィブロネクチンや糖鎖のような細胞膜に接した物質が、ガン細胞の性質と密接にかかわっているようです。

このほかガン細胞のあいだには、正常細胞ならつくられるパイプのような接着装置（デスモゾーム）が形成されません。また、細胞のあいだに電流を流して測定した伝導度もガン細胞の場合は著しく低くなり、低下の度合いはガン細胞の悪性度に比例するといわれます。これらのことは、いずれもガン細胞のコミュニケーションの異常が細胞膜上の変化とかかわっていることを示唆しています。

「ガン細胞」のつくり方

培養皿の細胞一個を見てそれがガン細胞であるかどうかを決めることはなかなかできません。ガン細胞の形は種類によってさまざまで、ガンならでは、というきわだった特徴はないのです。すでに述べたように、ガン細胞であることが判断できるのは、他の細胞に対するふるまいからです。ですから当然、単細胞生物であるアメーバやゾウリムシのガンはなく、ヒトやマウスなど多細胞生物にのみガンが存在します。

細胞間のコミュニケーションが不足していることがガンの目印といえますが、前述したようにガンを引き起こす要因はきわめてさまざまです。では、発ガンのプロセスもばらばらなのでしょうか。

実は、そうではないことがわかってきました。基本的に、ガンは正常な細胞のＤＮＡが切断などの損傷を受けることから始まります。そしてその細胞がさらに悪性化したときに、はじめて発ガンします。化学的な面からいうと、発ガンにおける悪性化は三つの段階に分けることができます。

第一段階はＤＮＡに傷をつける物質（発ガン剤）によって細胞に突然変異が起こる**イニシエーション**。第二段階は変異した細胞のガン化を促進させる**プロモーション**。そして最後の段階は細胞が悪性化し異常に増殖していく**プログレッション**です。

イニシエーションに働く物質は**イニシエーター**（初発因子）と呼ばれます。ガンのきっかけはイニシエーターによってDNAに不可逆な傷がつき、複製にミスが起きることです。けれども一個のガン細胞が発生してもなんの害も及ぼさず、必ずしもガンにはなりません。というのは多くの場合、ガン細胞ができてもだいたいは免疫系によって排除されてしまうのです。しかし、たまたま免疫系がうまく作用しないような環境だと、ガン細胞が分裂し、増殖していくことができます。これがプロモーションの段階です。このプロセスには**プロモーター**（促進因子）という物質が作用して、免疫系を阻害していると考えられています。

一九四〇年代に行われたマウスの皮膚ガンの研究では、イニシエーターとして少量のベンツピレンや他の芳香族炭化水素が、プロモーターとしてはクロトン油、ホルボーエステルなどが用いられました。クロトン油そのものにはまったく発ガン性はありませんが、イニシエーターと一緒に投与することによって、細胞がガン化しました。順序を逆にしてプロモーターを先に投与して、イニシエーターを後に投与したのではガンにはなりませんでした。

細胞にイニシエーションとプロモーションが加えられると変異が固定されますが、まだこの段階は前ガン状態といわれます。ガン細胞は増殖していく過程でさらに変異が増加し、増殖が速くなり、転移を起こしうる悪性度の高いガン細胞に変化していきます。これをガンのプログレッションョン（進行）といいます。このように、イニシエーション、プロモーション、プログレッションというガンの発育段階は遺伝子の変異が蓄積した結果として起こるもので、これを「多段階発ガン」と呼んでいます。

７－２　ガン関連遺伝子

最初に捕まったガン遺伝子

近年までガンの原因はいろいろと考えられており、その因果関係は必ずしも明確ではありませんでした。けれども、分子生物学や遺伝子レベルでの解析が進んでくると、ガン研究のアプローチにひとつの焦点が見えてきました。正常細胞をガン細胞に変化させる原因と思われるさまざまなことがらが、遺伝子のレベルで見れば共通であることがわかってきたのです。それは、いかにして細胞内で「**ガン遺伝子**」が活性化され、発現するかという問題です。

ガン遺伝子はガンを引き起こす遺伝子で、最初に発見されたのは一九七六年です。いったいどのようにして見つかったのでしょう。

そもそもガンは人間だけでなく、多細胞であればいろいろな生物に起こります。当然ニワトリにも生じます。一九一一年、**ラウス**という研究者のもとに胸にガン（肉腫）ができたニワトリが持ち込まれました。ラウスは、その肉腫を切り取り、すりつぶし、素焼きの板でこしてから別のニワトリに注射しました。この「こす（濾す）」というのは非常に重要なことなのです。こうすると、もちろんガンの細胞はつぶれるし、細菌も濾過されます。そしてこし出された液体には、ウィルスが入っています。

ラウスはこの液をたくさんのニワトリに注射し、そのうち何羽かにガンができることを確認しました。つまり「ガンを伝染させる小さな何か」を見つけ出したのですから、すばらしいことです。しかし当時はウィルスの正体はまったく知られていませんでした。その病原体がウィルスであることが電子顕微鏡などで確認されたのは、何十年もあとのことです。

その後、このように正常な細胞に感染するとガンを引き起こすウィルスは、まとめてガンウィルス、もしくは腫瘍ウィルスと呼ばれています。ガンウィルスには細胞を形質転換させる特別な遺伝子があると考えられ、これを「ガン遺伝子」と呼んでいました。実体をつかまえる前に仮想して名づけたのです。ガンウィルスが動物細胞に感染すると、感染した細胞にガン遺伝子が発現して新しいタンパク質をつくりだし、それがなんらかの手段で細胞増殖の制御機構を混乱させると考えられました。

そしてようやく一九七六年、分子生物学の技術によって、このウィルス（ラウス肉腫ウィルスという名前）の遺伝子から、形質転換を引き起こす塩基配列が取り出され、**サーク**（src）**遺伝**

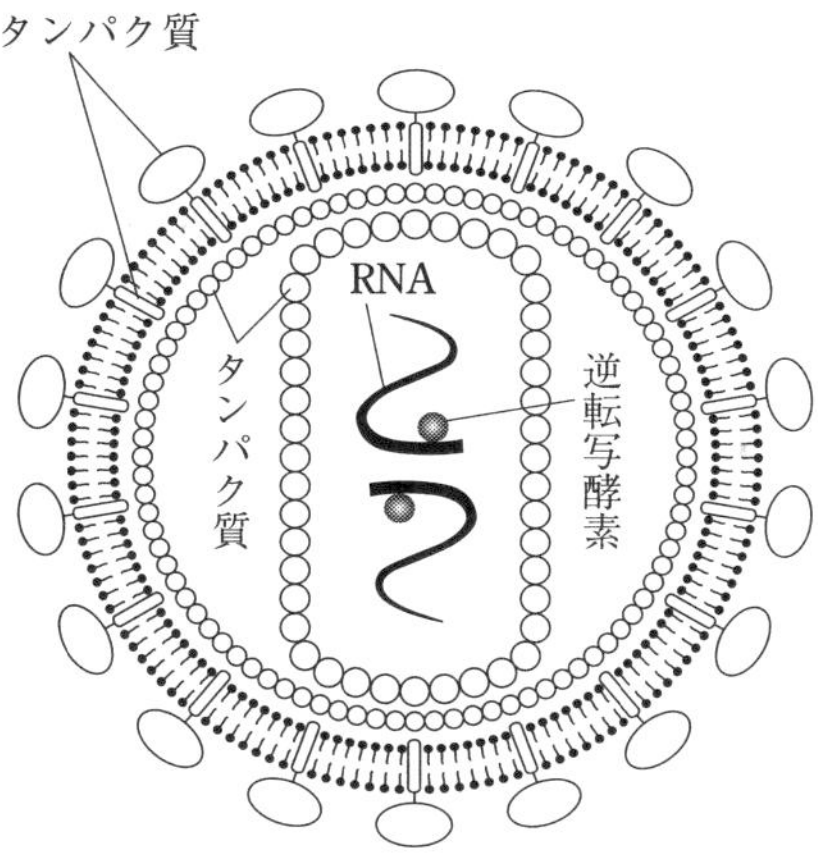
タンパク質
RNA
タンパク質
逆転写酵素

図7－4　レトロウィルスの構造

子と名づけられました。この遺伝子は、ウィルスから出してDNA分子の断片として培養細胞に取り込ませても、同じように形質転換を引き起こしました。つまりガン遺伝子がはじめて取り出されたのです。

ここでちょっとウィルスの遺伝子について説明しておきましょう。正常細胞をガン化するガンウィルスには大きく分けてDNAウィルスとRNAウィルスがあります。RNAウィルスというのは、遺伝子がDNAでなくてRNAなのです。このラウス肉腫ウィルスがもっているのはRNA、増えたウィルスの遺伝子もRNAです。いったいどうやってRNAを複製するかというと、一度RNAからDNAをつくり、そのDNAからRNAを転写するのです。

あれ？　セントラルドグマ（中心命題）では、

RNAからDNAができることはないはずでしたね。どうしてそんなことができるのでしょう。

実は、この働きをする酵素について、第2章で一度お話ししています（57ページ）。いわく、『『逆転写酵素』という特別な酵素でDNAを合成させます。これはウィルスから見つかった酵素で、mRNAを鋳型にしてDNAを合成するという、セントラルドグマの逆向きを行うことのできるものです』。

そうです。RNAウィルスはRNAからDNAを合成する逆転写酵素をもっているのです。こんな酵素はラウス肉腫ウィルスではじめて見つかったのですが、その後の遺伝子の研究に決定的な進歩をもたらしたものです。これをもつRNAウィルスはまとめて**レトロウィルス**（前ページ図7－4）と呼ばれるようになりました。

体の中のガン遺伝子

やがてガンウィルスやその中にあるガン化にかかわる遺伝子の研究が進むと、奇妙なことがわかってきました。ガン遺伝子はウィルスの他の遺伝子と関係がなく、ウィルスの機能にまったく必要ないらしいのです。

レトロウィルスは、逆転写酵素の作用によって自分のRNAからDNAをつくります。そして、**インテグラーゼ**という酵素を使って、自分の遺伝子を感染した細胞の遺伝子の中に書き込んでしまいます。するとその細胞は遺伝子の中にウィルスの遺伝子が組み込まれているので、ウィルスがなくなっても、どんどんウィルスを生み出していくことになります。で、その細胞自体が分裂していくので、ウィルスは増える一方です。そしてなんと、新しいウィルスが生まれるとき、ウィルスの遺伝子の中に細胞の遺伝子が組み込まれてしまう場合があるのです。

一九七〇年代に入ると、ウィルスのガン遺伝子の研究が本格的に行われるようになりました。その結果、驚くべきことに、ラウス肉腫ウィルスのサーク遺伝子と相同な遺伝子がニワトリの正常な細胞の中にもあることがわかったのです。ここから得られる結論は、ガンウィルスのガン遺伝子は、ニワトリの正常な遺伝子の一部が、感染してきたウィルスに「取り込まれた」結果存在するということでした。つまり、ガン遺伝子ははじめから正常な細胞にあり、それがウィルスに入って、再びまた動物に感染していたのです。

サーク遺伝子と相同の塩基配列は、ウズラ、エミュー、サケ、マウス、ウシ、ヒトなどさまざまな動物のゲノムからも見つかりました。ガン遺伝子は多細胞生物の正常なＤＮＡの中にごくふつうに存在しているのです。動物体で見つかったガンウィルスのものと相同な遺伝子は、ガン遺伝子のもとになる遺伝子という意味で、**ガン原遺伝子**（プロトガン遺伝子）と呼ばれています。両者ははっきりと区別しなくてはなりませんので、ウィルスのサーク遺伝子を**v-src**、動物体のガン原遺伝子のほうは**c-src**と呼びます。vはvirus（ウィルス）を、cはcell（細胞）を指します

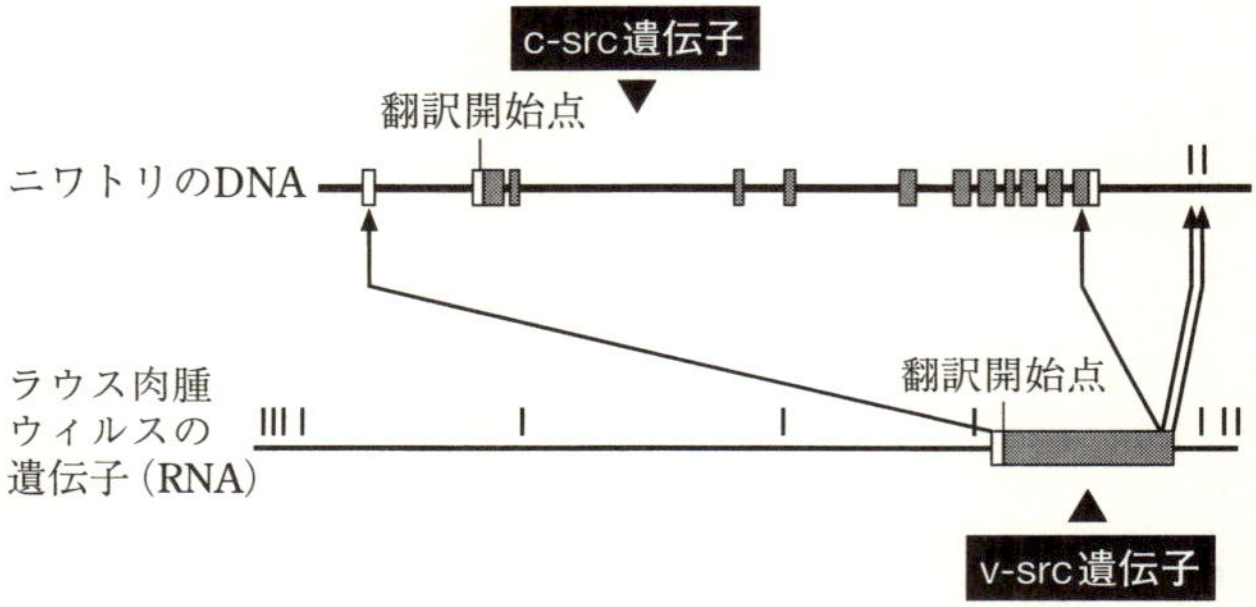
c-src遺伝子
翻訳開始点
ニワトリのDNA
ラウス肉腫
ウィルスの
遺伝子（RNA）
翻訳開始点
v-src遺伝子

図7－5　細胞のc-src遺伝子とラウス肉腫ウィルスのv-src 遺伝子

v-srcではc-srcの転写されない領域（イントロン）が除去され、塩基配列にも変異が見られる

（図7－5）。

この二〇年ほどのあいだに、サーク遺伝子以外にガンに関連する遺伝子が数十種類も見つかっています。そして研究が進むうちに、ガンにかかわる遺伝子はひとまとめにできないと考えられるようになってきました。ガン遺伝子はガン原遺伝子が発ガン物質などで損傷を受けて突然変異を起こしたもので、ガンを引き起こします（図7－6）。そして発ガンに際しては、別なタイプの遺伝子も関与していることがわかってきたのです。

それは「ガンの活性化を抑える遺伝子」で、**ガン抑制遺伝子**と呼ばれます。発ガンには、ガン遺伝子が活性になることと、ガン抑制遺伝子が突然変異を起こして抑制力を失うことの両方がかかわっているらしいのです。ガン原遺伝子とガン抑制遺伝子をまとめて**ガン関連遺伝子**と呼んでいま

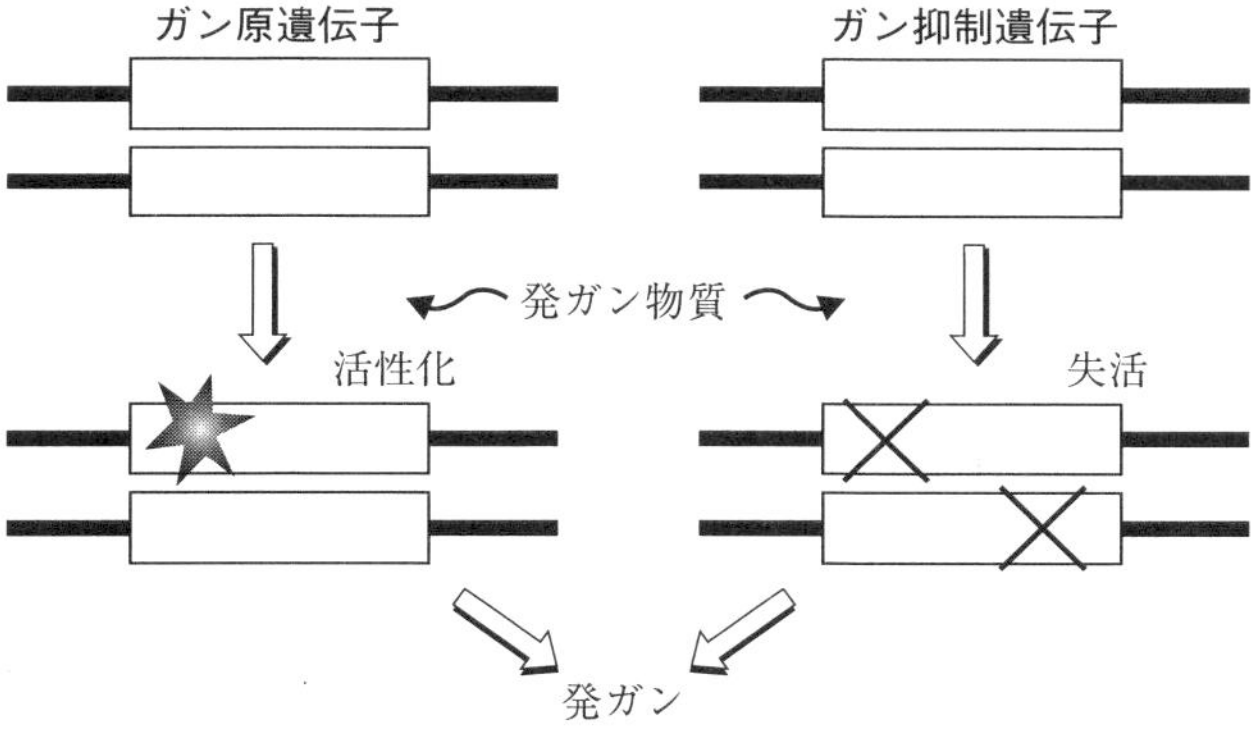
ガン原遺伝子
ガン抑制遺伝子
発ガン物質
活性化
失活
発ガン

図7－6　ガン原遺伝子とガン抑制遺伝子

す。

さて、ガン原遺伝子は一歩間違えばガンを引き起こす遺伝子です。いったいなぜ、あらゆる動物がこのように危険きわまりない遺伝子を体にもっているのでしょうか。ガン原遺伝子は何をしているのでしょう。

正常発生とガン

なぜ動物はガン原遺伝子をもっているか。結論から言えば、それはすべての動物に必要だからです。

さまざまなガン原遺伝子からは、当然さまざまなタンパク質ができます。何をするタンパク質なのか調べてみると、それは、細胞増殖因子に類似したもの、細胞増殖因子のレセプター、シグナル伝達因子、転写制御因子、のいずれかでした。すべて第2章・第3章でお話ししてきた、個体発生に関与する重要な因子です。

いったい、ガン原遺伝子と発生現象とはどういう関係にあるのでしょうか。何度も言いましたが、すべての多細胞生物はもともと一個の細胞で、受精後、何回も何回も細胞分裂をしてひとつの個体になります。どうやらガン原遺伝子は、発生の過程で、これらの細胞の増殖と分化に重要な役割を果たしているらしいのです。おそらく正常な発生では、ガン原遺伝子は発生のプログラムに従って順序よく発現し、バランスが保たれています。必要な段階でタンパク質をつくった後は、きちんと抑制されているということです。ところが放射線や発ガン剤、過剰なホルモンなどがなんらかの形で作用すると、ガン原遺伝子がガン遺伝子へと形を変えて無軌道に働きだします。そして正常な成体ではつくられないはずのタンパク質が過剰につくられたり、酵素活性が異常に高まるといった現象が起こります。また、細胞膜の正常な性質も失われます。

この結果、細胞間のコミュニケーションがうまくいかなくなり、無秩序な増殖が始まるのでしょう。そしてやがて、ガン細胞となっていきます。

このように考えると、さまざまな化学物質による発ガンも、放射線などによる物理的な発ガンも、基本的なメカニズムは同じということができます。いずれにしても、発ガンとは、本来なら正常細胞で働かないはずの遺伝子の抑制がはずれ、活性化されてしまうということです。

実際のところ、私たちの体はガン原遺伝子がきちんと働いてくれたおかげで細胞を増やし、さまざまに分化して統一のとれた個体となりました。けれどもそれと裏腹に、ガン遺伝子になってしまう可能性ももっているため、一歩間違えばガンになることもあります。ガン原遺伝子は必要ですが、危険なものでもあります。困ったものです。

ガンをやっつけるには

せっかくここまでガンの話をしてきたのですから、現時点でガンとどう戦っていけるかについてお話ししておきましょう。

現在、ガンを抑制するために用いられている多くの制ガン剤は、細胞分裂のシステムを阻害するように働きます。つまり実際には細胞分裂の速い細胞ならすべてに効いてしまうのです。このため、正常細胞でも毛根細胞、小腸粘膜の上皮細胞、血液幹細胞などに毒性を示し、脱毛、嘔吐、貧血などの症状を引き起こします。このようなことを防ぐために、新しいタイプの制ガン剤には、免疫作用を増強させるものや細胞分化を誘導するものが現れています。

また、ある種の制ガン剤や抗感染症薬は、ガン細胞に、前章でお話ししたプログラム細胞死（アポトーシス）を誘導させることもわかりました。ガン細胞がどんどん自殺してくれればガンが治るということになります。薬の作用のメカニズムに関しては不明な点も多いのですが、正常な細胞を弱らせない方向に研究が進むのは望ましいことです。

そして遺伝子の研究が進むにつれ、新しい治療法も次々と開発されようとしています。いま、多くの研究者たちは、ガン細胞に、ガン抑制遺伝子を送り込むことを試みています。これは遺伝子治療と呼ばれる新しい技術で、ガン抑制遺伝子の変異で生じる病気に対し、正常な遺伝子を体内に導入してそれを補うという方法です。一般にガン抑制遺伝子DNAは、感染はするけれど増殖はしない人工のウィルスを使って導入します。

ヒトのガンに関係するガン抑制遺伝子は一〇種類以上見つかっています。なかでも注目されているのは、肺ガンや胃ガンなど多くのガンに関係すると考えられる**p53**という遺伝子です。p53タンパク質の主な働きとしては、細胞周期を停止させる、プログラム細胞死を誘導する、そして傷ついたDNAの修復にかかわる、ということが知られています。ガンを発症した人にはp53遺伝子に異常のある場合が多く、ガンを抑制するためにこの遺伝子が非常に重要であると考えられています。

遺伝子治療の臨床研究は始まったばかりで、まだ現実にはいろいろな問題が残っており、他に手段のない場合にのみ、試みられています。理論的には遺伝子をコントロールすることでさまざまな病気に応用できるはずですが、現在はまだデータを集めている段階です。ウィルスに組み込んだ遺伝子を患者さんの体内に入れてきちんと働かせるのが相当に難しいため、いまのところ遺伝子治療の成功例はごくわずかです。けれども、これから確実にこの技術は向上していくことでしょう。

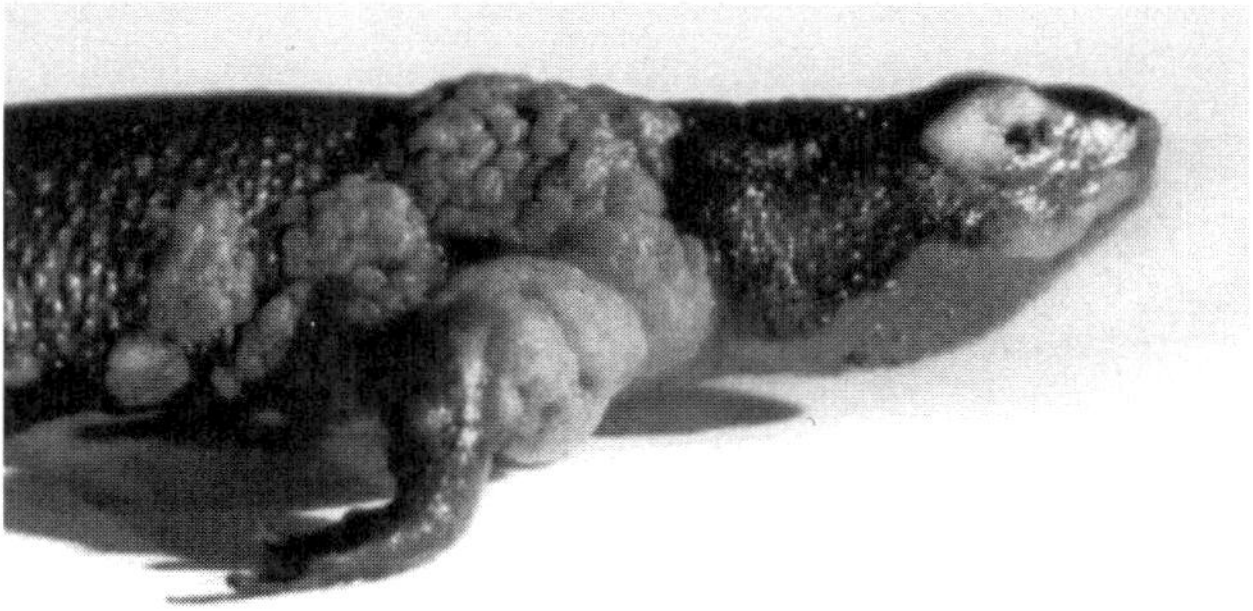

図７－７　イモリのパピローマ（皮膚ガン）（浅島ら原図）

ガンのお話はこれでおしまいですが、最後に、イモリのガンについて少しだけ話させてください。私たちは長いことイモリの**パピローマ**という一種の皮膚ガンを調べてきました（図７－７）。ガンは両生類にも魚類にもできますが、このイモリのガンからはガンを治す手がかりが得られるかもしれないのです。

このガンの組織を電子顕微鏡で見ると、ウィルスの結晶が確認できます。ところが、たとえば尻尾を切ると皮膚にあったガンの塊が消えてしまうのです。このときイモリに何が起こっているかというと、「再生」しているのです。体の一部で小規模に発生のやり直しをしていると考えてもいいかもしれません。これは、何らかの特別な状況におけば、ガンが正常な組織に分化しうる可能性を示しています。また、ガンをもつイモリを冬眠状態においておくと、ガンが消えます。ガン細胞は温度（ここでは低温）への感受性が高いために壊れるのです。このときガンの塊の根本にある血管には血球が集まっていて、血流を止め、塊を根こそぎ落としています。これはイモリだけの現象かもしれませんし、それを引き起こすメカニズムはいまはまだわかりませんが、何か特別な誘導のような仕組みがあると考えられます。とすれば、ここには、「ガンを正常にする」ための大きなヒントが隠されているはずです。

7－3　老化

細胞の寿命

さて、ガンの話が出たので、寿命の話をしましょう。この本の最初に、発生とは卵が大人になるまでのこと、と言いましたが、本当はそれでは終わりません。厳密に言えば、発生とは、卵から死ぬまでの全過程です。

なぜ、ヒトは年をとると筋肉や骨が弱くなり、記憶力が低下し、視力が落ち、歯が抜け、死を迎えねばならないのでしょうか。

個体の老化は、多くの動物に共通して起こる現象です。老化の速度は、一般に体の大きい動物、性成熟の遅い動物、代謝活性の低い動物ほど遅いようです。

体をつくる最小の単位は、細胞です。体細胞を取り出して培養すると、分裂できる回数は長寿の動物からとった細胞ほど多く、同一動物種内では若い個体からとった細胞ほど多いことがわかっています。このことは、各種の体細胞がそれぞれの分裂寿命をもっていることを示しています。個々の細胞が老化することと個体の老化は関連があるのかもしれません。そこで、まず「細胞の老化」について考えます。

正常な動物細胞は有限の寿命をもち、分裂を繰り返すなかで、次第に老化し死滅します。近年、この分裂と老化の関係について、**テロメア**というものがかかわっていると考えられるようになりました。半世紀以上前から、真核生物のすべての染色体が両側の末端にテロメアと呼ばれる構造をもっていることが知られていました。そして一九七八年に原生生物テトラヒメナでテロメアＤＮＡの構造がわかり、この配列がほとんどの真核生物に共通であることも明らかになりました。テロメアにあるＤＮＡは、テロメア配列（ほ乳類ではTTAGGG）と呼ばれる特殊な六個のヌクレオチド配列の繰り返しをもっており、ほ乳類ではこの配列がなんと数百個も繰り返し並んでいます。テロメアの働きは染色体の短縮や他の染色体との融合を防ぐこと、つまり安定性を保つことと考えられています。

細胞が増えていくとき染色体のＤＮＡは複製され、同じＤＮＡを新しくできた細胞に伝えていきます。複製は比較的正確に行われますが、必ずしも末端のテロメアまできちんとはできないよ

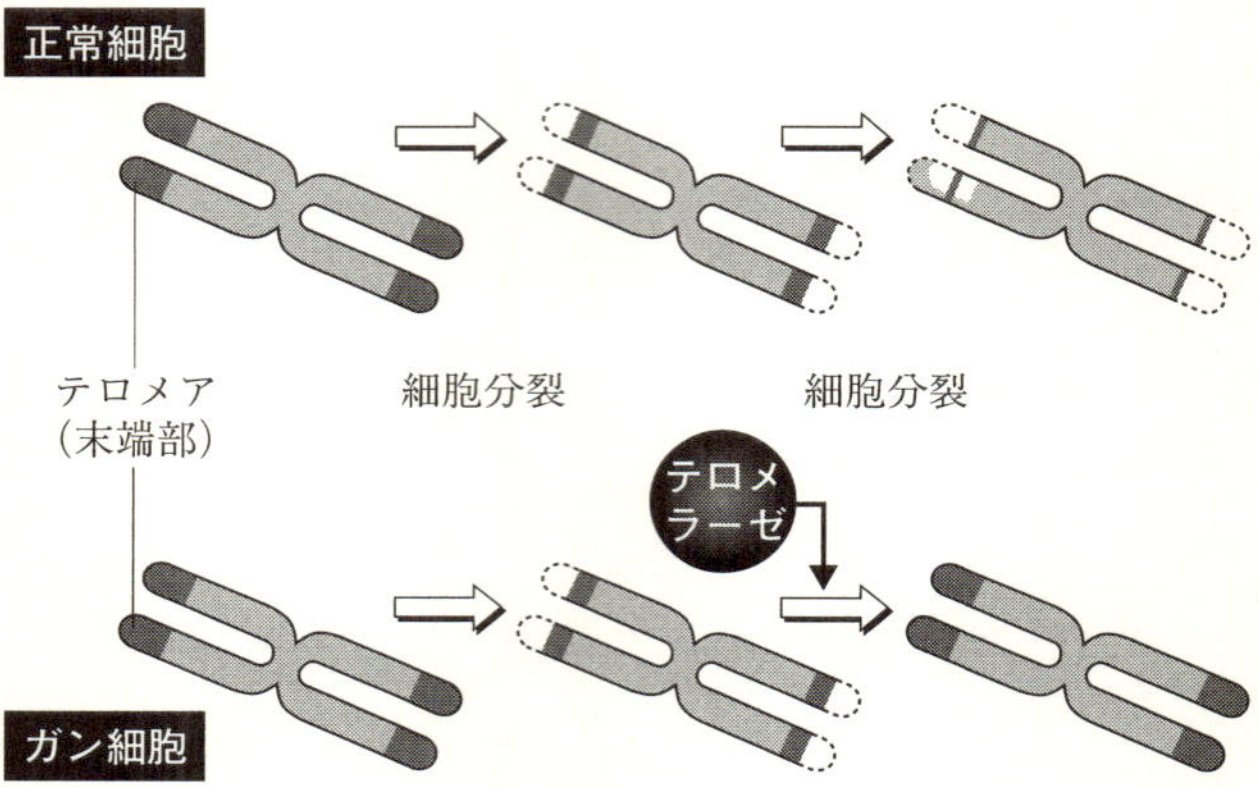
正常細胞
テロメア
（末端部）
細胞分裂
細胞分裂
テロメラーゼ
ガン細胞

図7－8　染色体のテロメア短縮

正常細胞ではテロメアが分裂のたびに短くなり、細胞が老化して死滅する。しかしガン細胞では短くなったテロメアがテロメラーゼによって元に戻り、分裂を続ける

うです。このため、テロメアの反復配列は細胞分裂のたびに短くなり、限界まで短縮されると分裂停止のシグナルが出て細胞は増殖できなくなります。つまりテロメア配列が分裂ごとに短くなることは一種の寿命時計として機能していて、分裂が一定の回数起こると細胞が老化し分裂を停止するということなのです。これが寿命をもつ正常な細胞で起こっていることです。

ところで、すでに述べたように、ガン細胞は条件さえ整えば無限に分裂します。ガン細胞のテロメアはどうなっているのでしょうか？　どうやら短くならないようなのです。どうしてなのかというと、ガン細胞にはうまく複製できなかったDNA末端のテロメアを専門に修理する**テロメラーゼ**という酵素がたくさん入っています（図７−８）。限界を超えた短いテロメアができても、このテロメラーゼが細胞分裂のたびに修復してしまうのです。そのために細胞はいつまでも死なずに分裂を続け、ガン化すると考えられます。つまりテロメラーゼはテロメアの長さを維持する酵素であり、正常細胞ではこの酵素の遺伝子が不活性化しているため老化が進行するのですが、ガン細胞では突然変異にともなってこの遺伝子が活性化されるために無限の寿命を獲得すると考えられています。現在テロメアは、細胞の増殖や不死化の研究の焦点になっています。

実際に、ガン細胞のテロメラーゼを働かなくさせる実験がさかんに行われています。そして最近、種々の処理によりガン細胞株を正常細胞に似た性質をもった細胞に誘導する実験が成功しました。正常化した細胞ではガン形質が変化するとともに、テロメラーゼ活性が著しく低下し、細胞の老化が進行しました。これからさらにテロメラーゼの活性を制御する機構が明らかになれば、ガン細胞に寿命をもたせるという新しいガンの治療法が生まれるかもしれません。

個体の老化を防ぐ遺伝子

このように、テロメアによって細胞の分裂寿命が決まっていることがわかってきました。ということは、細胞の老化が直接個体の老化を引き起こしているのかもしれません。ところが、マウスの体細胞を取り出してより若い個体に植え継いでいくと、その細胞は分裂増殖を続け、細胞を提供した個体よりはるかに長生きするという結果が出ました。こうなると、個体の老化と細胞の分裂寿命を単純に結びつけることはできません。なぜ個体の老化が起きるかについては、従来、遺伝的な理由、ホルモンの作用、免疫機能の低下、ストレス、活性酸素などさまざまな説明がなされてきました。けれども、それらはいずれも仮説の域を出ないもので、分子レベルの機構は、研究の手段が少ないために、なかなか解明が進みませんでした。

ところが最近、老化機構の解明に道を開く研究が行われています。それは第3章でお話ししたノックアウトマウスという方法を応用して「早期に老化する突然変異マウス」がつくられたためです。このマウスは、**クロトー**（Klotho）という遺伝子の変異をもっており、両親から変異を受け継ぐと、動脈硬化、骨密度の低下、生殖器の萎縮、運動能の低下など多様な老化症状を示します。ふつうのマウスの平均寿命は二年なのにこのマウスの平均寿命はたった六〇日です。子どものころは正常で発生異常は特になく、心臓が弱い、ガンになりやすいなどの特徴もありません。なぜ死ぬのかよくわからないのですが、要するに「老化」しているようなのです。

このマウスは、たったひとつの分子の異変が多彩な老化症状を引き起こすこと、また、その原因になる遺伝子が同定されたことというふたつの点で重要です。老化に伴って起こる疾患を調べるためのすぐれた実験系であり、そうした疾患の治療や予防に役立つ可能性があります。老化がテロメアや細胞に悪影響をあたえる活性酸素などで引き起こされるという考え方は「細胞レベルています。

これに対してクロトーは「個体レベルの老化症状」が基本になっています。これに対してクロトーは「個体レベルの老化」を基本にしています。

クロトー遺伝子は腎臓と脳で発現していますが、クロトー遺伝子の欠損によって、さまざまな臓器に異常が観察されます。ということは、クロトーの命令は、血流などを介していろいろな器官に伝わるのかもしれません。クロトーの遺伝子は、分泌型のタンパク質の情報をもっていますので、クロトータンパクそのものが分泌されて、レセプターをもつ細胞に結合し、機能している可能性もあります。クロトーは「老化抑制をする遺伝子」のように見えますが、生体内でクロトーのタンパク質自身が老化抑制をしている直接の証拠はないといわれています。クロトーは個体の状態を一定に保ち、成熟と機能の維持のために働いているのかもしれません。そのためクロトーの力が及ばなくなって破綻すると、さまざまな老化症状を発症するのでしょう。最近、クロトーと同様の症状を個体に引き起こす遺伝子がほかにもいくつか見つかっています。生物には体を維持するための調節機構がたくさんあることがわかります。

クロトーとは人の運命をつかさどるギリシャ神話の女神の名前で、生命の誕生に立ち会い、生命の糸を紡いでいます。クロトーという名前は、個体が成熟し健康に生きていくことにかかわっている遺伝子であることを表しているのです。

質問！

問い…クローン羊のドリーは、分化した大人の乳腺の細胞の核を移植して生まれたのでしたね。ということは、ドリーの染色体はみんなテロメアが短いのではないですか。早死にしたのはそのせいでしょうか。

答え…そうそう、これは重要なことです。すべてのクローン動物にいえることかどうかはわかりませんが、少なくともドリーを含む三頭の体細胞クローン羊のテロメアの長さは、同じ年齢の羊よりも短く、その長さはむしろ元の体細胞が取り出された羊のほうに近かったことがわかっています。クローン羊をつくるために使った細胞は培養して特別な「初期化」をされていたのですが、それでも補修はされず、短くなったテロメアがそのまま生まれてきたクローン羊に伝わったようです。

近年いろいろな動物のクローンがつくられていますが、異常が多く、早死にしてしまうものも多いそうです。ドリーは二〇〇三年初頭に六歳で死亡しました。重度の肺疾患のため安楽死させられたのですが、以前から関節炎などの老化の兆候が見られていました。ドリーの生みの親であるロスリン研究所のウィルムットは、「すべてのクローン動物は遺伝的に何らかの異常があると見られる」という報告をしています。このことがテロメアの長さと直接関連しているかどうかわかりませんが、受精の際に起こる遺伝子の初期化が完全でないためだという仮説がたてられています。

第8章 再生医学の可能性

8-1 再生と幹細胞

未分化・分化・脱分化

細胞はひとたび分化してしまうと、もはや簡単に他の種類の細胞に変わることはできません。細胞は、現状よりも未分化な状態に戻るということが基本的にできないのです。このことは相当に不便です。たとえばケガで指をなくしても、元に戻ること、「再生」はできません。また内臓に深刻な異常が起こっても、人にもらう以外取り替えがきかないので、簡単には切除できません。

ところが、世の中には、この問題が解決できているように見える動物がいます。

体長一センチほどの小さなひも状の動物であるプラナリアでは、体を頭部と尾部の半分に切断すると両方の側から体の再生が起こります。そして、なんと全身を再構築できるのです（図8-1)。またさらに小さな断片にまで切り刻んでも、全身が再生できます。

また、ご存じのイモリは、脊椎動物であるにもかかわらず肢（あし）や尾を切断されても再生します。ここでたいへん重要なのは、肢に入っている骨、筋肉、皮膚、血管、神経などのあらゆる組織が正しい位置につくりなおされ、きちんと機能することです。これは驚くべきことですが、イモリの再生能力は手足だけではありません。レンズ、顎、網膜、さらに心臓の一部を切り取られても完全に戻すことができます。この能力は一部の有尾両生類に特有なもので、ヒトを含むほ乳類や鳥類などはおろか、同じ両生類であっても、たとえばカエルにはありません。プラナリアやイモリがもつ強い再生力は、何に由来するのでしょうか。

現在は、このような動物の体の中には、再生のための特別な細胞があると考えられています。イモリやプラナリアが再生するとき、切られた部分にはまず軟らかい細胞の塊ができてきます。これを再生芽といい、再生を始めるには、これがつくられる必要があります。プラナリアでは再生芽の形成に、体の各部に分布する新成細胞（ネオブラスト）という未分化な細胞がかかわっていると考えられています。これが再生の鍵になる細胞で、その集合体は全身のあらゆる組織をつくることができるのです。それは、発生を始める前の卵がもつ「全能性」（全種類の細胞に分化

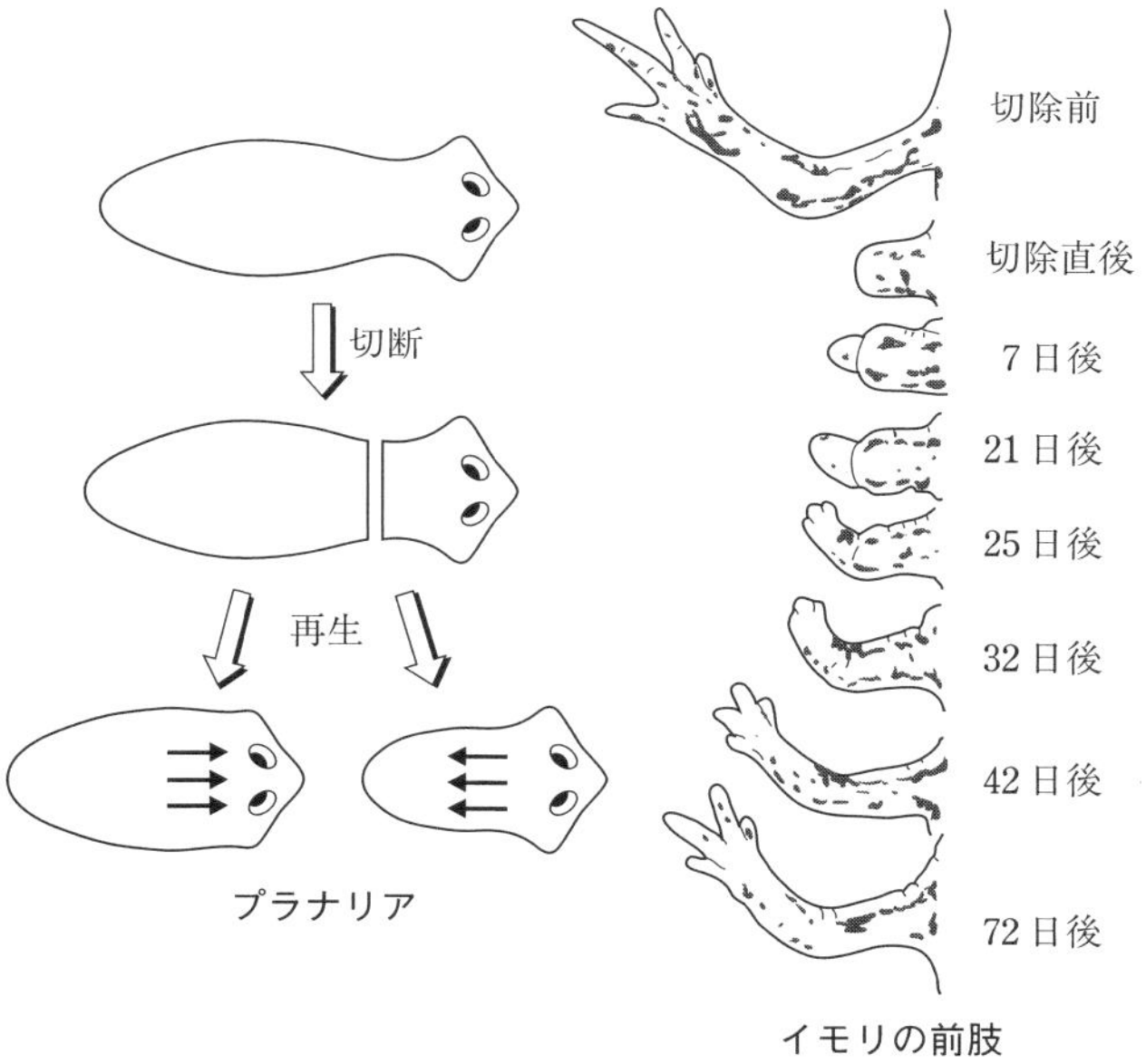
切除前
切除直後
7日後
21日後
25日後
32日後
42日後
72日後
切断
再生
プラナリア
イモリの前肢

図8−1　プラナリアとイモリの再生

できる力）には及ばないにせよ、非常に高い「多分化能」（多種類の細胞に分化できる力）をもっているといえます。

イモリの場合も、肢や尾を切ると数日して切断した部位に再生芽が形成されます。この再生芽の表面は表皮におおわれ、内部は密集した未分化細胞によって満たされています。問題はこの未分化細胞の由来です。最近では、新成細胞と同じような未分化のままの細胞が存在するのではなく、切断後残った筋肉などの細胞が「**脱分化**」した（分化していたのに未分化な状態に戻った）ものといわれています。

いずれにしても、このような再生芽の中では未分化な細胞が、なんらかの理由によって、表皮になるか、筋肉になるか、骨になるかという振り分けをされ、それぞれがあらためて分化をしてきちんと配置されていくものと思われます。これらの細胞は、まるで、一度胚の細胞に戻って、発生のやり直しをしているような状態ですから、非常に重要な発生生物学上の問題を含んでいるといえます。

幹細胞

プラナリアやイモリに比べれば、ずっと小さな規模ですが、ヒトでも再生が起こっています。たとえば、軽いすり傷なら跡を残さずに治るし、かなりひどい傷でもケロイドになって表面がふさがれます。ほ乳類にも、ある種の未分化細胞が体のあちこちに残っているのです。このような一群の未分化細胞を「**幹細胞**（stem cell）」と呼びます。これは、特定の細胞に分化して器官や組織をつくり出す能力をもち、かつ未分化なまま自己増殖を続けることもできる特別な細胞です。

わかりやすい例を挙げてみましょう。私たちの皮膚の多層の表皮細胞は寿命が短く、日々更新されています。お風呂で手足をこすると毎日垢が出ますが、これはどんどん新しい細胞ができて古いものが死んで落ちてしまうためです。どうしてこのようなことが起こるかというと、皮膚の

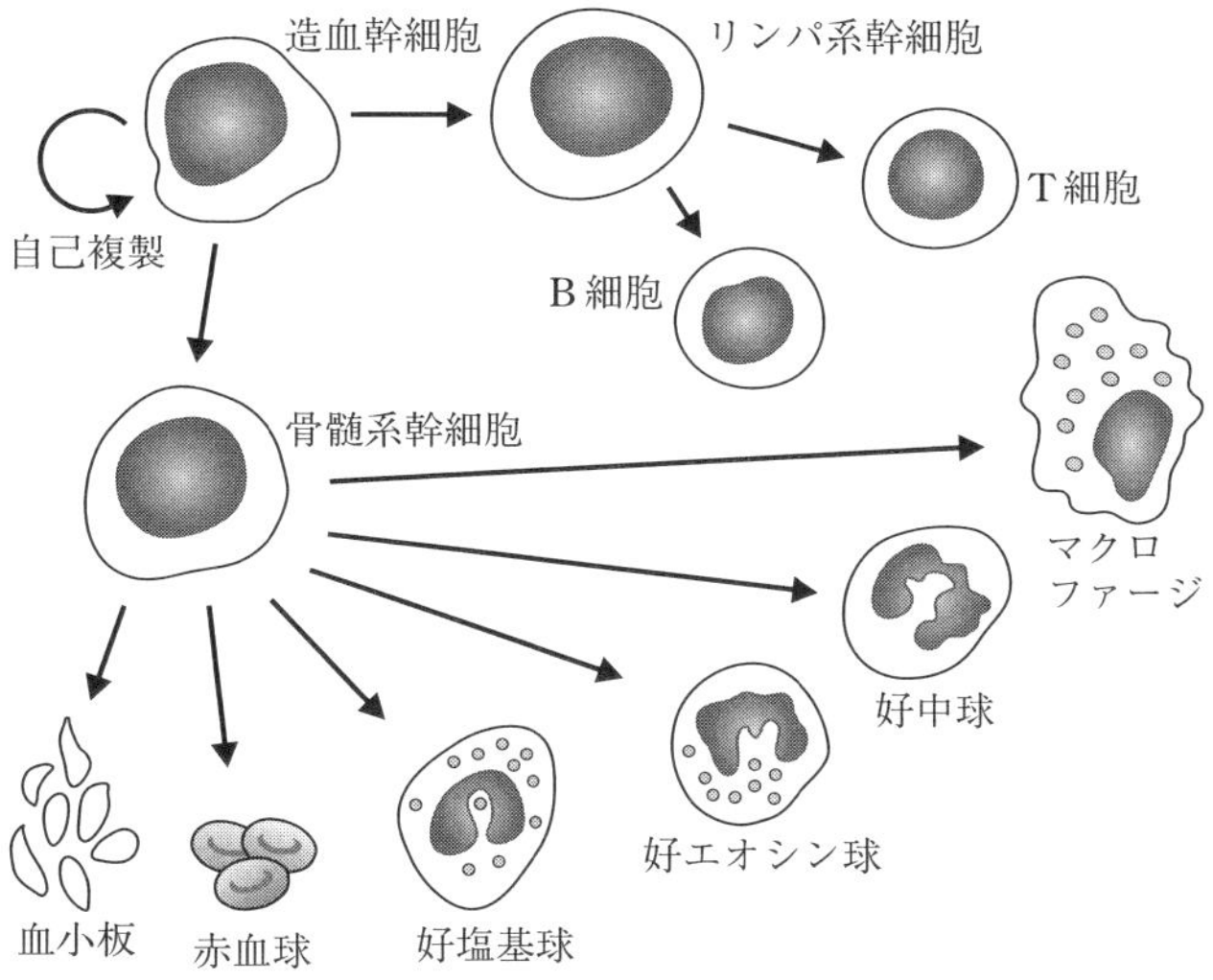
造血幹細胞
リンパ系幹細胞
自己複製
T細胞
B細胞
骨髄系幹細胞
マクロファージ
好中球
好エオシン球
血小板
赤血球
好塩基球

図8－2　造血幹細胞の分化

奥の基底層という部分に表皮細胞のもとになる細胞があり、盛んに分裂しているためです。この「もとになる細胞」を表皮幹細胞と呼びます。この細胞の数は少ないですが、必要となると分裂し、皮膚をつくるように分化します。そして一方で自分自身と同じ細胞を一生複製し続けます。ここで自分と同じ細胞を複製するというのは非常に重要です。もし、表皮幹細胞がすべて皮膚に分化してしまったら、もはや皮膚の次の層をつくることができなくなってしまうからです。

また、ヒト血液細胞には、赤血球・リンパ球などさまざまな機能をもつ一〇種類の細胞がありますが、みな寿命に限りがあるので、毎日莫大な数の細胞が新生されています。興味深いのは、これらの多様な血液細胞がいずれも骨髄にあるたった一種類の造血幹細胞からつくられていることです（前ページ図8－2）。つまり造血幹細胞は、条件に応じてすべての血液系細胞に分化できる多分化能をもっています。造血幹細胞の一部は分裂して分化し、一部は一生のあいだ幹細胞として分裂し続けます。この細胞がいわば無限に分裂と分化を繰り返しているおかげで、血液の細胞は日々更新され続けるのです。

表皮幹細胞や造血幹細胞のような幹細胞は特別なものではなく、多くの組織から発見されていて、**組織幹細胞**と総称されます。おそらくあらゆる組織に存在し、毎日大なり小なり組織や器官を維持、修復しているのでしょう。幹細胞がどのような仕組みで自己複製と分化を使い分けているのかを知るのは発生生物学上の課題ですが、このような細胞が発見されたこと自体、医療において非常に重要な価値をもちます。なぜなら、人為的な「臓器再生」の可能性がそこには秘められているからです。

胚性幹細胞（ES細胞）

造血幹細胞のように大人の体にある組織幹細胞は、未分化といってもプラナリアの新成細胞のように全身の器官をつくりだすものではなく、一定の種類の細胞に分化する多分化能をもっているにとどまります。ほ乳類の成体の中にはそのような全能性の細胞は存在しないと考えられています。しかし、試験管の中には存在します。

この細胞は、**ＥＳ細胞**（embryonic stem cell 胚性幹細胞）と呼ばれます。幹細胞なのですが、胚の細胞を起源とし、何にでもなりうる能力をもった細胞です。実際には、動物から直接取り出されたのではなく、人為的につくられ、培養された細胞です。マウスのＥＳ細胞は一九八一年にはじめてつくられました。

ほ乳類の胚では、細胞分裂の初期に数百個の細胞からなる「**胚盤胞**」という時期があります。この胚盤胞は内側の細胞（内部細胞塊）と外側の細胞の二種類をもっていて、内側の細胞は将来胎仔になる細胞ですが、この時点ではまったく分化していません。ＥＳ細胞はこの内部細胞塊の細胞を取り出してシャーレで培養し、何代も植え継ぎを繰り返すことでつくられます。そして、条件を整えれば培養皿の中で未分化な状態を保ったまま増殖し続けることができます。一般に長いあいだ培養された細胞では、染色体の数が変わったり、欠損したりといった異常が起こりますが、この細胞では起こりません。テロメアについても、短縮が起こらないといわれています。つまり、正常なまま増殖と継代を繰り返すことができるのです。そして、胚盤胞の内部細胞塊の細胞と同じように、ほぼあらゆる種類の細胞に分化することができます。

ＥＳ細胞が全能であることは次のことから証明できます。まず、この細胞を生きたマウスの皮下などに移植すると、奇形腫と呼ばれる腫瘍ができます。この中には、筋肉や神経、内臓などのさまざまな組織が入り混じっています。そして、培養したES細胞を正常な胚盤胞の中に注入すると、胚の細胞と混ざり合って、正常な胎仔をつくることができます（図8−3）。ES細胞からは生殖細胞もつくられるらしく、この仔マウスは、全身にES細胞と同じ遺伝子をもつ、正常な孫マウスを産むことができます。つまり、ES細胞は、胚という環境に置かれれば、あらゆる器官に分化できる全能性をもっているといえるのです。

ちなみに、このような異個体の細胞をもつマウスは、キメラマウスと呼ばれます。**キメラ**とは、ライオンの頭、ヒツジの胴、ヘビの尾をもつ、ギリシャ神話の怪物です。

ES細胞が胚の中であらゆる器官に分化できるということは、子宮の中の条件に近い環境を整えれば試験管内でさまざまな器官へ分化させられる可能性を含んでいます。もしそれができれば、人工臓器をつくり、移植に使うことができます。移植には免疫的な拒絶反応がつきまといますが、体細胞クローンの技術を使えば、この問題も解決できるかもしれません。正常な卵の核を抜き、臓器移植を受けるマウス（A）の体細胞の核と置き換えれば、マウス（A）と同じ遺伝子をもったES細胞がつくられることになります。このES細胞がつくった臓器であれば、まったく同じ遺伝子をもっているので理論的にはマウス（A）に移植しても拒絶反応は起こりません。

ES細胞は最近まで、実験動物レベルでの話と見られていました。しかし一九九八年一一月、米国の研究者がヒトのES細胞を樹立したことを発表しました。不妊治療で使われず凍結保存さ

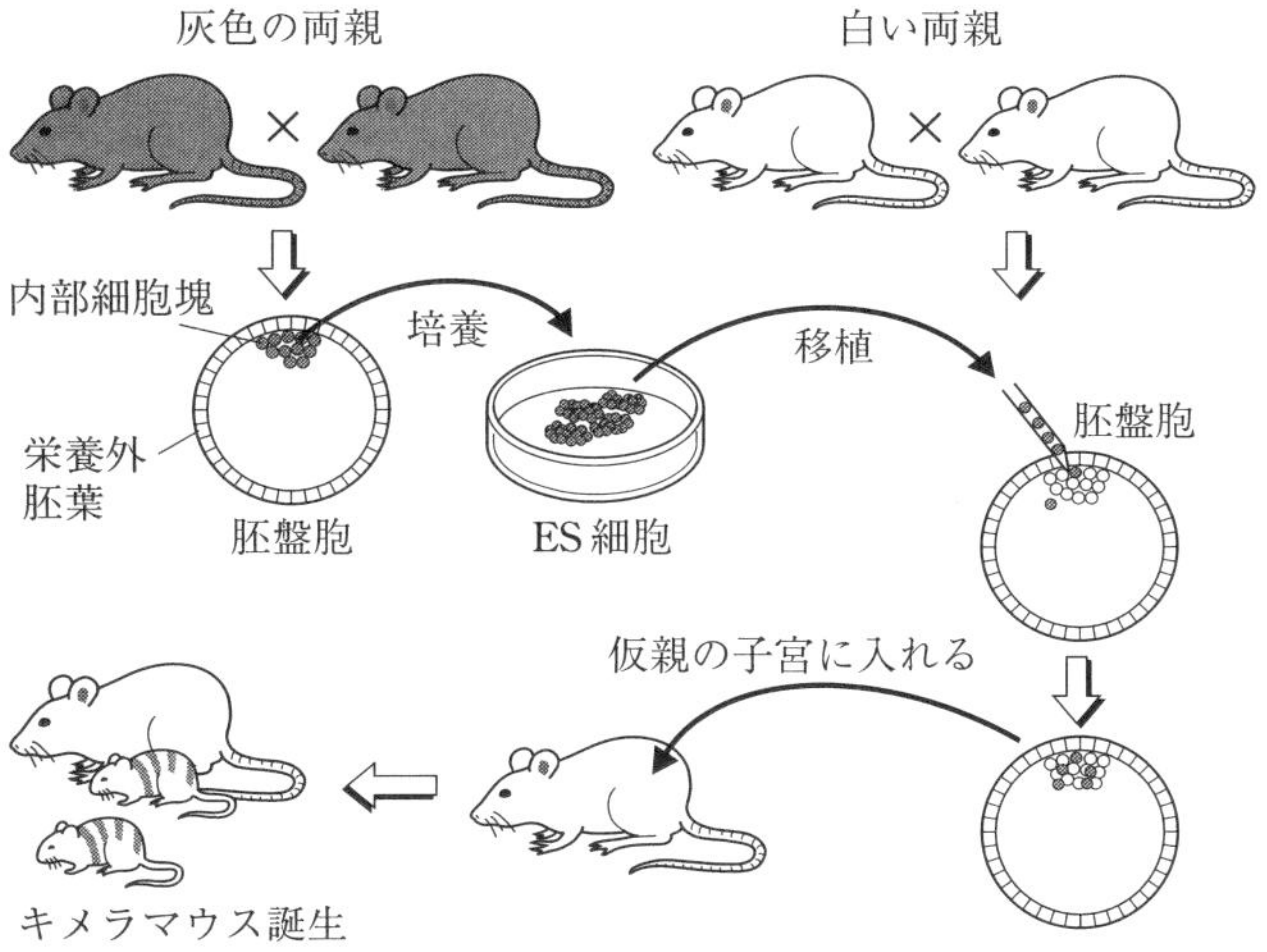
灰色の両親
白い両親
内部細胞塊
培養
移植
胚盤胞
栄養外
胚葉
胚盤胞
ES細胞
仮親の子宮に入れる
キメラマウス誕生

図8－3　ES細胞の全能性を示す実験

れているヒトの受精卵を胚盤胞まで培養し、マウスの場合と同様に内部細胞塊を特殊な条件で培養してつくったのです。この細胞はヒトの全身の組織、臓器に成長できるはずですから、うまく分化させれば移植による種々の治療ができるようになる可能性があります。

しかし、ここで考えなくてはなりません。いったいどうやって欲しい器官をES細胞からつくらせればよいのでしょう。いま必要なのが神経細胞なのに、筋肉しかつくれないのでは話になりません。「条件を整えれば」と簡単に言いましたが、未分化の細胞を適切に分化させる条件とはなんでしょうか。

前項の終わりでも述べたように、幹細胞の自己複製と分化の使い分けは重要な問題です。いまのところ、幹細胞が未分化なまま自己複製を続けられるのはなぜか、まだあまりよくわかっていません。しかし、「どうやって分化するのか」という問題、つまり分化させる条件探しのほうは研究が進んでいて、たくさんの成果があがってきています。

幹細胞の利用で、もっとも人間の役に立つと考えられているのが、移植用の臓器を試験管内でつくり出すことです。あとからまたお話ししますが、カエルのアニマルキャップの実験系では、望みどおりの組織をほぼすべて未分化細胞からつくることができます。カエルでできたようなことが、ヒトの幹細胞に誘導因子をかけてできるでしょうか。アニマルキャップとES細胞の分化の程度を比較すると、ES細胞のほうがより未分化であるといえます。ということは、ES細胞も条件を整えれば、あらゆる臓器をつくり出せる可能性があります。現在、いろいろな幹細胞やES細胞に、任意の分化を誘導する試みが着々と進んでいます。

8－2　幹細胞から臓器形成

幹細胞に分化を誘導する

現在、多くの研究者が、臓器を再生させることを夢見て幹細胞の研究に取り組んでいます。数種類の幹細胞については、試験管内で一定の方向へと分化を誘導する因子の条件がわかってきました。もし、この制御が自由に行えるようになれば、組織の人工的な再生という夢が現実のものとなります。

そうした幹細胞の一種である造血幹細胞は、骨髄の中にあり絶対的な量が少ないため、これまで試験管内で増殖させることが困難でした。けれども、近年多様な新しい技術によって造血幹細胞を分離することが可能となっています。造血幹細胞が血小板に分化するときに作用する因子が発見され、もとの細胞数の数百倍の量に増やすことにも成功しています。さらにいろいろな因子の条件が明らかになれば、いずれ白血病や放射線障害に対する治療法として骨髄移植に用いられるようになるでしょう。

また、従来、脳の神経細胞は大人になるともう増殖しないと考えられていましたが、この神経細胞にも幹細胞があることがわかってきました。そして、神経幹細胞を効率よく取り出す方法が最近になって開発され、これに分化を引き起こす条件も見つかっています。この技術は、脳で起こる病気の治療に光明をなげかけています。たとえば、パーキンソン病は、脳でドーパミン（神経間で情報を送る物質の一種）をつくる神経細胞が減り、運動障害などが起こる難病ですが、ドーパミンを産生する細胞を誘導できるようになりました。動物実験では、培養した神経幹細胞が、パーキンソン病や脊髄損傷の治療にも使えることが確認されています。

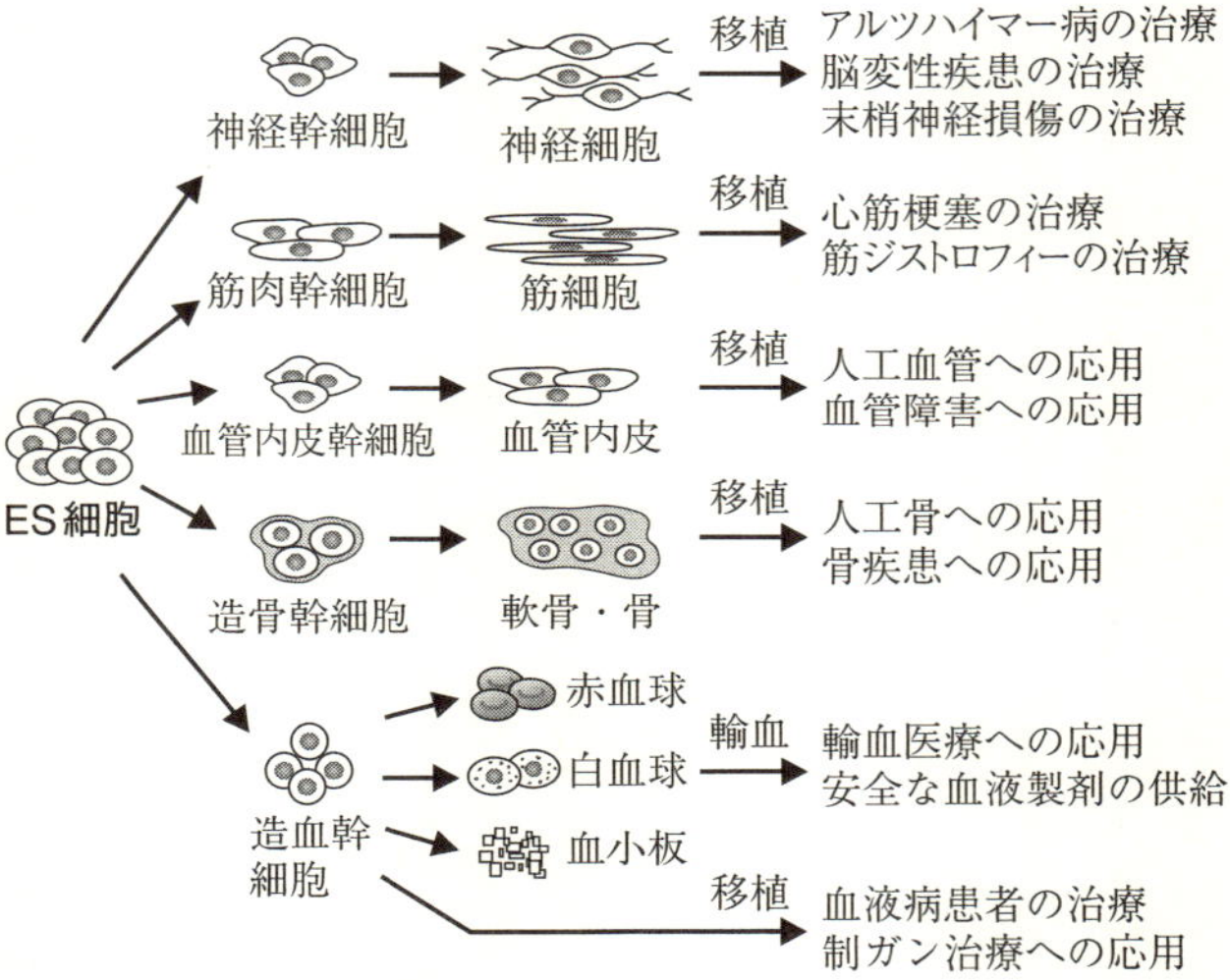
ES細胞
神経幹細胞
神経細胞
移植
アルツハイマー病の治療
脳変性疾患の治療
末梢神経損傷の治療
筋肉幹細胞
筋細胞
移植
心筋梗塞の治療
筋ジストロフィーの治療
血管内皮幹細胞
血管内皮
移植
人工血管への応用
血管障害への応用
造骨幹細胞
軟骨・骨
移植
人工骨への応用
骨疾患への応用
造血幹細胞
赤血球
白血球
血小板
輸血
輸血医療への応用
安全な血液製剤の供給
移植
血液病患者の治療
制ガン治療への応用

図８－４　ES細胞の利用

先に述べた幹細胞はいずれも成体に存在する組織幹細胞ですが、細胞から人工の臓器をつくる研究は、ヒトのＥＳ細胞ができてから急激に注目を集めるようになりました。可能性として、この幹細胞からはあらゆる組織がつくれるからです。本書を執筆している二〇〇三年現在、ＥＳ細胞からの分化の研究は、骨髄、神経細胞、心筋細胞などで進められています。いまのところ、マウスのＥＳ細胞を使って試験管内で血管、ドーパミンをつくる神経細胞などがつくられており、この神経細胞は、マウスの脳に移植しても生き残ることが確認されました。このようにＥＳ細胞から特定の種類の細胞を誘導する技術が進めば、膵臓や肝臓など、さまざまな臓器をＥＳ細胞からつくることができるようになるかもしれません（図８－４）。ＥＳ細胞をマウスに移植した実験では、奇形腫（一種のガン）を形成することも報告されていますので、これを防ぐためにも、体外で単一の器官をしっかりつくってから移植に用いる方法を考えていかなくてはなりません。

臓器移植にはたえず大きな懸念がつきまといます。他人のＥＳ細胞からつくった組織や臓器を移植に使うと、そのままでは免疫的な拒絶反応が起きてしまいます。このため移植される組織の遺伝情報が、移植を受ける人の細胞とまったく同じであることが理想的です。それには、先に述べたクローンマウスと同じ方法を用いて、患者の体細胞の核を除核卵に移植してＥＳ細胞をつくり、分化させて移値に用いればよいのです。これは技術的には可能なのですが、よく考えてください。人間の卵に対してクローン技術を使わなくてはならないのです。

幹細胞を利用する上での問題点

ヒトの受精卵からＥＳ細胞を取り出すことに成功し、応用の可能性が現れたころから、世界中の研究者がこの細胞の研究を希望しています。けれども、この細胞を実際に使うためには大きな問題がいくつかあります。

まず、たとえ培養細胞であっても、ヒトＥＳ細胞をつくるにはヒトの胚を使わなければなりません。これは、子宮に戻して育てさえすれば人間として誕生するはずの胚を壊すことを意味しますので、生命倫理上の大きな問題があります。日本の科学技術会議の「ヒト胚研究小委員会」は、ヒトES細胞について、医療上の有用性が高いことを理由に研究は進めるべきとしながら、ガイドラインを提示することにしています。

さらに問題なのは、ヒト卵でのクローン技術です。自分の体細胞の核を移植してつくられるクローン胚からは、拒絶反応を起こさないES細胞を得ることが可能になるはずです。けれども、これはクローン人間をつくるプロセスを途中で停止したものにほかなりません。現在クローン人間をつくることは、日本ではもちろんのこと、世界中の多くの国で人道的な見地から厳重に禁止されています。もし、このES細胞の技術が実用化されるとすれば、どんな抜け道もないよう、厳重な規則を設けなくてはならないでしょう。

以上のような問題を考えると、移植にあたっては患者さん本人の体から必要な組織の幹細胞(組織幹細胞)を取り出し、分化させて組織や器官をつくることが理想的です。このような組織幹細胞は、ES細胞と比較すると分化できる細胞の種類がある程度限られます。それに自己増殖能も劣るし培養の方法も確立していません。けれども組織幹細胞には、臓器の提供者を探す必要がなく、拒絶反応やガン化、また先に指摘したような倫理的な問題も回避できるという利点があります。

最近の研究では、組織の幹細胞は必ずしも特定の組織への分化が決まっているわけではなく、条件を整えれば他の組織の細胞に分化できる「多能性」をもっていることがわかってきました。それなら、これまでの移植医療で困難とされてきた問題が解決できるかもしれません。

組織幹細胞のなかでも特に注目を集めているのは、骨髄間葉系幹細胞と呼ばれる骨髄にある細胞です。この細胞は、きわめて高い多分化能をもち、骨をつくる細胞、軟骨、脂肪、筋肉、肝臓、神経の細胞などに分化できることがわかってきました。骨髄から細胞を取る技術は確立しているので、この細胞は比較的容易に得ることができ、患者さんへの負担が少ないことも重要です。実際に、骨髄間葉系幹細胞から心筋の細胞をつくり出して心臓に移植し、もともとの心筋細胞と協調して働かせること、軟骨の細胞をつくり出してひざの関節の治療に使うことなどが試みられています。

以上のように、ＥＳ細胞と組織幹細胞を特定の組織へと分化誘導させる研究は着々と進んでいます。けれども現在のところ、細胞はうまく分化させられても、それから先のこと、つまり、立体構造をもち正常に機能する器官をつくることはまだ実現していません。どんな器官でもたくさんの組織が複雑に組み合わされてできていることを考えると、まるまる一個の器官をつくることがとても難しい技術であることは想像がつくでしょう。これを可能にするためには、少なくとも、発生の過程でそれぞれの器官がどのようにしてできているかを知らなくてはなりません。

器官を試験管内でつくるための情報を集める目的で、私たちは、カエルのアニマルキャップを用いて基礎的な研究を継続してきました。そして、現在、カエルのさまざまな器官をつくり出すことに成功しています。最後にこの話をさせてください。

アニマルキャップによる器官形成のモデル実験

この本の第4章では、アクチビンというタンパク質がカエルの中胚葉誘導因子と同じ作用をすることをお話ししました。未分化細胞でできたアニマルキャップから、試験管内でさまざまな器官をつくらせることができたのです。また第5章の前後軸形成の話の中では、頭部と胴部の二種類の形成体から胚の頭部と胴尾部をつくる話をしました（164ページ）。これらの実験を通じて私たちが考えたのは、「それならもう全身、どんな組織でもつくれるのではないか」ということです。そこで、二種類の形成体と再結合された外植体を、さらに横に並べて培養する実験をやってみました。その結果、頭から尾まである、胚らしきものができあがったのです（図8－5）。この「**胚様体**」には正常胚に含まれるすべての器官と組織が存在し、これらが胚の中とまったく同様に正しく配置されていました。つまり、アクチビンによってつくられた人工の形成体が、正常胚と同じように形態形成の中心として働いたことを示しています。

この実験はもうひとつ、重要なことを意味しています。本来外胚葉になるはずの細胞（アニマルキャップ）が、誘導の仕方しだいでオタマジャクシの体のどの部分にでもなれる、ということがわかったのです。つまり、アニマルキャップはＥＳ細胞のような全能性をもっているのかもしれません。

アニマルキャップを用いてどこまで試験管の中で細胞分化がコントロールできるのかという実験はその後も続けています（次ページ図８－６）。そして、濃度を上げていくと血球・筋肉などの中胚葉器官だけでなく、心臓や腸・肝臓などの内胚葉性の器官や、膵臓や顎の軟骨、目・耳などの感覚器官までつくることができました。

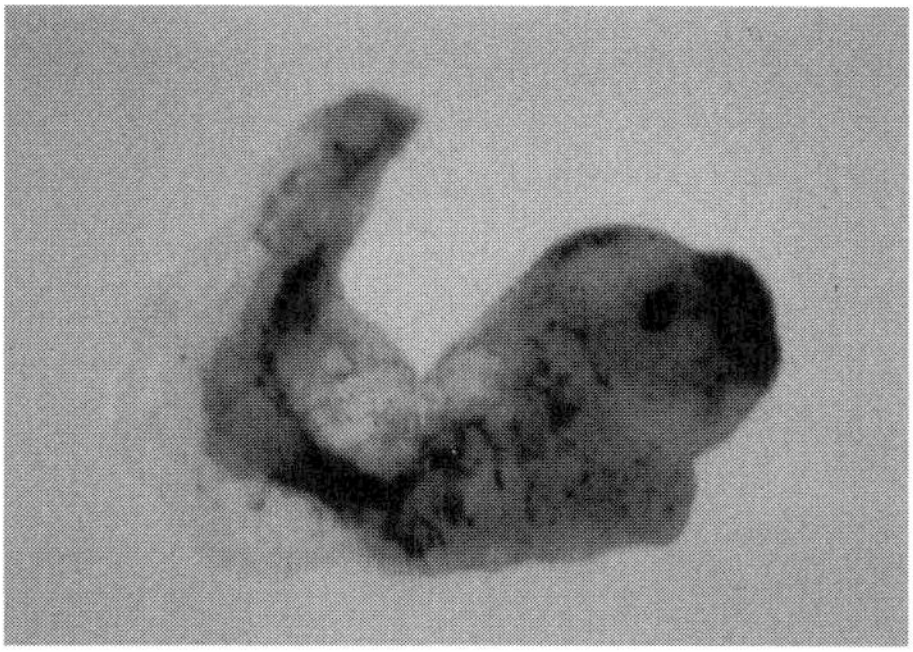

図８－５　アニマルキャップの組み合わせでつくられた「胚様体」　（有泉ら原図）

心臓を例に少し詳しくお話ししましょう。心臓は血液を血管中に押し出し、体内で循環させる働きをする器官です。心臓が拍動しないと体内のガス交換もできませんし、故障があれば即座に個体の命にかかわる、とても重要な器官ですが、基本的にこの臓器を構成しているのは筋肉の固まりで、さほど複雑なものはありません。でもその筋肉は、心筋細胞一個一個が自律的にリズムをもって動くことのできる特別なもので、腕や脚のものとは違

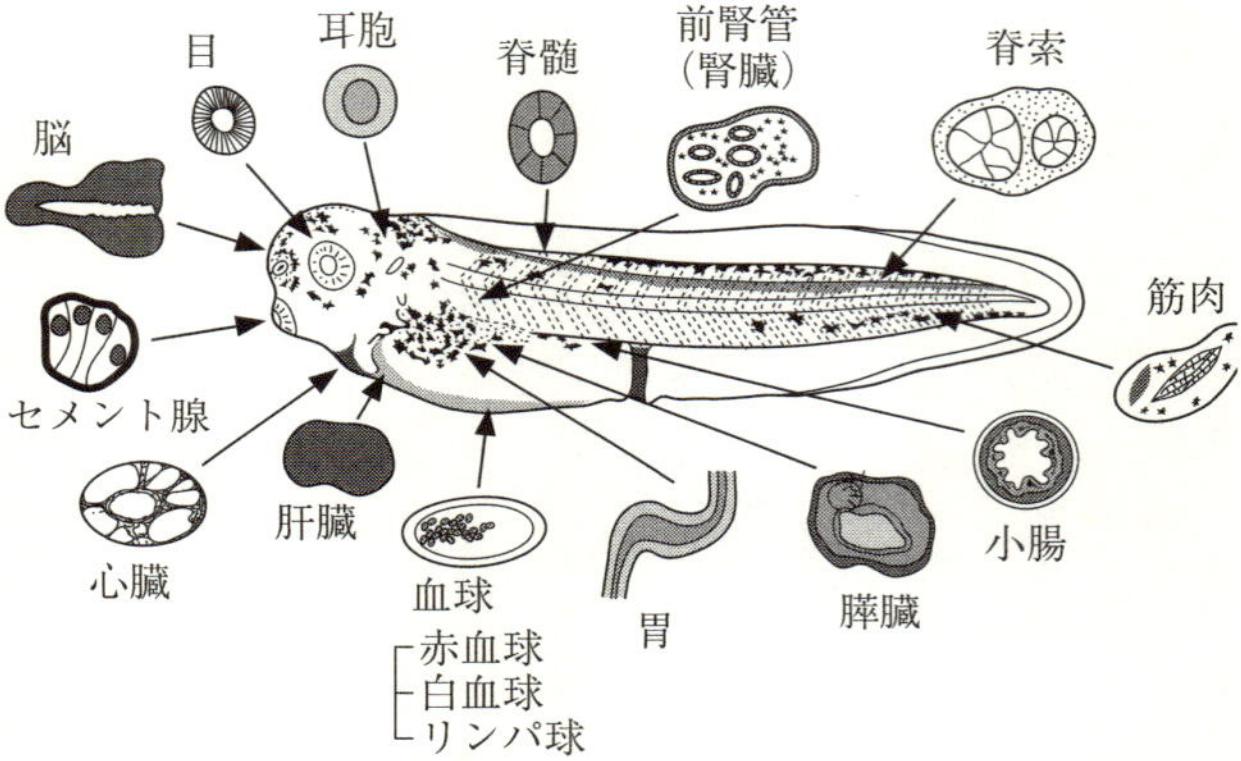
目
耳胞
脊髄
前腎管
(腎臓)
脊索
脳
筋肉
セメント腺
小腸
肝臓
心臓
血球
赤血球
白血球
リンパ球
胃
膵臓

図8－6　ツメガエルのアニマルキャップから試験管内でつくられた組織・器官　（浅島研）

っています。人工の心臓をつくるとき、ポイントとなるのは心筋の細胞と、ポンプとしてしっかり働ける立体的な構造です。これをアニマルキャップでつくるのです。

イモリのアニマルキャップをとても濃いアクチビンで処理すると、だいたい肝臓などの内胚葉に分化します。ところが約二割のものにはチューブ状のものがつくられ、自律的に拍動をしていることがわかりました（図8－7）。この外植体を顕微鏡で見ると、中には心筋細胞ができていました。つまり心臓様のものができたということです。そこで、もっと高頻度で心臓をつくらせようと試みました。濃いアクチビンで処理したアニマルキャップと、薄いアクチビンで処理したアニマルキャップを組み合わせて培養するのです。すると約五〇パーセントの確率で心臓ができるようになりま

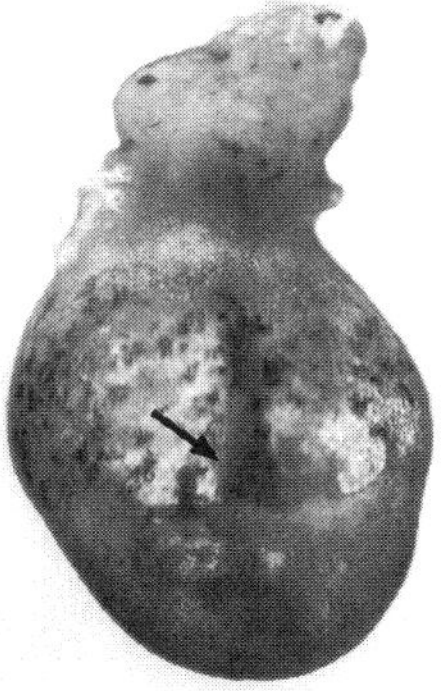

外部形態。矢印は拍動する部分

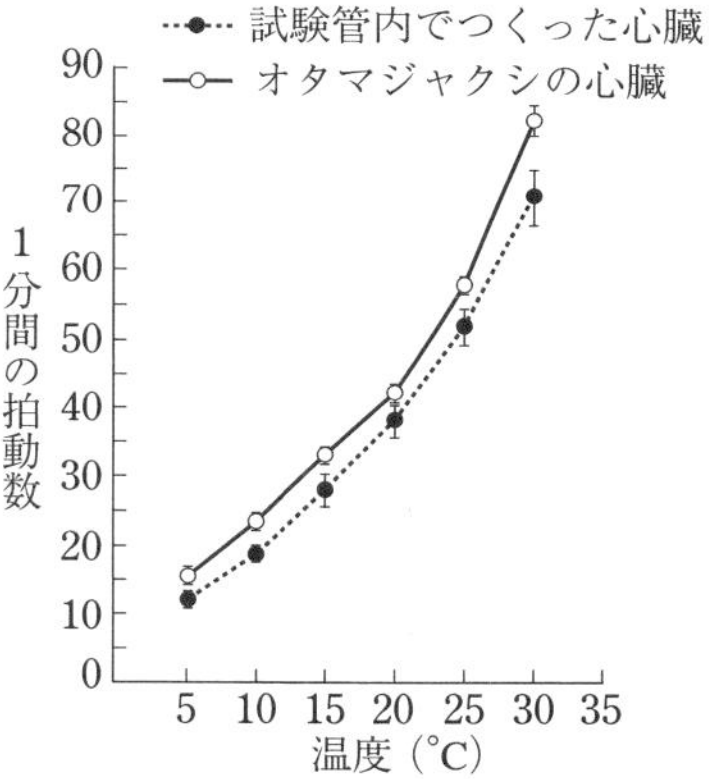
試験管内でつくった心臓
オタマジャクシの心臓
1分間の拍動数
90
80
70
60
50
40
30
20
10
0
5
10
15
20
25
30
35
温度（℃）

拍動数と温度との関係。オタマジャクシの心臓と同じように拍動数が変化する

図８－７　試験管内でつくられた拍動する心臓 （有泉ら原図）

した。

どうしてそんなことをしたかというと、正常胚で心臓が中胚葉から分化するには内胚葉からの心臓誘導が必要だといわれていたからです。この実験では、おそらく濃いアクチビンで処理したアニマルキャップからは内胚葉が、薄いアクチビンで処理したものからは中胚葉ができたと考えられます。そして両者を組み合わせたので、心臓が中胚葉のほうからできたのでしょう。これで心臓の形成に内胚葉と中胚葉の相互作用が必要なことがはっきりしました。心臓をつくるこの実験系を細かく解析していけば、必要な細胞の種類、誘導因子、培養条件などの情報がわかってくるでしょう。

しかし、組織ができたといっても、その

人工の器官が正常に働かなくては意味がないので、できた器官の機能テストもしています。アニマルキャップでつくった人工の眼を、眼になる部分を除去した胚に移植すると眼として機能します。人工の腎臓も幼生の体でちゃんと機能しました。アニマルキャップに誘導因子を与えてつくったさまざまな器官や組織は、いずれも正常胚の各組織とほとんど同じ構造と機能をもつことがわかったのです。

このうち腎臓は、体液に含まれている不要な物質を尿として体外に排出し、体液の組成や量を一定に保つ器官です。カエルの幼生では、前腎という器官が働いています。前腎には腎細管という細い管が集まっていて、水分をこしとり、腎輪管に集めて排出します。腎細管は要するにフィルターの役目をしているのですが、ちゃんとチューブになって並び、腎輪管につながらなくては機能しません。数え切れないほどの試行錯誤の結果、アニマルキャップから前腎をつくるための培養条件が見つかりました。できた外植体の内部には精巧な腎細管がつくられ、前腎のマーカー遺伝子が発現していました。

さて、いよいよ前腎の機能テストです。正常な胚から前腎管になる部分を除去し、この人工の前腎管を移植してみました。すると対照実験の胚（除去しただけ）が水ぶくれを起こして九日目までに全滅したのに、移植された胚は一ヵ月以上も生きました。このことから人工の前腎が正常な構造をもち、機能する能力をもっていることがわかりました（図8－8）。

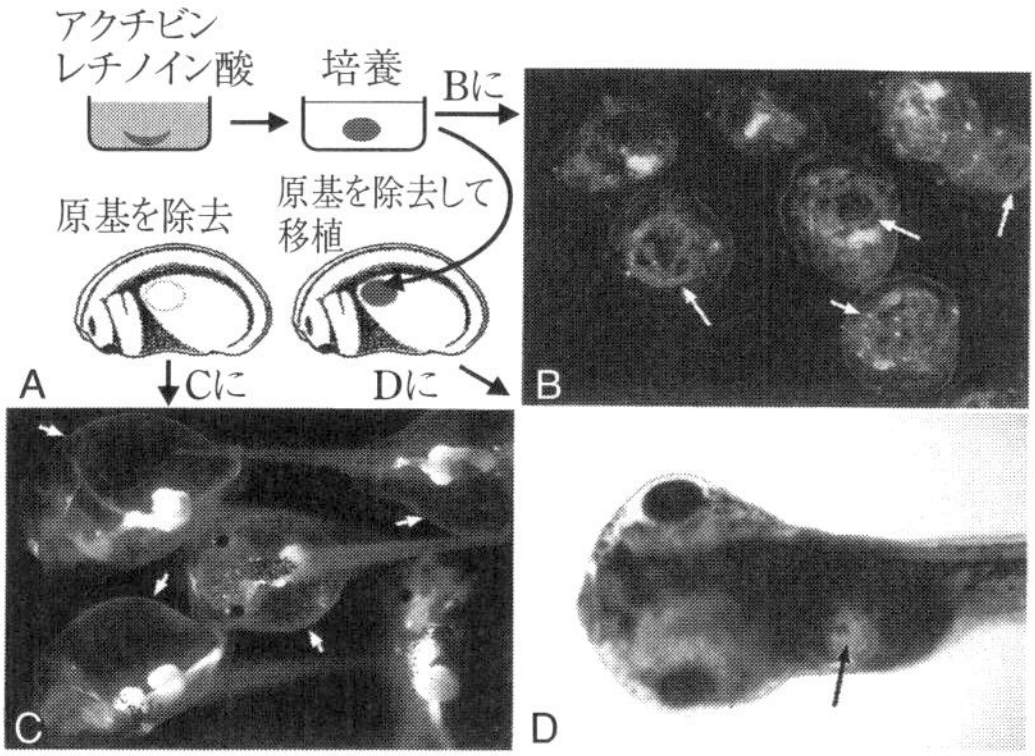
アクチビン
レチノイン酸
培養
Bに
原基を除去
原基を除去して
移植
A
Cに
Dに
B
C
D

図8－8　試験管内でつくられた前腎　（センら原図）
A:実験の方法　B:前腎を分化させた外植体。矢印は管状の構造
C:前腎の原基を取り除かれたオタマジャクシ。膨張が見られる
D:前腎の原基を取り除かれ、移植を受けたオタマジャクシ。矢印は移植片

このような実験系がモデルとしてどう使えるかというと、腎臓形成にどのような遺伝子がかかわっているかを調べることができます。たとえば、X-limという遺伝子は、前腎の形成に必要といわれています。ふつうの胚でこの遺伝子が働かないようにすると前腎ができなくなるからです。そこで、このX-limを阻害された胚からアニマルキャップをとって、腎臓ができる条件で培養をしてみます。前腎はできませんでした。この結果から、X-limがきわめて直接的に前腎の形成にかかわっていることがわかります。

この実験系からは、前腎をつくりかけている外植体から時期を変えて遺伝子を集め、腎臓形成にかかわる遺伝子を連続的に捕まえていくことができます。腎形成にかかわる遺伝子の研究は実際に行われました。その結果、カエルの腎形成で現れる遺伝子の多くが、ヒトやマウスの腎臓をつくるときにも深くかかわっていることがわかってきたのです。

最近私たちはこの実験系から、腎形成にかかわる新しい遺伝子、Xsal-3を捕まえました。この遺伝子はもちろんカエルのものなのですが、マウスで相同な遺伝子をとることができました。そこでノックアウトマウスの方法で、この遺伝子が働かないような突然変異マウスをつくりました。すると、生まれてきたマウスの胎児には正常な腎臓がまったくつくられないことがわかったのです。さらに調べていったところ、Xsal-3遺伝子は、ヒトの胎児に見られる重篤な腎疾患の原因遺伝子であることもわかってきました。

このような結果は、カエルを使った基礎的な実験がほ乳類の器官形成を調べることに有効であることを示しています。このようにしていろいろなアニマルキャップの実験系から器官の形成にかかわる機構を集めていくと、その結果を幹細胞を使ったほ乳類の実験系に応用していける可能性があります。体づくりの研究と再生医療の研究は結びついて、これから新しい展開を迎えようとしています。

質問！

問い…率直にききますが、どうしてヒトのクローンをつくってはいけないのですか。

答え…まず、生物学的にクローン動物がふつうの動物とどう違うかから考えてみます。有性生殖をする動物は、長い歴史の中でずっと母親の卵子と父親の精子との受精を介して現在まで生き続けてきました。クローン技術で生まれた動物は、この重要な受精のプロセスを通らずに個体になるわけで、きわめて不自然です。

また、このような動物の卵は、核内の遺伝子は同じですが細胞質が違っています。この本でも述べましたが、個体発生において核と細胞質の相互作用は重要です。クローンの脊椎動物が生まれる確率はとても低いのですが、それは技術的な問題のなかに核と細胞質の相互作用の関係が含まれているためだと思います。

今のところ羊や牛などのクローン動物の成功率は数パーセントしかありません。クローン技術自体がまだまだ不完全であることは事実です。同じ方法でヒトのクローンをつくれば、遺伝的な欠陥をもつ危険がとても大きいということになります。

実際のところ、「クローンのヒトをなぜつくってはいけないのか」は、生物学の観点からだけでは答えの出せない難しい質問でもあります。というのも、ヒトのクローンづくりの是非は、生命とは何か、人間とは何かといった点にもかかわる哲学的・倫理的な問題だからです。ここでひとつの考え方を押しつけることは避けたいので、みなさんはぜひ自分で考えてみてください。参考までに、私が大学で教えている学生さんの答えをいくつか紹介します。

①「自分とそっくりの人間がいるのは気持ちが悪い」

誤解しています。自分のクローンをいまつくったとして、その人は来年くらいにゼロ歳児で生まれてきます。自分が一七歳だとすると、一八歳も年が違うのですから、そっくりなはずがありません。だいたいその言い方は一卵性の双子の方にたいへん失礼です。

②「同じ人間なのに、臓器を提供するために生まれて、本人の意思と関係なく臓器をとられるなんて可哀そう」

恐れなくてはならないのは、こういう事態なのかもしれません。

いずれにせよ、ヒトのクローンをつくることは、尊厳や倫理の問題があり、そして生殖や受精なしの発生をさせるということで生物のあり方としても、とても不自然です。誰が、何のためにつくりたいのかということ。ヒトのクローンをつくることの是非を検討しようとするならば、まずはその点こそ厳しく問う必要があり、かつ厳しい規制が必要です。

おわりに

この本では、たったひとつの受精卵が個体になるまでに、細胞同士がどのようにかかわって一定の形をした体と器官の形づくりがなされるかについて述べてきました。このような動物の個体発生の研究は近年著しく進歩しています。そして観察と記載という以前からの方法に加えて、「発生の仕組みを分子の言葉で語れる」時代が到来したのです。この本の中にも、みなさんが聞き慣れないいろいろな遺伝子やタンパク質（細胞増殖因子など）の名前がたくさん出てきました。こういった分子こそが、誰もが共通の言葉（分子）で現象を説明し、証明していく助けとなるものなのです。

このように分子の言葉で、発生現象を理解できるようになってくると、そこに発生の基本になる新しい仕組みが見えてきました。

地球上には、約一千万種という多種多様の生物が生存していると考えられます。いままではそれぞれの種に固有の遺伝子やタンパク質があり、それによって固有の構造と機能をもつと考えられていました。ところが、生物の発生には想像以上に共通の原理や分子が働いていることがわかってきました。そうすると、発生にかかわる「分子の共通性」に基づいて、生物の進化という問題にもアプローチできるようになったのです。いままで多くの人々が悩み続けてきた最大の難題に、ここから扉が開かれつつあります。

また、個体をまるごと見たのではなかなか理解できなかった発生過程の現象を、実験系で再現できるようになってきました。たとえば未分化細胞を試験管内で培養し、アクチビンなどの因子を加えることによって特定の器官をつくることができます。すると、複雑な腎臓は生体内でどのような遺伝子の繋がりのもとにできてくるのかがわかり、カエルとマウスの腎臓で発現する遺伝子の比較もできるようになりました。その結果、大半が共通の遺伝子を使っていることがわかってきたのです。これらの研究がさらに進めば、ヒトの病気の治療や診断にも使える可能性を秘めています。

発生生物学にはいままで主として理学系や医学系の人がかかわっていましたが、いまはその垣根はすっかり取り除かれ、工学や農学、薬学など境界を越えて多くの人々によって取り組まれるようになってきました。この分野には、そのときどきのブレイクスルーとなる発見が引き金となって、大きな発展と展開がみられています。たとえば、ホメオボックス遺伝子、細胞増殖因子による形態形成と器官形成の制御、クローン羊の誕生、ヒトのES細胞の確立など、さまざまなものがあります。

大切なのは、それらがある日突然見つかったわけではなく、ずっと以前から考えられ、研究を続けた延長として発見されたということです。地道な基礎研究の積み重ねがあってこそ、そこに新たな発見やブレイクスルーが起こり得ます。そうしてみると、実は発生生物学の中にはまだまだわかっていない「未発見のひみつ」がたくさんあります。この本ではその一端を紹介してみました。

ただ、クローン技術や再生医療の問題は、直接にヒトの存在や倫理に関係します。そこには生命に対する哲学が必要となるでしょう。私はヒトも含めて、多種多様な生物が地球上に存在することが必要だと考えます。そして、それぞれの生物が、生殖を繰り返して種の連続性を保ち続け、いずれもその生物としてのあり方（ナチュラル・ヒストリー）を守ることが基本的に大切だと思います。このことは、今後の生命科学の発展にとっても重要です。そうしていけば、ヒトのもつ安定性と不安定性、普遍性と特殊性が明らかになり、生命の奥深さと美しさ、そのナチュラル・ヒストリーを知ることができるでしょう。発生生物学はそのようなことのできる学問であると考えています。

多くの若い人にこの本を読んでいただいて、発生の仕組みのおもしろさを感じ、発生生物学が解けていない問題でいっぱいの宝の山であることを知っていただきたいと思います。著者にとってこれ以上の喜びはありません。

最後に、この本の共同執筆にあたりご尽力くださった木下圭さんに感謝します。また、資料をご提供いただきました多くの方々に心より御礼申し上げます。

浅島　誠

この本を書く機会を与えてくださった浅島誠先生に感謝します。そして、長い長いあいだ原稿を待ち続けてくださった講談社の柳田和哉さんと志賀恭子さん、たくさんのアドバイスと丁寧な編集作業をしてくださった難波美帆さんに心より御礼申し上げます。

木下　圭

〈ま行〉

〈や行〉

〈ら行〉

さくいん

N.D.C.463.8　256p　18cm

ブルーバックス　B-1410

新しい発生生物学（あたらしいはっせいせいぶつがく）
生命の神秘が集約された「発生」の驚異

2003年 5 月20日　第 1 刷発行
2023年 8 月 7 日　第10刷発行

著者　木下　圭（きのした けい）
　　　浅島　誠（あさしま まこと）

発行者　髙橋明男
発行所　株式会社講談社
〒112-8001 東京都文京区音羽2-12-21
電話　出版　03-5395-3524
　　　販売　03-5395-4415
　　　業務　03-5395-3615
印刷所　（本文印刷）株式会社ＫＰＳプロダクツ
　　　　（カバー表紙印刷）信毎書籍印刷株式会社
本文データ制作　講談社デジタル製作
製本所　株式会社国宝社

ISBN4-06-257410-1

発刊のことば

科学をあなたのポケットに

二十世紀最大の特色は、それが科学時代であるということです。科学は日に日に進歩を続け、止まるところを知りません。ひと昔前の夢物語もどんどん現実化しており、今やわれわれの生活のすべてが、科学によってゆり動かされているといっても過言ではないでしょう。

そのような背景を考えれば、学者や学生はもちろん、産業人も、セールスマンも、ジャーナリストも、家庭の主婦も、みんなが科学を知らなければ、時代の流れに逆らうことになるでしょう。

ブルーバックス発刊の意義と必然性はそこにあります。このシリーズは、読む人に科学的に物を考える習慣と、科学的に物を見る目を養っていただくことを最大の目標にしています。そのためには、単に原理や法則の解説に終始するのではなくて、政治や経済など、社会科学や人文科学にも関連させて、広い視野から問題を追究していきます。科学はむずかしいという先入観を改める表現と構成、それも類書にないブルーバックスの特色であると信じます。

一九六三年九月

野間省一

ブルーバックス　生物学関係書（I）

1073 へんな虫はすごい虫　安富和男
1176 考える血管　児玉龍彦／浜窪隆雄
1341 食べ物としての動物たち　伊藤　宏
1391 ミトコンドリア・ミステリー　林　純一
1410 新しい発生生物学　木下　圭／浅島　誠
1427 筋肉はふしぎ　杉　晴夫
1439 味のなんでも小事典　日本味と匂学会＝編
1472 DNA（上）　ジェームス・D・ワトソン／アンドリュー・ベリー　青木　薫＝訳
1473 DNA（下）　ジェームス・D・ワトソン／アンドリュー・ベリー　青木　薫＝訳
1474 クイズ　植物入門　田中　修
1507 新しい高校生物の教科書　栃内　新／左巻健男＝編著
1528 新・細胞を読む　山科正平
1537 「退化」の進化学　犬塚則久
1538 進化しすぎた脳　池谷裕二
1565 これでナットク！　植物の謎　日本植物生理学会＝編
1592 発展コラム式　中学理科の教科書　第2分野（生物・地球・宇宙）　石渡正志／滝川洋二＝編
1612 光合成とはなにか　園池公毅
1626 進化から見た病気　栃内　新
1637 分子進化のほぼ中立説　太田朋子
1647 インフルエンザ　パンデミック　河岡義裕／堀本研子

1662 老化はなぜ進むのか　近藤祥司
1670 森が消えれば海も死ぬ　第2版　松永勝彦
1681 マンガ　統計学入門　アイリーン・マグネロ＝文　ボリン・V・ルーン＝絵　神永正博＝監訳　井口耕二＝訳
1712 図解　感覚器の進化　岩堀修明
1725 魚の行動習性を利用する釣り入門　川村軍蔵
1727 iPS細胞とはなにか　朝日新聞大阪本社科学医療グループ
1730 たんぱく質入門　武村政春
1792 二重らせん　ジェームス・D・ワトソン　江上不二夫／中村桂子＝訳
1800 ゲノムが語る生命像　本庶　佑
1801 新しいウイルス入門　武村政春
1821 これでナットク！　植物の謎Part2　日本植物生理学会＝編
1829 エピゲノムと生命　太田邦史
1842 記憶のしくみ（上）　ラリー・R・スクワイア　エリック・R・カンデル　小西史朗／桐野　豊＝監修
1843 記憶のしくみ（下）　ラリー・R・スクワイア　エリック・R・カンデル　小西史朗／桐野　豊＝監修
1844 死なないやつら　長沼　毅
1849 分子からみた生物進化　宮田　隆
1853 図解　内臓の進化　岩堀修明

ブルーバックス　生物学関係書（II）

2156	新型コロナ　7つの謎	宮坂昌之
2159	「顔」の進化	馬場悠男
2163	カラー図解　アメリカ版　新・大学生物学の教科書　第1巻　細胞生物学	D・サダヴァ他　石崎泰樹・中村千春＝監訳　小松佳代子＝訳
2164	カラー図解　アメリカ版　新・大学生物学の教科書　第2巻　分子遺伝学	D・サダヴァ他　石崎泰樹・中村千春＝監訳　小松佳代子＝訳
2165	カラー図解　アメリカ版　新・大学生物学の教科書　第3巻　分子生物学	D・サダヴァ他　石崎泰樹・中村千春＝監訳　小松佳代子＝訳
2166	寿命遺伝子	森　望
2184	呼吸の科学	石田浩司
2186	図解　人類の進化	斎藤成也＝編・著　海部陽介　米田穣　隅山健太
2190	生命を守るしくみ　オートファジー	吉森　保
2197	日本人の「遺伝子」からみた病気になりにくい体質のつくりかた	奥田昌子

ブルーバックス　医学・薬学・心理学関係書（I）